乙級室內配線技術士－
學科重點暨題庫總整理

蕭盈璋、張維漢、林朝金　編著

全華圖書股份有限公司

國家圖書館出版品預行編目資料

乙級室內配線技術士：學科重點暨題庫總整理 /
蕭盈璋, 張維漢, 林朝金編著. -- 十四版. --
新北市：全華圖書股份有限公司, 2024.05
　　面；　　公分
ISBN 978-626-328-941-3(平裝)

1.CST: 電力配送

448.37　　　　　　　　　　　113005791

乙級室內配線技術士－學科重點暨題庫總整理

編著者 / 蕭盈璋、張維漢、林朝金

發行人 / 陳本源

執行編輯 / 張峻銘

出版者 / 全華圖書股份有限公司

郵政帳號 / 0100836-1 號

圖書編號 / 036470E

十四版一刷 / 2024 年 5 月

定價 / 新台幣 460 元

ISBN / 978-626-328-941-3(平裝)

全華圖書 / www.chwa.com.tw

全華網路書店 Open Tech / www.opentech.com.tw

若您對本書有任何問題，歡迎來信指導 book@chwa.com.tw

臺北總公司(北區營業處)
地址：23671 新北市土城區忠義路 21 號
電話：(02) 2262-5666
傳真：(02) 6637-3695、6637-3696

南區營業處
地址：80769 高雄市三民區應安街 12 號
電話：(07) 381-1377
傳真：(07) 862-5562

中區營業處
地址：40256 臺中市南區樹義一巷 26 號
電話：(04) 2261-8485
傳真：(04) 3600-9806(高中職)
　　　(04) 3601-8600(大專)

作 者 序 言

　　乙級室內配線技術士學科筆試,近幾年考試範圍大幅增加,造成有志於參加考試的考生,不知從何準備起的困擾。作者有鑑於此,乃依據勞動部所公佈室內配線(屋內線路裝修)技術士技能檢定規範中公佈的應具知能,加以分類整理,並歸納出考試重點,希望能為考生提供一本完整的參考用書,使考生能迅速的完成應試準備,進而順利的取得證照。

　　本書具有以下特色:

一、內容涵蓋相關考試範圍,便於參考、查閱。

二、屋內(外)線路規則是依據經濟部最新修訂公佈規則,加以編寫。

三、法則依照章節,以條列方式編排,利於考生研讀。

四、針對命題方向,歸納重點,使考生能以最少時間,達到最大效果。

五、學科試題測試及解析,可加深記憶,並驗證實力。

六、考前衝刺重點整理,可做為臨考前複習、背誦用。

七、近年歷屆試題,可提供考生考試準備方向。

　　本書編寫期間,承蒙全華圖書公司編輯部人員之鼎力相助,以及李晉維、陳永崇等同學之協助,才能順利完成,特此致謝。

　　本書雖力求內容詳實正確,但疏漏之處,在所難免,敬祈各先進不吝指正,特此致謝。

編 輯 部 序

　　「系統編輯」是我們的編輯方針，我們所提供給您的，絕不只是一本書，而是關於這門學問的所有知識，它們由淺入深，循序漸進。

　　本書主要重點有基本電學、屋內外線路裝置規則、台電營業法規、電業法、模擬試題與歷屆試題等。內容涵蓋所有公佈的考試範圍，可馬上掌握考試方向，易於通過學科考試。本書適用於電機科學生及欲參加乙級室內配線技術士考試人員參考使用。

目　錄

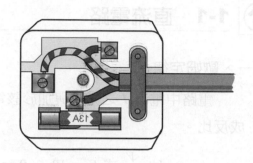

電學公式重點整理

◉重點提示◉

　　電學部份之考題，經統計分析，每年均約佔 5 ％。試題型態則為簡單的基本公式運用計算，較複雜的原理及計算，可以不用列入研讀範圍。針對命題方向，準備時，應特別加強下列各單元之演練：

(1)歐姆定律及電阻係數之運用計算。

(2)直流電功率(P)、電能(W)及電度(KWH)之計算。

(3)電阻、電容器之串、並聯計算。

(4)交流串、並聯電路阻抗之計算。

(5)單相及三相功率之計算、量測。

(6)功率因數之計算。

(7)同步轉速(N_s)、轉差率(s)之計算。

(8)變壓器各種不同連接法之電壓與容量之計算。

(9)比流器(CT)之電流量測。

1-1　直流電路

一、歐姆定律

　　電路中電流 I 之大小與加於該電路之電壓 V 成正比，而與該電路之總電阻成反比。

$$I = \frac{V}{R} \text{ 或 } E = IR \text{ , } R = \frac{E}{I}$$

I：電流，單位安培（A）

V：電壓，單位伏特（V）

R：電阻，單位歐姆（Ω）

二、電阻係數

　　導線的電阻大小與其長度成正比，而與其截面積成反比。

$$R = \rho \frac{l}{A}$$

R：電阻，單位歐姆（Ω）

l：導線長度

A：導線截面積

ρ：電阻係數

> **精選範例**
>
> 　　直徑 2 毫米長 100 公尺與直徑 4 毫米長幾公尺之同材料電線之電阻相同？
>
> **解**　$R = \rho \dfrac{l}{A}$ ，因 R 相同，所以 $\dfrac{l_1}{A_1} = \dfrac{l_2}{A_2}$
>
> 　　又 $A_2 = 4A_1$，可求出 $l_2 = 4l_1 = 4 \times 100 = 400$ 公尺

三、電阻溫度係數

　　金屬材料，其電阻隨溫度之增加而增加；絕緣體與非金屬材料，其電阻隨溫度之增加而下降。

$$R_2 = R_1 \left[1 + \alpha_1(t_2 - t_1) \right]$$

R_1：溫度 t_1℃時之電阻

R_2：溫度 t_2℃時之電阻

α_1：溫度 t_1℃時之電阻溫度係數

精選範例

一導線在 10℃時之溫度係數為 0.03，電阻為 10Ω，求在 100℃時之電阻為多少？

解 $R_2 = R_1 \left[1 + \alpha_1(t_2 - t_1) \right]$

$= 10 \times \left[1 + 0.03(100 - 10) \right] = 37\Omega$

四、電功率(P)及電能(W)

1. 電功率：單位時間內所消耗之能量。

$$P = \frac{W}{t} = VI = I^2R = \frac{V^2}{R}$$

P：電功率，單位瓦特(W)或仟瓦(KW)，英制單位為馬力(HP)

$1HP = 746W$

2. 電能：功率與時間之乘積

$W = Pt$

W：電能，單位焦耳

1 度電 = 1 仟瓦小時 = 1KWH = 3.6×10^6 焦耳

精選範例

(1) 有一 1000W 吹風機，其電熱絲剪去 1/5 後，如外加電壓不變，則其所消耗之功率變為多少？

解 $\because R = \rho\frac{l}{A}$　$\therefore R \propto l$，

長度減少 1/5，故 $R_2 = 0.8R_1$

$P = \frac{V^2}{R}$，又 V 不變，$P \propto \frac{1}{R}$

可知 $\frac{P_1}{P_2} = \frac{R_2}{R_1} \Rightarrow \frac{1000W}{P_2} = \frac{0.8}{1}$

得 $P_2 = 1250$ W

(2) 200V，2KW 之電熱器如接於 110V 電源，其所消耗之功率為多少？

解　$R = \dfrac{V^2}{P} = \dfrac{200^2}{2000} = 20\ \Omega$

接於 110V 電源時，$P = \dfrac{V^2}{R} = \dfrac{110^2}{20} = 605\ W$

(3) 100 瓦白熾燈，如果每日使用 10 小時，則一個月之用電量為幾度？

解　$100 \times 10 \times 30 = 30KWH = 30$ 度電

五、串聯與並聯電路

1. 串聯電路：

   (1) 流經電路中，各電阻之電流均相同。

   (2) 電路之總電阻為各電阻之總和。

   $$R_T = R_1 + R_2 + \cdots\cdots + R_n$$

   (3) 電路兩端之總電壓為各電阻上電壓之總和。

   $$V_T = V_1 + V_2 + \cdots\cdots + V_n$$

2. 並聯電路

   (1) 電阻元件兩端之電壓均相等。

   (2) 電路之總電阻為

   $$\frac{1}{R_T} = \frac{1}{R_1} + \frac{1}{R_2} + \cdots\cdots + \frac{1}{R_n}$$

   當 $R_1 = R_2 = \cdots\cdots = R_n = R$ 時，$R_T = \dfrac{R}{n}$

   (3) 電路之總電流為各分路電流之和。

   $$I_T = I_1 + I_2 + \cdots\cdots + I_n$$

   (4) Y↔△電阻轉換

　　　△→Y 轉換時：　　　　　　　　　　　　Y→△ 轉換時：

$$R_a = \frac{R_1 R_3}{R_1 + R_2 + R_3} \qquad R_1 = \frac{R_a R_b + R_b R_c + R_c R_a}{R_c}$$

$$R_b = \frac{R_1 R_2}{R_1 + R_2 + R_3} \qquad R_2 = \frac{R_a R_b + R_b R_c + R_c R_a}{R_a}$$

$$R_c = \frac{R_2 R_3}{R_1 + R_2 + R_3} \qquad R_3 = \frac{R_a R_b + R_b R_c + R_c R_a}{R_b}$$

※當 $R_a = R_b = R_c = R$ 時，$R_1 = R_2 = R_3 = 3R \Rightarrow R_\triangle = 3R_Y$

精選範例

如圖所示，試求 A、B 間之總電阻為多少？

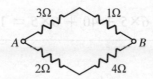

解 $R_{AB} = (3 + 1) /\!/ (2 + 4) = 2.4\ \Omega$

六、分壓與分流法則

1. 分壓法則

串聯電路中，流經各電阻之電流大小相同，但各電阻上之電壓則不相等。

$$V_1 = E \times \frac{R_1}{R_1 + R_2}$$

$$V_2 = E \times \frac{R_2}{R_1 + R_2}$$

2. 分流法則

並聯電路中，電阻上之電壓大小相同，但流經各電阻之電流則不相等。

$$I_1 = I \times \frac{R_2}{R_1 + R_2}$$

$$I_2 = I \times \frac{R_1}{R_1 + R_2}$$

精選範例

如圖所示，CD 間電壓為 10 伏，試求 AB 間電壓為多少？

解 $\because V_{CD} = 10 \text{ V}$ $\therefore I_{CD} = \dfrac{10}{5} = 2 \text{ A}$

$V_{ED} = I_{CD} \times 15 + V_{CD} = 2 \times 15 + 10 = 40 \text{ V}$

流經 10Ω 電阻之電流

$I_{10\Omega} = \dfrac{V_{ED}}{10} = \dfrac{40}{10} = 4 \text{ A}$

總電流 $I_{AE} = I_{CD} + I_{10\Omega} = 2 + 4 = 6 \text{ A}$

$V_{AB} = V_{AE} + V_{ED} + V_{DB} = 6 \times 5 + 40 + 6 \times 5 = 100 \text{ V}$

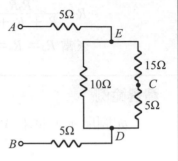

七、電容與電容器

1. 兩導體間填充有絕緣介質，即組成一電容器。電容器能儲蓄電荷的能力稱為電容。

$$Q = CV$$

Q：電荷量，單位：庫倫

C：電容值，單位：法拉(F)

V：電壓，單位：伏特(V)

2. 平行板電容器其電容量 C 與極板面積(A)及介電係數(ϵ)成正比；而與極板間之距離(d)成反正。

$$C = \epsilon \frac{A}{d}$$

3. 電容器之串聯

(1) 總電容 C_T

$$\frac{1}{C_T} = \frac{1}{C_1} + \frac{1}{C_2} + \cdots\cdots + \frac{1}{C_n}$$

(2) 總電量 Q_T

$$Q_T = Q_1 = Q_2 = C_T V_T$$

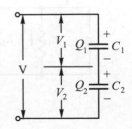

(3) 總電壓 V_T

$$V_T = V_1 + V_2 = V \times \frac{C_2}{C_1 + C_2} + V \times \frac{C_1}{C_1 + C_2}$$

4. 電容器之並聯

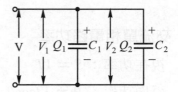

(1) 總電容 C_T

$$C_T = C_1 + C_2$$

(2) 總電量 Q_T

$$Q_T = Q_1 + Q_2 = C_1 V_1 + C_2 V_2$$

(3) 總電壓 V_T

$$V_T = V_1 = V_2 = V$$

1-2　交流電路

一、串聯電路

1. $R-L$ 串聯電路：$Z = \sqrt{R^2 + X_L^2}$ ，$X_L = \omega L = 2\pi f L$
2. $R-C$ 串聯電路：$Z = \sqrt{R^2 + X_C^2}$ ，$X_C = \dfrac{1}{\omega C} = \dfrac{1}{2\pi f C}$
3. $R-L-C$ 串聯電路：$Z = \sqrt{R^2 + (X_L - X_C)^2}$

精選範例

　　10 歐姆電感，10 歐姆電容與 2 歐姆電阻三者串聯於 110V 交流電源時，其電流為多少安培？

解　$Z = \sqrt{R^2 + (X_L - X_C)^2}$
$$= \sqrt{2^2 + (10 - 10)^2} = 2\ \Omega$$
$$I = \frac{E}{Z} = \frac{110}{2} = 55\ A$$

二、並聯電路

1. $R-L$ 並聯電路：$Z = \dfrac{1}{\sqrt{\left(\dfrac{1}{R}\right)^2 + \left(\dfrac{1}{X_L}\right)^2}}$

2. $R-C$ 並聯電路：$Z = \dfrac{1}{\sqrt{\left(\dfrac{1}{R}\right)^2 + \left(\dfrac{1}{X_C}\right)^2}}$

3. $R-L-C$ 並聯電路：$Z = \dfrac{1}{\sqrt{\left(\dfrac{1}{R}\right)^2 + \left(\dfrac{1}{X_L} - \dfrac{1}{X_C}\right)^2}}$

三、交流單相電路功率

1. 視在功率：$S = VI$　　　　單位：伏安（VA 或 KVA）

2. 平均功率：$P = VI\cos\theta$　　單位：瓦特（W 或 KW）

3. 虛功率：$Q = VI\sin\theta$　　　單位：乏（VAR 或 KVAR）

4. 功率因數：$\cos\theta = \dfrac{P}{S}$

5. S、P、Q、θ 間之關係：$S = \sqrt{P^2 + Q^2}$，$P = S\cos\theta$，$Q = S\sin\theta$

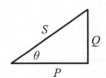

四、交流三相電路

1. Y（星形）接線

線電壓 $(V_L) = \sqrt{3}$ 相電壓 (V_P)，$V_L = \sqrt{3}V_P \; \angle\, 30°$

線電流 $(I_L) = $ 相電流 (I_P)，$I_L = I_P$

2. △（三角形）接線

線電壓＝相電壓，$V_L = V_P$

線電流 $= \sqrt{3}$ 相電流，$I_L = \sqrt{3}I_P \; \angle\, -30°$

五、三相電路功率

1. 視在功率：$S = \sqrt{3}V_L I_L = 3V_P I_P$

2. 平均功率：$P = \sqrt{3}V_L I_L\cos\theta = 3V_P I_P\cos\theta = S\cos\theta$

3. 虛功率：$Q = \sqrt{3}V_L I_L\sin\theta = 3V_P I_P\sin\theta = S\sin\theta$

六、改善功率因數

設系統原先之功率因數為 $\cos\theta_1$，經改善後為 $\cos\theta_2$，則改善功率因數所需增設之電容器容量（無效功率）可由下列式子求出：

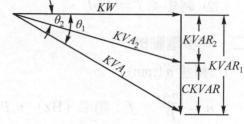

改善功率因數前：$KVAR_1 = KW \times \tan\theta_1$

改善功率因數後：$KVAR_2 = KW \times \tan\theta_2$

所需之無效功率為

$$CKVAR = KW\,(\tan\theta_1 - \tan\theta_2)$$
$$= KW\,(\frac{\sqrt{1 - \cos\theta_1^2}}{\cos\theta_1} - \frac{\sqrt{1 - \cos\theta_2^2}}{\cos\theta_2})$$

精選範例

某 100KVA 變壓器於滿載時其功率因數為 0.8，則其輸出為多少 KW？

解　$S = 100KVA$，$\cos\theta = 0.8$

$\therefore P = S\cos\theta = 100 \times 0.8 = 80\ KW$

 1-3　電工機械

一、直流電機

1. 直流發電機

$$E = \frac{P\phi Zn}{60a} = K\phi n$$

n：每分鐘轉速(rpm)

ϕ：磁通量

P：極數

Z：總導體數

a：並聯電路數

E：感應電勢

2. 直流電動機

(1)　$I_a = \dfrac{V_t - E}{R_a}$

V_t：外加電壓

E　：反電勢

R_a　：電樞總繞阻

I_a　：電樞電流

(2) 轉矩：$T = K\phi I_a$。

二、同步電動機

1. 轉速 n (rpm)

$$n = \frac{120f}{P}$$　f：頻率（Hz），P：極數

2. 阻尼繞組的功用

(1) 幫助啟動

(2) 防止追逐作用發生

3. 用途

(1) 改善線路功因

(2) 擔任機械負載

(3) 調整線路電壓

三、三相感應電動機

1. 同步轉速：$N_S = \dfrac{120f}{P}$ (rpm)　f：頻率，P：極數

2. 轉差率 $S = \dfrac{N_S - N_r}{N_S}$　N_r：轉子轉速

3. Y-△降壓啟動

(1) Y 形運轉時的啟動電流(I_{S1})為△形運轉時啟動轉矩(I_{S2})的 1/3 倍，$\dfrac{I_{S1}}{I_{S2}} = \dfrac{1}{3}$。

(2) Y 形運轉的啟動轉矩(T_{S1})為△形運轉時啟動轉矩(T_{S2})的 1/3，

$$\frac{T_{S1}}{T_{S2}} = \left(\frac{V_1}{V_2}\right)^2 = \left(\frac{V_1}{\sqrt{3}V_1}\right)^2 = \frac{1}{3}。$$

(3) 優點：降低啟動電流，缺點：啟動轉矩也減低。

4. $I_L = \dfrac{P_0}{\sqrt{3}V_L \times \eta \times \cos\theta} = \dfrac{746 \times \text{HP}}{\sqrt{3}V_L \times \eta \times \cos\theta}$

η　：效率

HP　：輸出馬力數

P_o　：輸出功率

$\cos\theta$　：功率因數

5. 鼠籠式轉子特性

  (1) 優點爲：

    (A) 構造簡單、堅固　(B) 轉子電阻低、效率高

    (C) 轉差率小

  (2) 缺點爲：

    (A) 起動轉矩小　(B) 起動電流大

6. 繞線式轉子

  (1) 優點爲：

    (A) 起動轉矩大、啓動電流小　(B) 於轉子外加電阻，可控制其轉速

  (2) 缺點爲：

    (A) 構造較不堅固　(B) 成本較高

精選範例

(1) 三相 5 馬力，60 赫芝，6 極感應電動機，若轉子轉速爲 1128rpm，其轉子頻率爲多少赫芝？

解 $N_s = \dfrac{120f}{P} = \dfrac{120 \times 60}{6} = 1200\ \text{rpm}$

$S = \dfrac{N_s - N_r}{N_s} = \dfrac{1200 - 1128}{1200} = 0.06$

$f_s = Sf_1 = 0.06 \times 60 = 3.6\ \text{Hz}$

(2) 單相 110V、1HP 電動機，效率爲 0.75，功率因數爲 0.75，則滿載的電流約爲多少安培？

解 $P_{\text{in}} = V \cdot I \cdot \cos\theta$，$P_{\text{out}} = 1\text{HP} = 746\text{W}$

效率 $= \dfrac{P_{\text{out}}}{P_{\text{in}}} = \dfrac{746}{110 \times I \times 0.75}$　$\therefore I = \dfrac{746}{110 \times 0.75 \times 0.75} \doteq 12\text{A}$

四、變壓器

1. 原理：利用電磁感應與楞次定律。

2. $\dfrac{V_1}{V_2} = \dfrac{I_2}{I_1} = \dfrac{N_1}{N_2} = a = $ 匝數比

  (1) $V_1(V_2)$：一（二）次側電壓

  (1) $I_1(I_2)$：一（二）次側電流

⑴ $N_1(N_2)$：一（二）次側繞組之匝數

3. 損失：

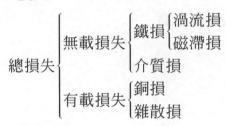

4. 開路試驗：

(A) 目的：測鐵損、求激磁電導及電納。

(B) 方法：高壓側開路，於低壓側加電源及接量測儀表。

(C) 鐵損與電壓平方成正比。

5. 短路試驗：

(A) 目的：測銅損、求等效電阻及電抗。

(B) 方法：低壓側短路，於高壓側加電源及接量測儀表。

(C) 銅損與電流平方成正比。

6. 輸出功率：

單相變壓器：$KW = KVA \cos\theta = VI\cos\theta$

三相變壓器：$KW = KVA \cos\theta = \sqrt{3}V_L I_L \cos\theta = 3V_P I_P \cos\theta$

7. 效率：

$$效率(\eta) = \frac{輸出功率}{輸出功率＋銅損＋鐵損}$$

8. 三相連接法：

⑴ Y-Y 連接

(A) 線電壓 $V_l = \sqrt{3}V_P$（相電壓）

(B) 線電流 $I_l = \sqrt{3}I_P$（相電流）

(C) 一、二次側線電壓同相（無位移）

⑵ Y-△或△-Y 連接

(A) 一、二次側線電壓相角差 30°

⑶ △-△ 連接

(A) 一、二次側電壓同相

(B) 線電壓 $V_l = V_P$（相電壓）

(C) 如一具變壓器發生故障時，其餘兩具可接成 V-V 接法，繼續供電。

(4) V-V 連接（開△接法）

(A) 每一具變壓器僅能發揮出原來額定容量之 86.6 %。

$$\frac{V-V\,連接之輸出容量}{原來二具變壓器之容量}=\frac{\sqrt{3}V_PI_P}{2V_PI_P}=0.866=86.6\%$$

(B) 其輸出總容量僅為△-△連接時總容量之 58 %。

$$\frac{V-V\,連接之三相輸出}{△-△連接之三相輸出}=\frac{\sqrt{3}V_PI_P}{3V_PI_P}=0.577\fallingdotseq58\%$$

(5) U-V 連接

(A) 一次側開 Y，二次側開△

(B) 每一具變壓器僅能發揮出原來額定容量之 86.6 %。

(6) T-T 連接

(A) 又稱為史考特連接

(B) 兩台變壓器即可供應三相電源。

(C) 可以將二相變成三相電源，或將三相變成二相電源。

精選範例

(1) 3300/110V 之理想單相變壓器，其二次側電流為 300A，則其一次側電流為多少安培？

解 $\dfrac{V_1}{V_2}=\dfrac{3300}{1100}=\dfrac{I_2}{I_1}=\dfrac{300}{I_1}$

(2) 變壓器一次及二次線圈分別為 3000 匝及 150 匝，如二次側在無載時測得的電壓為 300 伏，則一次側電源電壓應為多少伏？

解 $\dfrac{V_1}{V_2}=\dfrac{V_1}{300}=\dfrac{N_1}{N_2}=\dfrac{3000}{150}$

∴ $V_1=300\times20=6000$ V

1-4　電工儀錶

一、比壓器(PT)

1. 原理與普通變壓器相同。

2. $\dfrac{V_1}{V_2} = \dfrac{N_1}{N_2}$

   $V_1(V_2)$：一（二）次側電壓

   $N_1(N_2)$：一（二）次側線圈匝數

3. 比壓器二次側電壓，恒定為 110V。

4. 比壓器二次側不得短路，以免發生危險。

二、比流器(CT)

1. CT 一次側端子符號為 K、L，二次側為 k、l。

2. $\dfrac{I_1}{I_2} = \dfrac{N_1}{N_2}$

   $I_1(I_2)$：一（二）次側電流

   $N_1(N_2)$：一（二）次側線圈匝數

3. 比流器二次側電流，恒定為 5A。

4. 比流器二次側不得開路，以免發生危險。

5. 貫穿型比流器之貫穿匝數 $= \dfrac{\text{比流器一次側電流} \times \text{基本貫穿匝數}}{\text{安培表一次側電流}}$

6. 接線方式

   (A) 三相三線式（V 型接法）

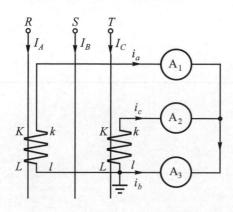

電流關係：$i_a + i_b + i_c = 0$

(B) 三相四線式（Y 型接法）

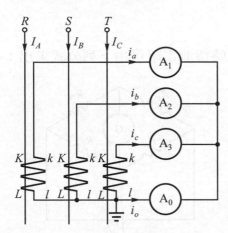

① 電路正常時，$i_a + i_b + i_c = 0$，$i_0 = 0$

② 當發生接地事故時，$i_a + i_b + i_c \neq 0$，會有電流流過 A_0，A_0 如改爲接過電流電驛(LCO)，則可以做爲接地事故的檢知裝置。

精選範例

(1) 某 11.4KV 供電之用戶，其電度表經由 12KV/120V 之 PT 及 30/5A 之 CT 配裝，其電流表讀數爲 5 度，該用戶實際用電應爲多少度？

解 $5 \times \dfrac{12KV}{120V} \times \dfrac{30A}{5A} = 3000$ 度

(2) 一次側貫穿三匝之 150/5A 比流器配合 0～50/5A 電流表使用時，比流器一次側需貫穿多少匝？

解 $\dfrac{150 \times 3}{50} = 9$ 匝

(3) 如右圖所示之線路，CT 之變流比爲 200/5，當 I_R、I_S、I_T 均爲 $40\sqrt{3}$ 時，則電流表A之讀數爲多少安？

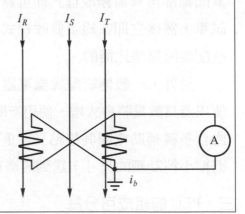

解 匝數比 $\dfrac{200}{5} = 40$

電流表　所測得爲相電流

$\therefore 40\sqrt{3} \times \sqrt{3} \div 40 = 3A$

三、惠斯登電橋

1. 適用於中電阻(0.1～100KΩ)的量測。

2. 平衡時，檢流計 G 中無電流流過，此時待測電阻可由下列公式求出：

$$R_X = \frac{R_P R_V}{R_Q}$$

　R_X：待測電阻

　R_P, R_Q：固定臂電阻

　R_V：可變臂電阻

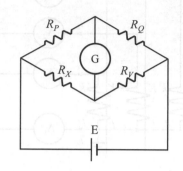

 1-5　可程式控制器

一、可程式控制器(Programmable Logic Controller)簡稱 PLC

　　其出現使得傳統繼電器複雜配線得以簡化，且其功能更多、更強、更可靠、更適合現代化工場自動化之一切配線的需要。

二、PLC 與傳統繼電器控制配線不同處

　　主要不同點在於一般傳統配線若要更改設計，其所有電驛與控制器及其週遭設備可能皆需重新配置固定後，再重新配線，反之 PLC 只須更改少許設備，其配線部份只需修改程式即可達到變更設計之所需，並可在無負載情況下分段試車，然後立即在線上修改程式，接著檢視程式是否正確無誤，此功能更是傳統配線所無法比擬的。

　　另外，一般傳統配線繼電器之輔助接點數量會受到限制，遇到複雜配線則使用器具數量將會大增，使用空間也會變大，因此加大了控制箱的尺寸，但PLC內含多種輔助電驛其接點又可重覆輸出，所以可大幅減少控制器具的數量，進而縮小控制箱的尺寸，達到經濟實惠之目的。

三、PLC 的組成可分為

1. 輸入端(Input)

2. 中央處理器(CPU)

3. 輸出端(Output)

4. 程式書寫器

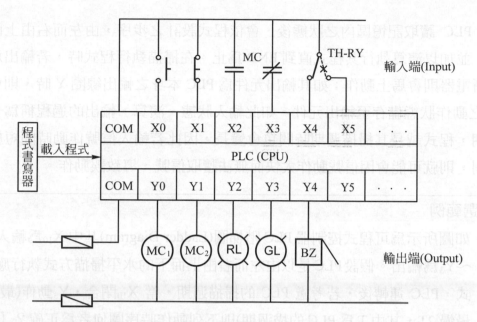

四、PLC 常用語言可分為下列幾種

1. 階梯圖(Ladder Diagram)

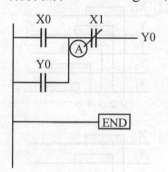

2. 指令(Instruction List 或 Statement List)

LD　X0

OR　Y0

ANI　X1

OUT　Y0

END

3. 順序功能流程圖(Grafcet ／ SFC)

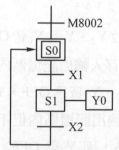

五、PLC 與傳統繼電器配線動作不同處

　　PLC 的動作方式為光掃描輸入所有元件之狀態(接點不通_OFF 為 0，接點導通_ON 為 1)並儲存於輸入信號記憶區內；在掃描程式時，當輸入信號有更改時，其記憶區內之狀態並不會馬上改變，須等下一次掃描時才會再作更新。

　　PLC 讀取記憶區內之狀態後，會依程式設計之步序，由左而右由上而下掃描，並加以演算執行其程式直到 END 為止。在掃描執行程式時，若輸出為內部之斷電器則會馬上動作；如其輸出元件為 PLC 本身之輸出線圈 Y 時，則會先將 Y 之動作狀態儲存至輸出元件。如此輸入狀態、演算、輸出的過程稱為一掃描週期，程式越長其掃描週期時間也會變長，因此若輸入信號作動時間短於掃描時間，則就可能會因信號動作太快而無法讀取信號，導致誤動作。

精選範例

(1) 如圖所示為可程式控制器 PLC 階梯圖(Ladder Diagram)其中 X_{10} 為輸入，Y_0 ～Y_3 為輸出。假設 PLC 是以由左而右由上而下的水平掃描方式執行應用程式，PLC 運轉後，若考慮 PLC 的掃描週期，當 X_{10} 閉合，Y_3 動作(最快 1T 最慢 2T，其中 T 為 PLC 的描週期)則下列動作時序圖何者為正確？【90 年考題】

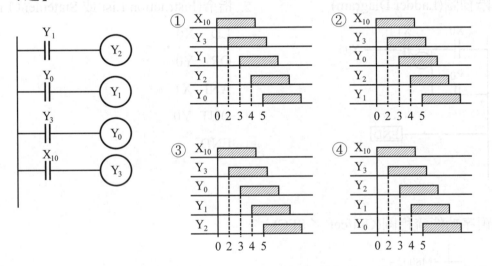

解　當 X_{10} 動作第一次掃描時，Y_1、Y_0、Y_3 皆為 a 接點，故 Y_2、Y_1、Y_0 皆 OFF。因 X_{10} 為 ON 之輸入訊號，所以馬上動作輸出，Y_3 動作存入輸出記憶區內，但不輸出。待二次掃描時，Y_1、Y_0 皆為 a 接點，故 Y_2、Y_1 皆為 OFF，Y_3 a 接點因 Y_3 已 ON 故成 b 狀態，因而導通 Y_0，Y_0 存入輸出記憶區內但不輸出，再往下掃描，Y_3 輸出。第三次掃描，Y_1 為 a 接點，因 Y_2 為 OFF，再往下因 Y_0 已成 ON 狀態故導通 Y_1，Y_1 存入輸出記憶區內但不輸出，再往下 Y_0 輸出為 ON，Y_3 輸出為 ON。第四次掃描，因 Y_1 已作動，故導通 Y_2，Y_2 存入輸出記憶區內，但不輸出，再往下 Y_1，輸出為 ON，Y_0、Y_3 仍為 ON。第五次掃描 Y_2 輸出，Y_1、Y_0、Y_2 皆輸出為 ON。結論，因此在 X_{10}

ON 狀態下，第二次掃描時 Y_3 動作，第三次掃描時，Y_0 輸出 ON，第四次掃描時 Y_1 輸出 ON，第五次掃描時 Y_2 輸出 ON，故其解為③。【92 年考題】

(2) 如圖所示為 PLC 之階梯圖，PLC 在運轉(Run)狀態下，當 X1 導通時，則 Y1 將一直動作，直到 X1 斷路為止，Y1 才恢復不動作狀態？
【92 年考題】

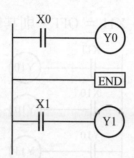

解 (╳)，程式只執行到 END 為止，END 以下之程式不執行。

(3) 如圖所示之 PLC 階梯圖，當 X0 閉合(CLOSE)，Y0 動作，直到 X0 開啟(OPEN)，Y0 才恢復不動作狀態？【92 年考題】

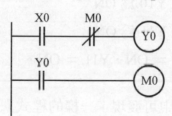

解 (╳)，X0 為 ON 時，第一次掃描，因 M0 為 b 接點，故 Y0 為 ON，M0 也為 ON。第二掃描輸出時，因 M0 接點已變為 a，故又切斷 Y0，所以 Y0 僅作動一個掃描週期時間為 ON，其最終輸出仍為 Y0 = OFF、M0 = ON。

(4) 如下圖所示之 PLC 階梯圖，當 X0 閉合(CLOSE)，Y0 動作，接著若 X0 開啟(OPEN)，則 Y0 繼續維持動作狀態？

```
      X0
───┤ ├───────[ SET Y0 ]
```

解 (○)，因 SET 指令為強制動作命令，須再使用 RST(強制復歸)Y0 時，才能使 Y0 OFF，其動作相當於保持電驛之動作特性。

(5) 如右圖，如果 X10 = ON，X11 = OFF，則其輸出為何？

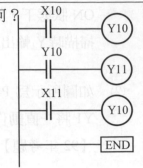

解 一回路掃描時，因 X10 = ON，故 Y10 為 ON

第二回路掃描時，因 Y10 = ON，故 Y11 為 ON

第三回路掃描時，因 X11 = OFF，故 Y10 為 OFF

故最終輸出為 Y11 = ON，Y10 = OFF。

(6) 如圖，如果 X10 = ON，X11 = OFF，則其輸出為何？

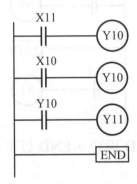

解 第一回路掃描時，Y10 為 OFF

第二回路掃描時，Y10 為 ON

第三回路掃描時，Y11 為 ON

其最終輸出，Y10 = ON，Y11 = ON。

　　由歷屆試題(5)與(6)中可發現，一樣的程式只是上下順序，稍作調整其輸出結果卻完全不同，若用傳統配線則不論順序為何，其輸出皆是一樣，這就是PLC與傳統配線的不同之處，另外由試題中也可發現PLC的輸出Y0可作重覆輸出，但其輸出結果以最後一個輸出為最終輸出。

六、PLC 使用注意事項

1. 輸入端須使用無電壓接點，不得將電源接在輸入端點上，否則將會燒毀輸入迴路。

2. 控制元件與 ON、OFF 接點的作動時間須在 PLC 讀取容許範圍內，假若 PLC 讀取時間為 10mS，若其輸入作動時間小於 10mS，則將使PLC無法讀取其訊號而產生誤動作。

3. 輸入感度電流須在 2.5mA～3mA 之間，ON 須在 3mA 以上才能正確動作，OFF 須在 2.5mA 以下才能確實斷路。

4. 輸出部份，因 PLC 本身並無保護裝置，故在設置輸出時各負載回路須自行增設保護設備。

5. 輸出部份其接點負載電流並不大，若為電阻負載約為 2A；若為電感性負載約 80VA，電燈負載約 100W 以下，故電流較大之負載仍須利用電磁接觸器之主接點來供應負載用電，所以一般 PLC 輸出接點，都用來控制電磁接觸器之線圈及其它電流較小負載之用。

6. 輸出負載若為直流負載，則可在負載兩端並聯一個飛輪二極體，使輸出接點壽命更長，其二極體電壓須為負載電壓的 $5 \sim 10$ 倍以上之電壓額定，電流額定須大於負載電流。輸出負載若為交流電感性負載，則須並聯一個突波吸收器(雜訊消除器可用 $0.1\mu F$ 電容串聯 100Ω 電阻來替代)。

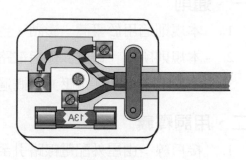

2

用戶用電設備裝置規則
重點整理

一、通則

1. 本規則適用於臺灣、澎湖、金門及馬祖地區全部行政區域。
2. 本規則所稱「電壓」係指電路之線間電壓。
3. 本規則未指明「電壓」時概適用於 600 伏以下之低壓工程。

二、用詞釋義

1. 接戶線：由屋外配電線路引至用戶進屋點之導線。
2. 進屋線：由進屋點引至電度表或總開關之導線。
3. 高壓接戶線：以 3,300 伏級以上高壓供給之接戶線。
4. 低壓接戶線：以 600 伏以下電壓供給之接戶線。
5. 共同中性導體(線)：以兩種不同之電壓或不同之供電方式共用中性導體(線)者。
6. 配(分)電箱(以下簡稱配電箱)：具有框架、箱體及門蓋，並裝置電氣設備。
7. 配電盤：具有框架、箱體、板面及門蓋，並裝置電氣設備及機器之落地型者。
8. 分段設備：藉其開啟可使電路與電源隔離之裝置。
9. 對地電壓：對接地系統而言，為一線與該電路之接地點，或被接地之導線間之電壓。對非接地系統而言，則為一線與其他任何線間之最大電壓。
10. 接地：線路或設備與大地或可視為大地之某導電體間有導電性之連接。
11. 被接地：被接於大地或被接於可視為大地之某導電體間有導電性之連接。
12. 被接地導線：系統或電路導線內被接地之導線。
13. 接地線：連接設備、器具或配線系統至接地極之導線。
14. 雨線：自屋簷外端線，向建築物之鉛垂面作形成 45 度夾角之斜面；此斜面與屋簷及建築物外牆三者相圍部分屬雨線內，其他部分為雨線外。

三、電壓降

1. 供應電燈、電力、電熱或該等混合負載之低壓幹線及其分路，其電壓降均不得超過標稱電壓百分之 3，兩者合計不得超過百分之 5。

四、導線與安培容量

1. 屋內線導線應依下列規定辦理：
   (1) 屋內配線之導體，其導電率應符合國家標準之規定。

(2) 各種電線之導體除匯流排及另有規定得用鋁質外，應爲銅質者。

(3) 低壓配線應具有適用於 600 伏之絕緣等級。

2. 絕緣導線之最小線徑不得小於下列各款規定：

(1) 電燈及電熱工程，選擇分路導體線徑之大小應以該線之安培容量足以擔負負載電流且不超過電壓降限制爲準；其最小線徑除特別低壓另有規定外，單線直徑不得小於 2.0 公厘，絞線截面積不得小於 3.5 平方公厘。

(2) 電力工程，選擇分路導體線徑之大小，除應能承受電動機之額定電流之 1.25 倍外，單線直徑不得小於 2.0 公厘，絞線截面積不得小於 3.5 平方公厘。

(3) 高壓電力電纜之最小線徑如表 2-1。

表 2-1　2001 伏至 35000 伏高壓電力電纜最小線徑

電纜額定電壓(千伏)	最小線徑(平方公厘)
5	8
8	14
15	30
25	38
35	60

3. 絕緣導線線徑在 3.2 公厘以上者應用絞線。

4. 導線之線徑大於 50 平方公厘者得並聯使用，但並聯之導線，其長度、導體材質、截面積及絕緣材質等均需相同，且使用相同之裝置法。

5. 導線之連接及處理應符合下列規定：

(1) 導線應儘量避免連接。

(2) 連接導體時，應將導體表面處理乾淨後始可連接，連接處之溫升，應低於導體容許之最高溫度。

(3) 導線互爲連接時，宜採用銅套管壓接或壓力接頭連接。

(4) 連接兩種不同線徑之導線，應照線徑較大者之連接法處理。

(5) 花線與他種導線連接時，若係實心線則照實心線之連接法，若係絞線，則照絞線之連接法處理。

(6) PVC電線應使用PVC絕緣帶纏繞連接部分使與原導線之絕緣相同，纏繞時，應就PVC絕緣帶寬度二分之一重疊交互纏繞，並掩護原導線之絕緣外皮15公厘以上。

(7) 裝置截面積8平方公厘以上之絞線於開關時，應將線頭焊接於適當之銅接頭中或用銅接頭壓接之。但開關附有銅接頭時，不在此限。

(8) 導線在下列情形下不得連接：

　① 導線管、磁管及木槽板之內部。

　② 被紮縛於磁珠及磁夾板之部分或其他類似情形。

6. 絕緣電線之安培容量應符合下列規定：

(1) 常用絕緣電線按其絕緣物容許溫度如表 2-2 所示。

(2) 絕緣電線按 PVC 管配線時，其安培容量如表 2-3 所示。

表 2-2　低壓絕緣電線之最高容許溫度表

絕緣電線之種類	絕緣物之種類	絕緣物容許溫度℃	備註
1. PVC 電線	1. 聚氯乙烯(PVC)	60	
2. RB 電線	2. 橡膠(Rubber)		
3. 耐熱 PVC 電線	3. 耐熱聚氯乙烯	75	
4. PE 電線(POLYETHYLENE)	4. 聚乙烯(Polyethylene，PE)橡膠		
5. SBR 電線(STYRENE BUTADIENE RUBBER)	5. 苯乙烯丁二烯(Styrene Butadiene)橡膠		
6. 聚氯丁二烯橡膠絕緣電線	6. 聚氯丁二烯(Polychloroprene)橡膠		
7. EP 橡膠電線(ETEYLENE PROPYLENERUBBER)	7. 乙丙烯(Ethylene Prop- ylene)橡膠	90	
8. 交連 PE 電線(CROSSLINKED POLYETHYLENE)	8. 交連聚乙烯(Crosslinked Po- lyethylene，XLPE)		
9. 氯磺化聚乙烯橡膠絕緣電線	9. 氯磺化聚乙烯(Chlorosulfumated Polyethylene)橡膠		

表 2-3　金屬導線管配線導線安培容量表(導線絕緣物容許溫度 60℃，周溫 35℃以下)

線別	銅導線		同一導線管內之導線數/電纜芯數			
	公稱截面積 (平方公厘)	根數/直徑 (公厘)	3 以下	4	5～6	7～9
			安培容量(安培)			
單線		1.6	13	12	11	9
		2.0	18	16	14	12
		2.6	27	25	22	19
絞線	3.5	7/0.8	19	17	15	13
	5.5	7/1.0	28	25	22	20
	8	7/1.2	35	32	28	25
	14	7/1.6	51	46	41	36
	22	7/2.0	65	58	52	45
	30	7/2.3	80	72	64	56
	38	7/2.6	94	84	75	66
	50	19/1.8	108	97	87	76
	60	19/2.0	124	112	99	87
	80	19/2.3	145	130	116	101
	100	19/2.6	172	155	138	121
	125	19/2.9	194	175	156	136
	150	37/2.3	220	198	176	
	200	37/2.6	251	226	200	
	250	61/2.3	291	262		
	325	61/2.6	329	296		
	400	61/2.9	372			
	500	61/3.2	407			

註：本表適用於金屬可撓導線管配線及電纜配線。

五、電路之絕緣及檢驗試驗／接地及搭接

1.　除下列各處所外，電路應與大地絕緣：

(1)　低壓電源系統或內線系統之接地。

(2)　避雷器之接地。

(3)　特高壓支持物上附架低壓設備之供電變壓器負載側之一端或中性點。

(4)　低壓電路與 150 伏以下控制電路之耦合變壓器二次側電路接地。

(5)　屋內使用接觸導線，作為滑接軌道之接觸導線。

(6)　電弧熔接裝置之被熔接器材及其與電氣連接固定之金屬體。

(7)　高壓變比器之二次側接地。

(8)　低壓架空線路共架於特高壓支持物之接地。

(9)　X 光及醫療裝置。

(10) 陰極防蝕之陽極。

(11) 電氣爐、電解槽等，技術上無法與大地絕緣者。

2.　低壓電路之絕緣電阻依下列規定之一辦理：

(1)　低壓電路之導線間及導線與大地之絕緣電阻(多心電纜或多心導線係心線相互間及心線與大地之絕緣電阻)，於進屋線、幹線或分路之開關切開，測定電路絕緣電阻，應有表 2-4 之規定值以上。多雨及鹽害嚴重地區，裝置兩年以上電燈線路絕緣電阻不得低於 0.05MΩ。

表 2-4　低壓電路之最低絕緣電阻

電路電壓		絕緣電阻(MΩ)
300V 以下	對地電壓 150V 以下	0.1
	對地電壓超過 150V	0.2
超過 300V		0.4

(2)　新設時絕緣電阻，建議在 1MΩ以上。

(3)　低壓電路之絕緣電阻測定應使用 500 伏額定及 250 伏額定(220 伏以下電路用)之絕緣電阻計或洩漏電流計。

(4)　遊樂用電車之電源，接觸導線及電車內部電路與大地之絕緣電阻，應符合下列規定：

① 接觸導線每 1 公里之洩漏電流，在使用電壓情形下，不得超過 0.1 安 (100 毫安)。

② 電車內部電路之洩漏電流，在使用電壓情形下不得大於其額定電流之五千分之一。

3. 高壓旋轉機及整流器之絕緣耐壓應依下列規定之一辦理：

(1) 發電機、電動機、調相機等旋轉機，不包括旋轉變流機，以最大使用電壓之 1.5 倍交流試驗電壓加於繞組與大地，且應能耐壓 10 分鐘。

(2) 旋轉變流機以其直流側最大使用電壓之交流試驗電壓加於繞組與大地，應能耐壓 10 分鐘。

(3) 水銀整流器：以其直流側最大使用電壓之 2 倍的交流試驗電壓加於主陽極與外箱，以直流側最大使用電壓之交流試驗電壓加於陰極與外箱及大地，應能耐壓 10 分鐘。

(4) 水銀整流器以外之整流器：以其直流側之最大使用電壓之交流試驗電壓加於帶電部份與外箱，應能耐壓 10 分鐘。

4. 除管燈用變壓器、X 光管用變壓器、試驗用變壓器等特殊用途變壓器外，以最大使用電壓之 1.5 倍交流試驗電壓加於變壓器各繞組之間、與鐵心及外殼之間，應能耐壓 10 分鐘。

5. 交流電力電纜可採用四倍試驗電壓之直流電壓加壓之試驗方式。

6. 接地方式應符合下列規定之一：

(1) 設備接地：高低壓用電設備非帶電金屬部分之接地。

(2) 內線系統接地：屋內線路屬於被接地一線之再行接地。

(3) 低壓電源系統接地：配電變壓器之二次側低壓線或中性線之接地。

(4) 設備與系統共同接地：內線系統接地與設備接地共用一接地線或同一接地電極。

7. 設備接地及搭接之連接依下列規定辦理：

(1) 設備接地導線、接地電極導線及搭接導線，應以下列方式之一連接：

① 壓接接頭。

② 接地匯流排。

③ 熱熔接處理。

④ 其他經設計者確認之裝置。

(2)不得僅以電銲作為連接之方式。

8.　接地之種類及其接地電阻如表 2-5。

表 2-5　接地種類

種類	適用處所	電阻值
特種接地	電業三相四線多重接地系統供電地區用戶變壓器之低壓電源系統接地，或高壓用電設備接地。	10Ω以下
第一種接地	電業非接地系統之高壓用電設備接地。	25Ω以下
第二種接地	電業三相三線式非接地系統供電地區用戶變壓器之低壓電源系統接地。	50Ω以下
第三種接地	用戶用電設備： 1. 低壓用電設備接地。 2. 內線系統接地。 3. 變比器二次線接地。 4. 支持低壓用電設備之金屬體接地。	1. 對地電壓 150V 以下～100Ω以下。 2. 對地電壓 151V 至 300V～50Ω以下。 3. 對地電壓 301V 以上～10Ω以下。

註：裝用漏電斷路器，其接地電阻值可按表 2-11 辦理。

9.　接地導線之大小應符合下列規定之一辦理：

(1)　特種接地：

　①　變壓器容量 500 千伏安以下應使用 22 平方公厘以上絕緣線。

　②　變壓器容量超過 500 千伏安應使用 38 平方公厘以上絕緣線。

(2)　第一種接地應使用 5.5 平方公厘以上絕緣線。

(3)　第二種接地：

　①　變壓器容量超過 20 千伏安應使用 22 平方公厘以上絕緣線。

　②　變壓器容量 20 千伏安以下應使用 8 平方公厘以上絕緣線。

(4)　第三種接地：

　①　變比器二次線接地應使用 3.53 平方公厘以上絕緣線。

　②　內線系統單獨接地或與設備共同接地之接地引接線，按表 2-6 規定。

　③　用電設備單獨接地之接地線或用電設備與內線系統。共同接地之連接線按表 2-7 規定。

表 2-6　內線系統單獨接地或與設備共同接地之接地引接線線徑

接戶線中之最大截面積(mm²)	銅接地導線大小(mm²)
30 以下	8
38～50	14
60～80	22
超過 80～200	30
超過 200～325	50
超過 325～500	60
超過 500	80

表 2-7　用電設備單獨接地之接地線或用電設備與內線系統共同接地之連接線線徑

過電流保護器之額定或標置	銅接地導線大小
20A 以下	1.6mm(2.0mm²)
30A 以下	2.0mm(3.5mm²)
60A 以下	5.5mm²
100A 以下	8mm²
200A 以下	14mm²
400A 以下	22mm²
600A 以下	38mm²
800A 以下	50mm²
1,000A 以下	60mm²
1,200A 以下	80mm²
1,600A 以下	100mm²
2,000A 以下	125mm²
2,500A 以下	175mm²

10. 接地系統應符合下列規定施工：

(1) 低壓電源系統接地之位置應在接戶開關電源側之適當場所。

(2) 以多線式供電之用戶，其中性線應施行內線系統接地。

(3) 用戶自備電源變壓器，其二次側對地電壓超過 150 伏，採用「設備與系統共同接地」。

(4) 設備與系統共同接地，其接地線之一端應妥接於接地極，另一端引至接戶開關箱內，再由該處引出設備接地連接線，施行內線系統或設備之接地。

(5) 三相四線多重接地供電地區，用戶低壓用電設備與內線系統共同接地時，其自備變壓器之低壓電源系統接地，不得與一次電源之中性線共同接地。

(6) 接地線以使用銅線爲原則，可使用裸線、被覆線或絕緣線。個別被覆或絕緣之接地線，其外觀應爲綠色或綠色加一條以上之黃色條紋者。

(7) 14平方公厘以上絕緣被覆線或僅由電氣技術人員維護管理處所使用之多芯電纜之芯線，在施工時於每一出線頭或可接近之處以下列方法之一做永久識別時，可做爲接地線，接地導線不得作爲其他配線：
   ① 在露出部分之絕緣或被覆上加上條紋標誌。
   ② 在露出部分之絕緣或被覆上著上綠色。
   ③ 在露出部分之絕緣或被覆上以綠色之膠帶或自黏性標籤作記號。

(8) 被接地導線之絕緣皮應使用白色或灰色，以資識別。

(9) 低壓電源系統應按下列原則接地：
   ① 電源系統經接地後，其對地電壓不超過150伏，該電源系統除二十七條之一另有規定外，必須加以接地。
   ② 電源系統經接地後，其對地電壓不超過300伏者，除另有規定外應加以接地。
   ③ 電源系統經接地後，其對地電壓超過300伏者，不得接地。
   ④ 電源系統供應電力用電，其電壓在150伏以上，600伏以下而不加接地者，應加裝接地檢示器。

(10) 低壓用電設備應加接地者如下：
   ① 低壓電動機之外殼。
   ② 金屬導線管及其連接之金屬箱。
   ③ 非金屬管連接之金屬配件如配線對地電壓超過150伏或配置於金屬建築物上或人可觸及之潮濕處所者。
   ④ 電纜之金屬外皮。
   ⑤ X線發生裝置及其鄰近金屬體。
   ⑥ 對地電壓超過150伏之其他固定設備。

⑦　對地電壓 150 伏以下移動性電具使用於潮濕處所或金屬地板上或金屬箱內者，其非帶電露出金屬部分需接地。

11. 50 伏以上，低於 600 伏之交流電源系統，符合下列情形者，得免接地：

(1) 專用於供電至熔解、提煉、回火或類似用途之工業電爐。

(2) 獨立電源供電系統僅供電給可調速工業驅動裝置之整流器。

(3) 由變壓器所供電之獨立電源供電系統，其一次側額定電壓低於 600 伏，且符合下列條件者：

① 　該系統專用於控制電路。

② 　僅由合格人員監管及維護。

③ 　連續性之控制電源。

(4) 存在可燃性粉塵之危險場所運轉之電氣起重機。

12. 非接地系統電源處，或系統第一個隔離設備處，應有耐久明顯標示非接地系統。

13. 移動設備之接地應按下列方法接地：

(1) 採用接地型插座，且該插座之固定接地接觸極應妥予接地。

(2) 移動電具之引接線中多置一地線，其一端接於接地插頭之接地極，另一端接於電具之非帶電金屬部分。

14. 非用電器具之金屬組件，屬下列各款之一者，應連接至設備接地導線：

(1) 電力操作起重機及吊車之框架及軌道。

(2) 有附掛電氣導線之非電力驅動升降機之車廂框架。

(3) 電動升降機之手動操作金屬移動纜繩或纜線。

15. 除地下金屬瓦斯管線系統及鋁材料外，符合下列規定者得做為接地電極：

(1) 建築物或構造物之金屬構架：

① 　一個以上之金屬構架有 3 公尺以上直接接觸大地或包覆在直接接觸大地之混凝土中。

② 　以基礎螺栓牢固之結構鋼筋，該鋼筋連接至基樁或基礎之混凝土包覆電極，且以熔接、熱熔接、一般鋼製紮線或其他經設計者確認之方法連接至混凝土包覆電極。

(2) 混凝土包覆電極，且長度 6 公尺以上：

① 22 平方公厘以上裸銅導線、直徑 13 公厘以上鍍鋅或其他導電材料塗布之裸露鋼筋或多段鋼筋以一般鋼製紮線、熱熔接、熔接或其他有效方法連接。

② 混凝土包覆之金屬組件至少 50 公厘，且水平或垂直放置於直接接觸大地之混凝土基礎或基樁中。

③ 建築物或構造物有多根混凝土包覆電極，得僅搭接一根至接地電極系統。

(3) 直接接觸大地，環繞建築物或構造物之接地環，其長度至少 6 公尺，線徑大於 38 平方公厘之裸銅導線。

(4) 棒狀及管狀電極，且長度不得小於 2.4 公尺：

① 導管或管狀之接地電極之外徑不得小於 19 公厘。

② 銅棒之接地電極直徑不得小於 15 公厘。

(5) 板狀接地電極：

① 板狀接地電極任一面與土壤接觸之總面積至少 0.186 平方公尺。

② 裸鐵板、裸鋼板或導電塗布之鐵板或鋼板作為接地電極板，其厚度至少 6.4 公厘。

16. 接地電極系統之裝設依下列規定辦理：

(1) 棒狀、管狀及板狀接地電極：

① 接地電極以埋在恆濕層以下為原則，且不得有油漆或琺瑯質塗料等不導電之塗布。

② 接地電極之接地電阻大於表 2-5 規定者，應增加接地電極

③ 設置多根接地電極者，電極應間隔 1.8 公尺以上。

(2) 接地電極間隔：

① 使用 1 個以上棒狀、管狀或板狀接地電極之接地電極者，接地系統之每個接地電極，包括作為雷擊終端裝置之接地電極，與另一接地系統之任一接地電極之距離不得小於 1.8 公尺。

② 2 個以上接地電極搭接視為單一接地電極系統。

(3) 連接接地電極以形成接地電極系統之搭接導線，其線徑應符合表 2-8 規定，並依相關規定裝設與連接。

(4) 接地環埋設於地面下之深度應超過 750 公厘。

(5) 安裝棒狀及管狀接地電極者，與土壤接觸長度應至少 2.4 公尺，並應垂直釘沒於地面下 1 公尺以上，在底部碰到岩石者，接地電極下鑽斜角不得超過垂直 45 度。若斜角超過 45 度時，接地電極埋設深度應在地面下至少 1.5 公尺。

(6) 板狀接地電極埋設深度應在地面下至少 1.5 公尺。

(7) 特種及第二種系統接地，設施於人員易觸及之場所時，自地面下 0.6 公尺起至地面上 1.8 公尺，應以絕緣管或板掩蔽。

(8) 特種接地及第二種接地沿鐵塔或鐵柱等金屬物體設施者，除應依前款規定加以掩蔽外，接地導線應與金屬物體絕緣，同時接地電極應埋設於距離金屬物體 1 公尺以上。

(9) 第一種及第三種接地之埋設應避免遭受外力損傷。

表 2-8　內線系統單獨接地或與設備共同接地之接地引接線線徑

接戶線中之最大截面積（平方公厘）	銅接地導線大小（平方公厘）
30 以下	8
38～50	14
60～80	22
超過 80～200	30
超過 200～325	50
超過 325～500	60
超過 500	80

17. 建築物、構造物或獨立電源供電系統之接地電極導線依下列規定辦理：

(1) 應有免於外力損傷之保護措施：

① 暴露在外者，接地電極導線或其封閉箱體應牢固於其裝置面。

② 22 平方公厘以上之銅接地電極導線在易受到外力損傷處應予保護。

③ 14 平方公厘以下之接地電極導線應敷設於金屬導線管、非金屬導線管或使用裝甲電纜。

(2) 接地電極導線不得加裝開關及保護設備，且應為無分歧或接續之連續導線。但符合下列規定者，得予分歧或接續：

① 使用得作為接地及搭接之不可回復式壓縮型接頭，或使用熱熔接方式處理之分歧或接續。

　　　　② 分段匯流排得連接成為一個接地電極導體。

　　　　③ 建築物或構造物之金屬構架以螺栓、鉚釘或銲接連接。

　　(3) 接地電極導線及搭接導線線徑應符合表 2-8，並依下列規定裝設：

　　　　① 有其他電極以搭接導線連接者，接地電極導線得接至接地電極系統中便於連接之接地電極。

　　　　② 接地電極導線得分別敷設接至 1 個以上之接地電極。

　　　　③ 連接：

　　　　　　❶ 自接地電極引接之搭接導線得連接至 6 公厘乘 50 公厘以上之銅匯流排，惟其匯流排應牢固於可觸及處。

　　　　　　❷ 應以經設計者確認之接頭或熱熔接方式辦理。

18. 接地導線及搭接導線連接至接地電極之方式，依下列規定辦理：

　　(1) 應使用熱熔接或經設計者確認之接頭、壓力接頭、線夾方式連接至接地電極，不得使用錫銲連接。

　　(2) 接地線夾應為經設計者確認適用於接地電極及接地電極導線。

　　(3) 使用在管狀、棒狀，或其他埋設之接地電極者，應為經設計者確認可直接埋入土壤或以水泥包覆者。

　　(4) 2 條以上導線不得以單一線夾或配件連接多條導線至接地電極。

　　(5) 使用配件連接者，應以下列任一方式裝置：

　　　　① 管配件、管插頭，或其他經設計者確認之管配件裝置。

　　　　② 青銅、黃銅、純鐵或鍛造鐵之螺栓線夾。

19. 搭接其他封閉箱體依下列規定辦理：

　　(1) 電氣連續性：

　　　　① 金屬管槽、電纜架、電纜之鎧裝或被覆、封閉箱體、框架、配件及其他非帶電金屬組件，不論有無附加設備接地導線，皆應予搭接。

　　　　② 金屬管槽伸縮配件及套疊部分，應以設備搭接導線或其他方式使其具電氣連續性。

　　　　③ 螺牙、接觸點及接觸面之不導電塗料、琺瑯或類似塗裝，應予清除。

　　(2) 隔離接地電路：

　　　　① 由分路供電之設備封閉箱體，為減少接地電路電磁雜訊干擾，得與供電至該設備電路之管槽隔離，且該隔離採用 1 個以上經設計者確認之非金屬管槽配件，附裝於管槽及設備封閉箱體之連接點處。

② 金屬管槽內部應附加 1 條設備接地導線，將設備封閉箱體接地。

20. 多線式分路依下列規定辦理：

(1) 多線式分路之所有導線應源自同一配電箱。

(2) 每一多線式分路於分路起點應提供能同時開啓該分路之所有非接地導線之隔離設備。

(3) 多線式分路僅能供電給相線對中性線之負載。但符合下列規定者，不在此限：

　　① 僅供電給單一用電器具之多線式分路。

　　② 多線式分路之所有非接地導線，能被分路過電流保護裝置同時啓斷。

21. 分路之非接地導線之識別依下列規定辦理：

(1) 用戶配線系統中，具有 1 個以上標稱電壓系統供電之分路者，每一非接地導線應於分路配電箱標識其相、線及標稱電壓。

(2) 識別方法可採用不同色碼、標示帶、標籤或其他經設計者確認之方法。

(3) 引接自每一分路配電箱導線之識別方法，應以耐久標識貼於每一分路之配電箱內。

22. 供住宿用途之客房，其插座裝設依下列規定辦理：

(1) 應依規定裝設插座出線口。

(2) 裝有固定烹飪用電器具者，應裝設插座出線口。

(3) 應裝有 2 個以上可輕易觸及之插座出線口。

六、過電流保護

1. 裝設於住宅處所之 20 安以下分路之斷路器及栓形熔絲應屬一種反時限者。

2. 栓形及管形熔絲應符合下列規定：

(1) 每一級之熔絲應有不同之尺寸，使容量較大者，不能誤裝於容量較小之熔絲筒上。

3. 斷路器應有耐久而明顯之標示，用以表示其額定電流、啓斷電流、額定電壓及廠家名稱或其代號。

4. 積熱型熔斷器與積熱電驛，及其他非設計爲保護短路或接地故障之保護裝置，不得作爲導線之短路或接地故障保護。

5. 進屋線之過電流保護應符合下列規定：

　(1)　每一非接地之進屋導線應有一過電流保護裝置，其額定或標置，除下列
　　　之情形者外應不大於該導線之安培容量：

　　①　電動機之電路因電動機之起動電流較大故該項額定或標準得大於導
　　　　線之安培容量。

　　②　斷路器或熔絲之標準額定不能配合導線之安培容量時，得選用高一
　　　　級之額定值，但額定值超過 800 安時，不得作高一級之選用。

　(2)　被接地之導線除其所裝設之斷路器能將該線與非接地之導線同時啟斷者
　　　外，不得串接過電流保護裝置。

6.　照明燈具、用電器具及其他用電設備，或用電器具內部電路及元件之附加
　　過電流保護，不得取代分路所需之過電流保護裝置，或代替所需之分路保護。

7.　附加過電流保護裝置不須為可輕易觸及。

8.　除可撓軟線、可撓電纜及燈具引接線外之絕緣導線，應依規定之導線安培
　　容量裝設過電流保護裝置，其額定或標置不得大於該導線之安培容量。但
　　本規則另有規定或符合下列情形者，不在此限：

　(1)　物料吊運磁鐵電路或消防幫浦電路等若斷電會導致危險者，其導線應有
　　　短路保護，但不得有過載保護。

　(2)　額定 800 安以下之過電流保護裝置，符合下列所有條件者，得採用高一
　　　級標準額定：

　　①　被保護之分路導線非屬供電給附插頭可撓軟線之可攜式負載，且該
　　　　分路使用 2 個以上之插座。

　　②　導線安培容量與熔線或斷路器之標準安培額定不匹配，且該熔線或
　　　　斷路器之過載跳脫調整裝置未高於導線安培容量。

　　③　所選用之高一級標準額定不超過 800 安。

　(3)　電動機因起動電流較大，其過電流保護額定或標置得大於導線之安培容
　　　量。

9.　非接地導線之保護應符合下列規定：

　(1)　電路中每一非接地之導線應有一個過電流保護裝置。

　(2)　斷路器應能同時啟斷電路中之各非接地導線。但單相二線非接地電路或
　　　單相三線電路或三相四線電路(不接三相負載者)，得使用單極斷路器，
　　　以保護此等電路中之各非接地導線。

10. 被接地導線之保護應符合下列規定：

(1) 多線式被接地之中性線不得有過電流保護裝置，但該過電流保護裝置能使電路之各導線同時開啓者，不在此限。

(2) 單相二線式或三相三線式之被接地導線如裝過電流保護裝置時，該過電流保護裝置應能使電路之各導線同時開啓。

11. 導線之過電流保護除有下列情形之一者外，應裝於該導線由電源受電之分岐點。

(1) 進屋線之過電流保護裝置於屋內接戶開關之負載側。

(2) 幹線或分路之過電流保護裝置，既可保護電路中之大導線亦可保護較小之導線者。

(3) 幹線之分岐線長度不超過 3 公尺而有下列之情形者，在分岐點處，得免裝過電流保護：

　　分岐導線之安培容量不低於其所供各分路之分路額定容量之和或其供應負載之總和。

(4) 幹線之分岐線長度不超過 8 公尺而分岐線之安培容量不低於幹線之三分之一者得免裝於分岐點。

12. 過電流保護裝置，應裝置於保護箱內，但其構造已有足夠之保護或裝置於無潮濕或無接近易燃物處所之配電盤者，得免裝設該保護箱。過電流保護裝置如裝於潮濕處所，其保護箱應屬防水型者。

13. 裝於非合格人員可觸及電路之筒型熔線，及對地電壓超過 150 伏之熔線，應於電源側裝設隔離設備，使每一內含熔線之電路均可與電源單獨隔離。

14. 過電流保護裝置之額定與協調依下列規定辦理：

(1) 過電流保護裝置之額定電壓不得低於電路電壓。

(2) 過電流保護裝置之短路啓斷容量(IC)應能安全啓斷裝置點可能發生之最大短路電流。採用斷路器者，額定極限短路啓斷容量(Icu)不得低於裝置點之最大短路電流，其額定使用短路啓斷容量(Ics)值應由設計者選定，並於設計圖標示 Icu 及 Ics 值。

(3) 過電流保護得採用斷路器或熔線，但其保護應能互相協調。

(4) 低壓用戶按表 2-9 選用過電流保護裝置者，得免計算其短路故障電流。

表 2-9　低壓用戶過電流保護裝置之額定極限短路啓斷容量表

主保護器之額定電流	單相 110V、220V 用戶			三相 220V 用戶			三相 380V 用戶		
最低額定極限短路啓斷容量(Icu)	75A 以下	100A 以下	超過 100A	75A 以下	200A 以下	超過 200A	75A 以下	200A 以下	超過 200A
受電箱	35KA	35KA	35KA	35KA	35KA	35KA	35KA	35KA	35KA
集中（單獨）表箱	20KA	20KA	25KA	20KA	20KA	25KA	25KA	25KA	30KA
用戶總開關箱	10KA	15KA	20KA	10KA	15KA	20KA	15KA	20KA	25KA

註：1.本表啓斷容量亦得依短路故障電流計算結果選用適當之額定極限短路啓斷容量(Icu)。
　　2.額定使用短路啓斷容量(Ics)值應由設計者選定，且爲額定極限短路啓斷容量(Icu)之 50% 以上。

七、漏電斷路器之裝置／低壓突波保護裝置

1.　漏電斷路器以裝設於分路爲原則。裝設不具過電流保護功能之漏電斷路器(RCCB)者，應加裝具有足夠啓斷短路容量之無熔線斷路器或熔線作爲後衛保護。

2.　下列各款用電設備或線路，應在電路上或該等設備之適當處所裝設漏電斷路器：

(1)　建築或工程興建之臨時用電設備。

(2)　游泳池、噴水池等場所之水中及周邊用電器具。

(3)　公共浴室等場所之過濾或給水電動機分路。

(4)　灌漑、養魚池及池塘等用電設備。

(5)　辦公處所、學校及公共場所之飲水機分路。

(6)　住宅、旅館及公共浴室之電熱水器及浴室插座分路。

(7)　住宅場所陽台之插座及離廚房水槽外緣 1.8 公尺以內之插座分路。

(8)　住宅、辦公處所、商場之沉水式用電器具。

(9)　裝設在金屬桿或金屬構架或對地電壓超過 150 伏之路燈、號誌燈、招牌廣告燈。

(10) 人行地下道、陸橋之用電設備。

(11) 慶典牌樓、裝飾彩燈。

(12) 由屋內引至屋外裝設之插座分路及雨線外之用電器具。

(13) 遊樂場所之電動遊樂設備分路。

(14) 非消防用之電動門及電動鐵捲門之分路。

(15) 公共廁所之插座分路。

3.　　漏電斷路器之選擇依下列規定辦理：

(1)　裝置於低壓電路之漏電斷路器，應採用電流動作型，且符合下列規定：

　①　漏電斷路器應屬表 2-10 所示之任一種。

　②　漏電斷路器之額定電流，不得小於該電路之負載電流。

　③　漏電警報器之聲音警報裝置，以電鈴或蜂鳴式為原則。

(2)　漏電斷路器之額定靈敏度電流及動作時間之選擇，應依下列規定辦理：

　①　以防止感電事故為目的而裝置之漏電斷路器，應採用高靈敏度高速型。但用電器具另施行外殼接地，其設備接地電阻值未超過表 2-11 之接地電阻值，且動作時間在 0.1 秒以內者(高速型)，得採用中靈敏度型漏電斷路器。

　②　以防止火災及防止電弧損害設備等其他非防止感電事故為目的而裝設之漏電斷路器，得依其保護目的選用適當之漏電斷路器。

表 2-10　漏電斷路器之種類

類別	額定靈敏度電流(mA)		動作時間
高靈敏度型	高速型	5、10、15、30	額定靈敏度電流 0.1 秒以內
	延時型		額定靈敏度電流 0.1 秒以上 2 秒以內
中靈敏度型	高速型	50、100、200、300、500、1000	額定靈敏度電流 0.1 秒以內
	延時型		額定靈敏度電流 0.1 秒以上 2 秒以內
註：漏電斷路器之最小動作電流，係額定靈敏度電流 50%以上之電流值。			

表 2-11　漏電保護接地電阻值

漏電斷路器額定感度動作電流(mA)	接地電阻(歐姆)	
	潮溼處所	其他處所
30	500	500
50	500	500
75	333	500
100	250	500
150	166	333
200	125	250
300	83	166
500	50	100
1,000	25	50

4. 插座裝設於下列場所，應裝設額定靈敏度電流為 15 毫安以下，且動作時間 0.1 秒以內之漏電啟斷裝置。但該插座之分路已裝有漏電斷路器者，不在此限：

(1) 住宅場所之單相額定電壓 150 伏以下、額定電流 15 安及 20 安之插座：

① 浴室。

② 安裝插座供流理台上面用電器具使用者及位於水槽外緣 1.8 公尺以內者。

③ 位於廚房以外之水槽，其裝設插座位於水槽外緣 1.8 公尺以內者。

④ 陽台。

⑤ 屋外。

(2) 非住宅場所之單相額定電壓 150 伏以下、額定電流 50 安以下之插座：

① 公共浴室。

② 商用專業廚房。

③ 插座裝設於水槽外緣 1.8 公尺以內者。但符合下列情形者，不在此限：

❶ 插座裝設於工業實驗室內，供電之插座會因斷電而導致更大危險。

❷ 插座裝設於醫療照護設施內之緊急照護區或一般照護區病床處，非浴室內之水槽。

④　有淋浴設備之更衣室。

⑤　室內潮濕場所。

⑥　陽台或屋外場所。

5.　突波保護裝置不得裝設於下列情況：

(1)　超過 600 伏之電路。

(2)　非接地系統或阻抗接地系統。但經設計者確認適用於該等系統者，不在此限。

(3)　突波保護裝置額定電壓小於其安裝位置之最大相對地電壓。

6.　突波保護裝置裝設於電路者，應連接至每條非接地導線。

7.　突波保護裝置得連接於非接地導線與任一條被接地導線、設備接地導線或接地電極導線間。

8.　突波保護裝置應標示其短路電流額定，且不得裝設於系統故障電流超過其額定短路電流之處。

9.　突波保護裝置得安裝於保護設備之分路過電流保護裝置負載側。

八、導線之標示及運用

1.　標稱電壓 600 伏以下之電路，被接地導線絕緣等級應等同電路中任一非接地導線之絕緣等級。

2.　被接地導線之電氣連續性不得依靠金屬封閉箱體、管槽、電纜架或電纜之鎧裝。

3.　被接地導線之識別依下列規定辦理：

(1)　屋內配線自接戶點至接戶開關之電源側屬於進屋導線部分，其中被接地之導線應整條加以識別。

(2)　多線式幹線電路或分路中被接地之中性導線應加以識別。

(3)　單相二線之幹線或分路若對地電壓超過 150 伏時，其被接地之導線應整條加以識別。

(4)　礦物絕緣(MI)金屬被覆電纜之被接地導線於安裝時，於其終端應以明顯之白色或淺灰色標示。

(5)　耐日照屋外型單芯電纜，用於太陽光電發電系統之被接地導線者，安裝時於所有終端應以明顯之白色或淺灰色標示。

(6) 14 平方公厘以下之絕緣導線作為電路中之識別導線者，其外皮應為白色或淺灰色。

(7) 超過 14 平方公厘之絕緣導線作為電路中之識別導線者，其外皮應為白色或淺灰色，或在裝設過程中，於終端附明顯之白色標示。

(8) 可撓軟線及燈具引接線作為被接地導線用之絕緣導線，其外皮應為白色或淺灰色。

4. 分路由自耦變壓器供電時，其內線系統之被接地導線應與自耦變壓器電源系統附有識別之被接地導線直接連接。

5. 接地型之插座及插頭，其供接地之端子應與其他非接地端子有不相同形體之設計以為識別，且插頭之接地極之長度應較其他非接地極略長。

6. 加識別之導線或被接地之導線應與燈頭之螺紋殼連接。

7. 白色或淺灰色之導線不得作為非接地導線使用。但符合下列情形之一者，不在此限：

(1) 附有識別之導線，於每一可視及且可接近之出線口處，以有效方法使其永久變成非識別之導線者，得作為非識別導線使用。

(2) 移動式用電器具引接之多芯可撓軟線含有識別導線者，其所插接之插座係由二非接地之導線供電者，得作為非識別導線使用。

8. 一相繞組中點接地之四線式△或 V 接線系統，其對地電壓較高之導線或匯流排，應以橘色或其他有效耐久方式加以識別。該系統中有較高電壓與被接地導線同時存在時，較高電壓之導線均應有此標識。

九、電燈及家庭用電器具

1. 可撓軟線及可撓電纜之個別導線應為可撓性絞線，其截面積應為 1.0 平方公厘以上。但廠製用電器具之附插頭可撓軟線不在此限。

2. 可撓軟線及可撓電纜適用於下列情況或場所：

(1) 懸吊式用電器具。

(2) 照明燈具之配線。

(3) 活動組件、可攜式燈具或用電器具等之引接線。

(4) 升降機之電纜配線。

(5) 吊車及起重機之配線。

(6) 固定式小型電器經常改接之配線。

3. 附插頭可撓軟線應由插座出線口引接供電。

4. 可撓軟線及可撓電纜不得使用於下列情況或場所：

    (1) 永久性分路配線。

    (2) 貫穿於牆壁、建築物結構體之天花板、懸吊式天花板或地板。

    (3) 貫穿於門、窗或其他類似開口。

    (4) 附裝於建築物表面。但符合規定者，不在此限。

    (5) 隱藏於牆壁、地板、建築物結構體天花板或位於懸吊式天花板上方。

    (6) 易受外力損害之場所。

5. 可撓軟線及可撓電纜穿過蓋板、出線盒或類似封閉箱體之孔口時，應使用護套防護。

6. 設置場所之維護及監管條件僅由合格人員裝設者，可撓軟線與可撓電纜得裝設於長度不超過 15 公尺之地面上管槽內，以防可撓軟線或可撓電纜受到外力損傷。

7. 插座裝設之場所及位置依下列規定辦理：

    (1) 非閉鎖型之 250 伏以下之 15 安及 20 安插座：
        ① 裝設於濕氣場所應以附可掀式蓋板、封閉箱體或其他可防止濕氣滲入之保護。
        ② 裝設於潮濕場所，應以水密性蓋板或耐候性封閉箱體保護。

    (2) 插座不得裝設於浴缸或淋浴間之空間內部或其上方位置。

    (3) 地板插座應能容許地板清潔設備之操作而不致損害插座。

    (4) 插座裝設於嵌入建築物完成面，且位於濕氣或潮濕場所者，其封閉箱體應具耐候性，使用耐候性面板及組件組成，提供面板與完成面間之水密性連接。

8. 可撓軟線及可撓電纜中間不得有接續或分歧。

9. 可撓軟線及可撓電纜連接於用電器具或其配件時，接頭或終端處不得承受張力。

10. 捺開關之連接依下列規定辦理：

    (1) 三路及四路開關之配線應僅作為啟斷電路之非接地導線。以金屬管槽裝設者，開關與出線盒間之配線，應符合規定。

    (2) 開關不得啟斷電路之被接地導線。但開關可同時啟斷全部導線者，不在此限。

11. 配電盤及配電箱之現場標識依下列規定辦理：

    (1) 電路標識：

       ① 每一電路應有清楚而明顯之標識其用途，且標識內容應明確。

       ② 備用之過電流保護裝置或開關應予標示。

       ③ 配電箱箱門內側應放置單線圖或結線圖，並在配電盤內每一開關或斷路器處應標識負載名稱及分路編號。

    (2) 配電盤及配電箱應有明顯標示電源回路名稱。

12. 配電盤或配電箱供備用開關或斷路器使用之盲蓋開口應予封閉。

13. 配電箱內任何型式之熔線，均應裝設於開關之負載側。

14. 導線進入配電箱或電表之插座箱應予保護，防止遭受磨損，並依下列規定辦理：

    (1) 導線進入箱盒之開孔空隙應予封閉。

    (2) 若採用吊線支撐配線方法者，導線進入配電箱或電表之插座箱應以絕緣護套保護。

    (3) 電纜：

       ① 採電纜配線者，電纜進入配電箱或電表之插座箱，於箱盒開孔處應予固定。

       ② 電纜全部以非金屬被覆，於符合下列所有規定者，得穿入管槽，進入露出型箱體頂部：

          ❶ 每條電纜於管槽出口端沿被覆層 300 公厘範圍內有固定。

          ❷ 管槽之每一終端裝有配件，保護電纜不受磨損，且於裝設後其配件位於可觸及之位置。

          ❸ 管槽之管口使用經設計者確認方法予以密封或塞住，防止外物經管槽進入箱體。

          ❹ 管槽之出口端有固定。

          ❺ 電纜穿入管槽之截面積總和不超過表 2-12 導線管截面積容許之百分比值。

表 2-12　單芯電纜、多芯電纜或其他絕緣導線截面積總和占導線管截面積之容許百分率

導線數量	容許百分比
1	53
2	31
超過 2	40

註：1.計算導線管內導線之最多數量係以所有相同線徑之導線（總截面積包括絕緣體）可穿入使用之導線管管徑內計算，且計算結果的小數點後為 0.8 以上者，應採用進位整數來決定導線之最多數量。

　　2.計算導線管之容積應包括設備接地導線或搭接導線。設備接地導線或搭接導線（絕緣或裸導線）應以實際截面積計算。

　　3.單芯或多芯電纜、光纖電纜應使用其實際截面積。

　　4.由二條以上導線組成之多芯電纜，應當作單一導線計算佔用導線管空間之百分比。電纜有橢圓形之截面積時，其截面積之計算應使用橢圓形之主直徑作為圓形直徑之基準。

15. 照明燈具配線之導線與絕緣保護依下列規定辦理：

(1) 導線應予固定，且不會割傷或磨損破壞其絕緣。

(2) 導線通過金屬物體時，應保護使其絕緣不受到磨損。

(3) 在照明燈具支架或吊桿內，導線不得有接續及分接頭。

(4) 照明燈具不得有非必要之導線接續或分接頭。

(5) 附著於照明燈具鏈上及其可移動或可撓部分之配線，應使用絞線。

(6) 導線應妥為配置，不得使照明燈具重量或可移動部分，對導線產生張力。

16. 移動式單具展示櫃，得使用可撓軟線連接至永久性裝設之插座。

17. 6 具以下之組合展示櫃間，得以可撓軟線及可分離之閉鎖型連接器互連，由其中一具展示櫃以可撓軟線連接到永久性裝設之插座，其裝設依下列規定辦理：

(1) 可撓軟線截面積不得小於分路導線，且其安培容量至少等於分路之過電流保護器額定，並具有一條設備接地導線。

(2) 插座、接頭及附接插頭應為接地型，且額定為 15 安或 20 安。

(3) 可撓軟線應牢固於展示櫃下方，並符合下列各條件：

① 配線不得暴露。

② 展示櫃間之距離，不得超過 50 公厘，且第一個展示櫃與供電插座間之距離不得超過 300 公厘。

③　組合展示櫃之最末端一具展示櫃，其引出線不得再向外延伸供其他展示櫃或設備連接。

(4)　展示櫃不得引接供電給其他用電器具。

(5)　可撓軟線連接之展示櫃，其每一放電管燈安定器之二次電路，僅能連接於該展示櫃。

18.　開路電壓 1000 伏以下放電管燈照明系統依下列規定辦理：

(1)　二次開路電壓在 300 伏以上之放電管燈，除特殊設計使燈管插入或取出時不露出帶電部分外，不得使用於住宅處所。

(2)　附屬變壓器不得使用油浸型。

(3)　高強度放電管燈(HID)照明燈具：

①　嵌入式高強度放電管燈照明燈具，應具有經設計者確認之積熱保護。

②　嵌入式高強度放電管燈照明燈具，其設計、施作及積熱性能，等同於積熱保護照明燈具之本質保護者，得免積熱保護。

③　嵌入式高強度之放電管燈照明燈具經設計者確認適合裝設於澆灌混凝土內者，得免積熱保護。

④　高強度放電管燈照明燈具之遠端嵌入式安定器，應具有經設計者確認與安定器整合之積熱保護。

⑤　除採厚玻璃拋物線型反射燈泡者外，使用金屬鹵素燈泡之放電管燈照明燈具，應有隔板以包封燈泡，或使用有外物設施保護之燈泡。

(4)　隔離設備：

①　住宅以外之室內場所及其附屬構造物，螢光放電管燈照明燈具使用雙終端燈泡或燈管，且裝有安定器者，應在照明燈具內部或外部裝設隔離設備。但符合下列規定者，不在此限：

❶　裝設於經分類為危險處所之放電管燈照明燈具，得免裝設隔離設備。

❷　緊急照明燈得免裝設隔離設備。

❸　由可撓軟線附插頭連接之放電管燈照明燈具，有可觸及之分離個別接頭，或可觸及之個別插頭及插座，得作為隔離設備。

❹　若多具放電管燈照明燈具非由多線式分路供電，且在設計裝設時已含有隔離設備，能使照明空間不會造成全黑狀況者，得免在每一照明燈具裝設隔離設備。

② 放電管燈照明燈具連接於多線式分路時，其隔離設備應能同時啓斷所有接至安定器之供電導線，包括被接地導線。

③ 隔離設備應裝設於合格人員可觸及處所。若隔離設備不在放電管燈照明燈具內，該隔離設備應爲單一裝置，且附裝於放電管燈照明燈具上，或應位於隔離設備視線可及範圍內。

19. 直流電路之放電管燈照明燈具，應配裝有專爲直流運轉而設計之輔助設備及電阻器。放電管燈照明燈具上應標示供直流用。

20. 超過 1000 伏放電管燈照明系統之變壓器依下列規定辦理：

(1) 變壓器應予包封，並經設計者確認爲適用者。

(2) 在任何負載狀況之下，變壓器二次側電路電壓不得超過標稱電壓 15000 伏，變壓器之二次側電路任何輸出端子之對地電壓不得超過 7500 伏。

(3) 變壓器開路電壓超過 7500 伏，其二次側短路電流額定不得大於 150 毫安。變壓器開路電壓額定 7500 伏以下，其二次側短路電流額定不得大於 300 毫安。

(4) 變壓器二次側電路輸出不得並聯或串聯連接。

21. 屋外照明之配線依下列規定辦理：

(1) 應儘量避免與配電線路、電信線路跨越交叉。

(2) 電桿、鐵塔、水泥壁等處所裝置者，應按導線管或電纜裝置法施工。

(3) 距地面應保持 5 公尺以上。但不妨礙交通或無危險之處所，得距地面 3 公尺以上施設之。

(4) 不得使用懸吊式線盒及可撓軟線，燈頭應使用瓷質防水或其他相同功能者。燈頭朝上裝置者，應有遮雨防水燈罩或採用特殊防水燈具。

(5) 在易受外力損傷之處所，以採用金屬導線管裝置法施工爲原則。

(6) 屋外照明應依第一章第八節之一分路規定設置專用分路，並裝設過電流保護裝置。

22. 屋外照明配線之導線線徑及支撐依下列規定辦理：

(1) 架空個別導線：

① 架空跨距 15 公尺以下：導線線徑不得小於 5.5 平方公厘。

② 架空跨距 15 公尺至 50 公尺：導線線徑不得小於 8 平方公厘。

③ 架空跨距超過 50 公尺：導線線徑不得小於 14 平方公厘。

④ 附有吊線裝置時，兩支撐點距離不限制，得使用線徑 3.5 平方公厘以上之絕緣導線。

⑤ 吊線兩端支撐點應加裝拉線礙子。

(2) 節慶彩燈照明：

① 除使用吊線支撐外，用於燈串照明之導線不得小於 3.5 平方公厘。

② 架空跨距超過 12 公尺時，導線應由吊線支撐。

③ 吊線應由拉線礙子支撐。

④ 導線或吊線不得附掛於火災逃生門、落水管或給排水管路。

23. 建築物或其他構造物外側之管槽應設計可排水且適用於潮濕場所。

24. 金屬導線管垂直裝置時，其管口應裝設防水分線頭，以防水氣進入。

25. 用電器具之分路額定選用依下列規定辦理：

(1) 專用分路：

① 專用分路之電流額定不得低於用電器具標示額定。以電動機驅動之用電器具未標示額定者，其專用分路之電流額定應符合本章第二節規定。

② 除以電動機驅動之用電器具外，連續運轉之用電器具，其分路電流額定不得小於用電器具標示額定之 1.25 倍。但經設計者確認可在滿載額定下連續運轉者，其分路電流額定不得小於用電器具標示額定值。

(2) 供應 2 個以上負載之電路：供電給用電器具及其他類負載之分路，其電流額定應依規定辦理。

26. 用電器具之過電流保護應符合前條及下列規定：

(1) 分路應依規定裝設過電流保護。用電器具有標示其保護裝置之額定者，分路過電流保護額定不得超過該標示值。

(2) 附有表面加熱元件之用電器具依表 2-13 算出之最大需量負載電流大於 60 安時，應由 2 個以上之分路供電，並分別裝設額定值不超過 50 安之過電流保護裝置。

(3) 未標示保護裝置額定之非以電動機驅動之單一用電器具，其分路依下列規定辦理：

① 用電器具之額定電流在 15 安以下者，其過電流保護額定不得超過 20 安。

② 用電器具之額定電流超過 15 安者，其過電流保護額定不得超過用電器具額定電流之 1.5 倍。若無對應之標準安培額定時，得使用次高一級之標準額定。

(4) 額定電流超過 48 安之工廠組裝電阻型加熱元件電熱器具，其加熱元件負載應予分割，每一分割後之負載分路不得超過 48 安，且應分別裝設額定不超過 60 安之過電流保護裝置。

(5) 使用遮蔽型加熱元件之商用廚房及烹飪用電器具符合下列條件之一者，加熱元件負載得予分割，分割後負載電流不得超過 120 安，且裝設之過電流保護裝置額定不超過 150 安：

① 加熱元件與烹飪料理台為整體組裝。

② 加熱元件完全裝在經設計者確認適合作為此用途之箱體內。

(6) 電動機驅動之用電器具，其過電流保護裝置與用電器具分開裝設者，其保護裝置之選用數據應標示於用電器具上。

27. 電動廚餘處理機、洗碗機、抽油煙機使用可撓軟線連接者，依下列規定辦理：

(1) 終端應使用接地型附插頭可撓軟線。

(2) 插座位置應避免外力損傷可撓軟線，並設置於可觸及之處。

28. 整套型壁裝烤箱及流理台烹飪用電器具得採用永久性電氣連接，或以附插頭可撓軟線連接。

表 2-13　額定超過 l.75kW 之電爐、壁爐及其他烹飪用電器具之需量負載表

器具之數量	最大需量 A 行 (額定超過 8kW 而不超過 l2kW 者)	需量因數(註 4)	
		B 行 (額定低於 3.5kW 者)	C 行 (額定在 3.5kW 至 8.75kW 者)
1	8 kW	80 %	80 %
2	11 kW	75 %	65 %
3	14 kW	70 %	55 %
4	17 kW	66 %	50 %
5	20 kW	62 %	45 %
6	21 kW	59 %	43 %
7	22 kW	56 %	40 %
8	23 kW	53 %	36 %
9	24 kW	51 %	35 %
10	25 kW	49 %	34 %
11	26 kW	47 %	32 %
12	27 kW	45 %	32 %
13	28 kW	43 %	32 %
14	29 kW	41 %	32 %
15	30 kW	40 %	32 %
16	31 kW	39 %	28 %
17	32 kW	38 %	28 %
18	33 kW	37 %	28 %
19	34 kW	36 %	28 %
20	35 kW	35 %	28 %
21	36 kW	34 %	26 %
22	37 kW	33 %	26 %
23	38 kW	32 %	26 %
24	39 kW	31 %	26 %
25	44 kW	30 %	26 %
26-30	15 kW＋電爐數	30 %	24 %
31-40	×1 kW	30 %	22 %
41-50	25 kW＋電爐數	30 %	20 %
51-60	×0.75 kW	30 %	18 %
61 以上		30 %	16 %

註：
1. 超過 l2kW 但小於 27kW，且額定相同之電爐：對於電爐其個別額定超過 12kW 小於 27kW 者，其最大需量計算，應將超過 l2kW 部份每超過 lkW，A 行之最大需量應加 5%。
2. 超過 l2kW，但小於 27kW 而各台為不同額定之電爐：對超過 12kW 且小於 27kW 之不同額定容量之每個電爐其平均額定(其額定之平均值=各個額定容置之總和除以電爐數(但 12kW 以下之電灶應以 l2 kW 計算))每超過 lkW 則 A 行之最大需量應加 5%。
3. 商業用電爐之需置，一般以銘牌上之最大額定為準。
4. 超過 l.75kW 而在 8.75kW 以下：對於超過 l.75kW 但在 8.75kW 以下，其最大需量係以所有負載之銘牌所列之額定之總和再乘 B 或 C 行中之相對應(即同台數)需量因數得之。
5. 分路負載之計算：分路僅供一個電爐者其分路負載，得依照本表計算之。至於供一個壁爐或一個櫃檯式烹飪用電器具者其分路負載應為該電器之銘牌上所列之額定。

十、低壓電動機

1. 本節用詞，定義如下：

    (1) 調速驅動器：指電力轉換器、電動機及其附裝輔助裝置之組合。如編碼計、轉速計、積熱開關及偵測器、鼓風機、電熱器及振動感測器。

    (2) 調速驅動系統：指相互連接設備之組合，可調整電動機耦合之機械負載速度，通常由調速驅動器及輔助設備所組成。

    (3) 操作器：指作為起動或停止電動機之任何開關或設備。

    (4) 電動機控制線路：指控制設備或系統中，承載操作器信號之電路，而非承載主要電力電流。

    (5) 系統隔離設備：指可由多組監視遙控接觸器隔離系統，此系統在多個遠端處，均可利用閉鎖開關提供分段/隔離功能，且該閉鎖開關，於啟斷位置時，應具有鎖扣裝置。

    (6) 電動閥組電動機(VAM)：指工廠組裝由驅動電動機及其他組件，如操作器、轉矩開關、極限開關及過載保護裝置等，驅動一個閥件。"

2. 電動機工程應按金屬導線管、非金屬導線管、導線槽、匯流排及電纜等配線方法。

3. 電動機、電動機操作器或其他工廠組裝之操作器等整套型設備之配線，不適用第一章第八節、第二章第二節及第二節之一規定。

4. 標準電動機分路應包括下列各部分(如圖 2-1 所示)：

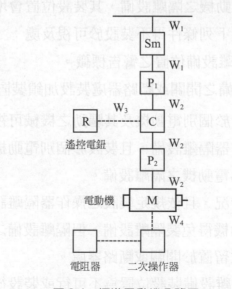

圖 2-1　標準電動機分路圖

(1)　幹線分接線路(W1)：自幹線分接點至分路過電流保護裝置之配線與保護。

(2)　分路配線(W2)：自分路過電流保護裝置至電動機之線路裝置。

(3)　電動機控制線路(W3)：該控制線路應有適當過電流保護裝置。

(4)　二次線(W4)：繞線型電動機自轉子至二次操作器間之二次線配線。其載流量應不低於二次全載電流之 1.25 倍。但非連續性負載，得以溫升限制為條件，選擇較小導線。

(5)　分路過電流保護裝置(P1)：該保護器用以保護分路配線、操作器及電動機之過電流、短路及接地故障。

(6)　隔離設備(SM)：其主要用途係當電動機或操作器檢修時，用以隔離電路。

(7)　電動機過載保護器(P2)：用以保護電動機及分路導線，避免因電動機過載而燒損。

(8)　操作器(C)：用以控制電動機之起動、停止、反向或變速，宜裝於鄰近電動機，俾操作者能視及電動機之運轉。

5.　隔離設備(SM)之位置依下列規定辦理：

(1)　每一操作器應有可啓閉且裝設於操作器可視及處之隔離設備。但有下列情形者，不在此限：

① 單一機器由數具可協調之操作器群組驅動者，其操作器得使用單一隔離設備，並應設於操作器可視及處，且隔離設備及操作器應裝設於機器可視及處。

② 電動閥組電動機之隔離設備，其裝設位置會增加對人員或財產危害者，若符合下列條件得不裝設於可視及處：

❶ 標示隔離設備位置之警告標識。

❷ 隔離設備之開關或斷路器處裝設加鎖裝置，並留在現場。

(2)　隔離設備應裝設於個別電動機及其驅動之機械可視及處。

(3)　符合規定之操作器隔離設備，且裝設於個別電動機及其驅動之機械可視及處者，得作為電動機之隔離設備。

(4)　符合下列任一情況，且依規定裝設之操作器隔離設備，其啓斷位置能個別閉鎖者，電動機得免裝隔離設備。但隔離設備之開關或斷路器處應裝設加鎖裝置，並留置於開關或斷路器處。

① 電動機之隔離設備裝設位置為不可行或裝設後對人員或財產會增加危害性者。

② 裝設於工廠之隔離設備，訂有安全操作程序書，且僅由合格人員維修及監督者。

(5) 單一用戶僅有一具電動機者，該用戶之接戶開關得兼作隔離設備。

6. 連續責務之單具電動機分路導線(W2)安培容量，不得小於表 2-14 至表 2-16 電動機滿載電流額定之 1.25 倍或下列規定值：

(1) 整流器供電之直流電動機：

① 整流器電源側之導線安培容量不得小於整流輸入電流之 1.25 倍。

② 由單相半波整流器供電之直流電動機，整流器之配線輸出端子與電動機間之導線，其安培容量不得小於電動機滿載電流額定之 1.9 倍。但由單相全波整流器供電者，其安培容量不得小於電動機滿載電流額定之 1.5 倍。

(2) 多段速電動機：

① 操作器電源側之分路導線安培容量，應依電動機銘牌之最大滿載電流額定選定。

② 操作器與電動機間之分路導線安培容量，不得小於繞組電流額定之 1.25 倍。

(3) Y-△起動運轉電動機：

① 操作器電源側分路導線安培容量，不得小於表 2-14 至表 2-16 電動機滿載電流之 1.25 倍。

② 操作器與電動機間之導線安培容量，不得小於表 2-14 至表 2-16 電動機滿載電流之百分之 72。

(4) 部分繞組電動機：

① 操作器電源側分路導線安培容量不得小於表 2-14 至表 2-16 電動機滿載電流之 1.25 倍。

② 操作器與電動機間之導線安培容量，不得小於表 2-14 至表 2-16 電動機滿載電流之百分之 62.5。

(5) 供應短時、間歇性、週期性或變動責務負載電動機者，其導線安培容量，不得小於表 2-17 所列之電動機銘牌電流額定百分比。

(6) 小型電動機之導線不得小於 3.5 平方公厘。但符合下列規定之一者，不在此限：

① 小型電動機裝設於封閉箱體內，電動機電路之滿載電流額定在 5 安以下，並具備過載及過電流保護，得使用 0.9 平方公厘銅導線。

② 小型電動機裝設於封閉箱體內，電動機電路之滿載電流額定超過 5 安至 8 安，並具備過載及過電流保護者，得使用 1.25 平方公厘銅導線。

(7) 電動機個別並聯電容器以改善功率因數者，其導線安培容量可依實際計算所得選擇適當導線。

表 2-14　直流電動機滿載
下列數值為運轉於基準速率電動機之滿載流：

單位：安培

馬力	電樞壓額定*						
	90 伏特	120 伏特	180 伏特	220 伏特	240 伏特	500 伏特	550 伏特
1/4	4.0	3.1	2.0	1.7	1.6	—	—
1/3	5.2	4.1	2.6	2.2	2.0	—	—
1/2	6.8	5.4	3.4	2.9	2.7	—	—
3/4	9.6	7.6	4.8	4.1	3.8	—	—
1	12.2	9.5	6.1	5.1	4.7	—	—
1 1/2	—	13.2	8.3	7.2	6.6	—	—
2	—	17	10.8	9.3	8.5	—	—
3	—	25	16	13.3	12.2	—	—
5	—	40	27	22	20	—	—
7 1/2	—	58	—	32	29	13.6	12.2
10	—	76	—	41	38	18	16
15	—	—	—	60	55	27	24
20	—	—	—	79	72	34	31
25	—	—	—	97	89	43	38
30	—	—	—	116	106	51	46
40	—	—	—	153	140	67	61
50	—	—	—	189	173	83	75
60	—	—	—	225	206	99	90
75	—	—	—	278	255	123	111
100	—	—	—	372	341	164	148
125	—	—	—	464	425	205	185
150	—	—	—	552	506	246	222
200	—	—	—	736	675	330	294

*上列數值為平均直流值

表 2-15　交流單相電動機之滿載電流值

下列數值為運轉於通常速率及正常轉矩特性之電動機滿載電流值，表列電壓為電動機額定電壓。表列電流得為系統電壓範圍在 110 伏特至 120 伏特及 220 伏特至 240 伏特特間：　　　　　　　單位：安培

電壓＼馬力	115 伏特	200 伏特	208 伏特	220 伏特	230 伏特
1/6	4.4	2.5	2.4	2.3	2.2
1/4	5.8	3.3	3.2	3.0	2.9
1/3	7.2	4.1	4.0	3.8	3.6
1/2	9.8	5.6	5.4	5.1	4.9
3/4	13.8	7.9	7.6	7.2	6.9
1	16	9.2	8.8	8	8.0
1 1/2	20	11.5	11.0	10	10
2	24	13.8	13.2	13	12
3	34	19.6	18.7	18	17
5	56	32.2	30.8	29	28
7 1/2	80	46.0	44.0	42	40
10	100	57.5	55.0	52	50

表 2-16　交流三相電動機滿載電流

下列數值為附有皮帶電動機及正常轉矩特性之電動機，於通常速率運轉時之典型滿載電流值。表列電壓為電動機額定電壓。表列電流得為系統電壓範圍在 110 伏特至 120 伏特、220 伏特至 240 伏特、440 伏特至 480 伏特及 550 伏特至 600 伏特間。

單位：安培

電壓　馬力	鼠籠型及繞線型感應電動機									功率因數為 1* 之同步型電動機				
	115 伏	200 伏	208 伏	220 伏	230 伏	380 伏	460 伏	575 伏	2300 伏	230 伏	380 伏	460 伏	575 伏	2300 伏
1/2	4.4	2.5	2.4	2.3	2.2	1.3	1.1	0.9	—	—	—	—	—	—
3/4	6.4	3.7	3.5	3.3	3.2	1.9	1.6	1.3	—	—	—	—	—	—
1	8.4	4.8	4.6	4.3	4.2	2.5	2.1	1.7	—	—	—	—	—	—
1 1/2	12.0	6.9	6.6	6.2	6.0	3.6	3.0	2.4	—	—	—	—	—	—
2	13.6	7.8	7.5	7.1	6.8	4	3.4	2.7	—	—	—	—	—	—
3	—	11.0	10.6	10.0	9.6	6	4.8	3.9	—	—	—	—	—	—
5	—	17.5	16.7	15.8	15.2	9	7.6	6.1	—	—	—	—	—	—
7 1/2	—	25.3	24.2	22.9	22	13	11	9	—	—	—	—	—	—
10	—	32.2	30.8	29.1	28	17	14	11	—	—	—	—	—	—
15	—	48.3	46.2	43.7	42	25	21	17	—	—	—	—	—	—
20	—	62.1	59.4	56.2	54	33	27	22	—	—	—	—	—	—
25	—	78.2	74.8	70.7	68	41	34	27	—	53	32	26	21	—
30	—	92	88	83	80	48	40	32	—	63	38	32	26	—
40	—	120	114	108	104	63	52	41	—	83	50	41	33	—
50	—	150	143	135	130	79	65	52	—	104	63	52	42	—
60	—	177	169	160	154	93	77	62	16	123	74	61	49	12
75	—	221	211	199	192	116	96	77	20	155	94	78	62	15
100	—	285	273	258	248	150	124	99	26	202	122	101	81	20
125	—	359	343	324	312	189	156	125	31	253	153	126	101	25
150	—	414	396	374	360	218	180	144	37	302	183	151	121	30
200	—	552	528	499	480	291	240	192	49	400	242	201	161	40
250	—	—	—	—	—	—	302	242	60	—	—	—	—	—
300	—	—	—	—	—	—	361	289	72	—	—	—	—	—
350	—	—	—	—	—	—	414	336	83	—	—	—	—	—
400	—	—	—	—	—	—	477	382	95	—	—	—	—	—
450	—	—	—	—	—	—	515	412	103	—	—	—	—	—
500	—	—	—	—	—	—	590	472	118	—	—	—	—	—

*功率因數若為 0.9 及 0.8 時，表列數值應分別乘以 1.1 及 1.25

表 2-17　非連續運轉電動機責務週期與額定流百分比

運轉分類	電動機銘牌電流額定百分比（%）			
	5 分鐘預定	15 分鐘預定	30 及 60 分鐘預定	連續預定
短時間責務運轉值 (電動閥、軋延機等)	110	120	150	–
間歇性責務幫浦 (客貨電梯、電動 工具幫浦轉盤等)	85	85	90	140
週期性責務轉動 (礦坑用機械等)	85	90	95	140
變動責務	110	120	150	200

7.　供應多具電動機或電動機與其他負載之導線(W1)，其安培容量不得小於下列負載之總和：

(1)　最大電動機額定滿載電流之 1.25 倍。

(2)　所有同組之其他電動機額定滿載電流之總和。

(3)　除電動機外之非連續性負載之額定滿載電流。

(4)　除電動機外之連續性負載額定滿載電流之 1.25 倍。

8.　符合下列規定者，不受前項限制：

(1)　多具電動機中，有一具以上為短時、間歇性、週期性或變動責務使用者，電動機安培額定應依表 2-17 規定計算電流總和；最大電動機額定之選定，以表 2-17 規定所得結果與最大連續責務電動機滿載電流之 1.25 倍，兩者中取較大者列入計算。

(2)　電動機操作之固定式電暖器應視為連續性負載。

(3)　供應電路係為防止電動機或其他負載同時運轉而互鎖者，該電路導線之安培容量，得依可能同時運轉之電動機及其他負載之最大總電流選定。

9.　電動機之分路過電流保護裝置(P1)，應具有承載電動機起動電流之能力。除轉矩電動機外，電路之額定或標置依下列規定辦理：

(1)　電動機電路保護裝置之額定或標置，其計算值不得超過表 2-18 規定值。但有下列情形者，不在此限：

① 依表 2-18 所決定分路過電流保護裝置之額定或標置值，不能對應至熔線、斷路器、積熱保護裝置之額定，得使用較高一級之額定或可標置值。

② 依前目更動之額定值若仍不足以承受電動機之起動電流者，得採用更高之額定值，並應符合下列規定：

❶ 600 安以下非延時性熔線，其額定值不得超過滿載電流之 4 倍。

❷ 延時性熔線之額定值不得超過滿載電流之 2.25 倍。

❸ 滿載電流 100 安以下者，反時限斷路器額定值不得超過滿載電流之 4 倍；滿載電流超過 100 安者，反時限斷路器額定值不得超過滿載電流之 3 倍。

❹ 超過 600 至 6000 安熔線額定值不得超過滿載電流之 3 倍。

(2) 依原製造廠家之過載電驛表搭配電動機操作器或用電器具上標示值選用之最大分路過電流保護裝置額定，不得超過容許值。

(3) 瞬時跳脫斷路器僅可調式及經設計者確認之電動機操作器組合方得使用，其與動電機過載、過電流保護應可協調，且標置不得超過表 2-18 規定值。但符合下列規定者，不在此限：

① 表 2-18 規定之標置不足以承受電動機起動電流時，得選用較高一級之標置，但不得超過滿載電流之 13 倍。

② 電動機滿載電流為 8 安以下，瞬時跳脫斷路器之連續電流額定為 15 安以下，經設計者確認之組合式電動機操作器，且電動機分路過載與過電流保護裝置間可協調者，得將操作器銘牌標示值予以加大。

(4) 多段速電動機之保護依下列規定辦理：

① 2 個以上繞組之多段速電動機，得以單獨之過電流保護裝置作為保護，但保護裝置之額定不得超過被保護最小繞組銘牌額定依表 2-18 適用之百分比。

② 符合下列所有規定者，多段速電動機得以單獨之過電流保護裝置作為保護，其額定依最高電流繞組之滿載電流選定：

❶ 每一繞組之個別過載保護，依其滿載電流選定。

❷ 供電各繞組之分路導線大小，依最高電流繞組之滿載電流選定。

❸ 電動機各繞組之操作器，其馬力額定不得小於繞組之最大馬力額定。

(5) 固態電動機操作器系統之電力電子裝置，得以表 2-18 規定之適當額定熔線替代。

(6) 經設計者認可之自我保護組合式操作器，可用以替代表 2-18 之保護裝置。但可調式瞬時跳脫標置不得超過電動機滿載電流之 13 倍。

(7) 經設計者確認之組合式電動機短路保護器，其與分路過電流及過載保護可協調者，該電動機短路保護器可用以替代表 2-18 之過電流保護裝置。該短路保護器於短路電流超過電動機滿載電流 13 倍時需能開啟電路。

表 2-18　電動機分路過電流保護裝置之最大額定或標置

電動機種類	滿載電流之百分比(%)）			
	非延時性熔線	雙元件(延時性)熔線	瞬時跳脫斷路器	反時限斷路器
單相電動機	300	175	800	250
交流多相電動機(繞線型轉子除外)鼠籠型	300	175	800	250
同步型註	300	175	800	250
繞線型轉子	150	150	800	150
直流(定電壓)	150	150	250	150

註：使用於驅動壓縮機或幫浦往復之低轉矩低轉速(通常為 450rpm 以下)之同步電動機起動時無負載，故不須超過滿載電流額定 2 倍之熔線額定或斷路器標置。

10. 連續責務電動機之過載保護(P2)依下列規定辦理：

(1) 額定超過一馬力之電動機，依下列規定之一辦理：

① 與電動機分離之過載保護裝置，應選定之跳脫值或額定動作電流值不得超過下列電動機銘牌所標示滿載電流額定之百分比。但 Y-△ 起動等之過載保護裝置者，其過載保護裝置之選定或標置電流值相對於銘牌電流之百分比，應清楚標示於電動機上：

❶ 電動機標示負載係數在 1.15 以上：百分之 125。

❷ 電動機標示溫升在攝氏 40 度以下：百分之 125。

❸ 不屬於上列之其他電動機：百分之 115。

② 整合於電動機之積熱保護器，應於過載或起動失敗時保護電動機，以防止危險性之過熱。積熱保護器之最大跳脫電流，不得超過法規所定電動機滿載電流再乘上下列規定之百分比。但電磁開關等電動機啟斷裝置與電動機分開裝設，其控制回路由整合於電動機內之積熱保護器所控制者，當積熱保護器啟斷控制回路時，該分離裝設之啟斷裝置應能自動切斷電動機之負載電流：

　　　　　❶　電動機滿載電流 9 安以下：百分之 170。

　　　　　❷　電動機滿載電流大於 9 安至 20 安：百分之 156。

　　　　　❸　電動機滿載電流大於 20 安：百分之 140。

　　　③　與電動機合為一體之保護裝置，經設計者確認能防止電動機起動失敗所導致之損壞，得作為保護電動機使用。

　(2)　額定一馬力以下自動起動之電動機過載保護依下列規定之一辦理：

　　　①　積熱保護器：

　　　　　❶　整合於電動機之積熱保護器，應於過載或起動失敗時保護電動機，以防止危險性之過熱。

　　　　　❷　電磁開關等電動機啓斷裝置與電動機分開裝設，其控制回路由整合於電動機內之積熱保護器所控制者，當積熱保護器啓斷控制回路時，該分離裝設之啓斷裝置應能自動切斷電動機之負載電流。

　　　②　與電動機合為一體之保護裝置，能防止電動機起動失敗所導致之損壞，且符合下列情形之一者，得作為保護電動機使用：

　　　　　❶　電動機為設備組合之一部分，該組合不會使電動機過載。

　　　　　❷　設備組合裝有安全控制，能防止電動機起動失敗所生之損害者，該設備組合之安全控制應標示於銘牌上，且置於可視及範圍內。

　　　③　阻抗保護：電動機繞組之阻抗足以防止因起動失敗導致過熱者，電動機以手動起動時，得依條文規定保護，但電動機須為設備組合之一部分，且可使電動機自行限制不發生危險過熱。

　(3)　過載裝置之選定：

　　　①　選擇感測元件或過載保護裝置之標置或額定，不足以使電動機完成起動或承載負載者，得使用高一級之感測元件或將過載保護裝置之標置或額定調高。但過載保護裝置之跳脫電流值，不得超過下列電動機銘牌滿載電流額定之百分比：

　　　　　❶　電動機標示負載係數在 1.15 以上：百分之 140。

　　　　　❷　電動機標示溫升在攝氏 40 度以下：百分之 140。

　　　　　❸　不屬於上列之其他電動機：百分之 130。

　　　②　依規定電動機於起動期間過載保護裝置被旁路者，過載保護裝置應有足夠之時間延遲，以利電動機之起動及加速至正常負載。

(4) 額定一馬力以下非自動起動之電動機，且為永久裝置者，其過載保護應符合規定。但非永久裝置之電動機，依下列規定辦理：

① 電動機裝設於操作器處可視及範圍內者，得由分路過電流保護裝置作為其過載保護，且該裝置不得大於規定。但電動機在標稱電壓 150 伏以下分路，其額定保護電流不超過 20 安者，不在此限。

② 電動機裝設於操作器處者可視及範圍外者，其過載保護應符合規定。

(5) 繞線型轉子交流電動機之二次電路，包括導線、操作器、電阻器等，應以電動機過載保護裝置作為過載保護。

(6) 連續責務電動機容量在 15 馬力以上者，應有低電壓保護。但屬灌溉用電、危險物質處所、可燃性粉塵或飛絮處所者，電動機雖在 15 馬力以下容量，亦應具「低電壓保護」。

11. 除熔線或積熱保護器外，電動機之過載保護裝置，應能同時啟斷各非接地導線，以啟斷電動機電流。

12. 三相三線電動機之過載保護應接於每一非接地導線及被接地導線，單相二線及單相三線之電動機過載保護應接於每一非接地導線。

13. 三相電動機起動電流不得超過下列之限制，否則應使用降壓型操作器：

(1) 220 伏供電，每具容量不超過 15 馬力者，不加限制。

(2) 380 伏供電，每具容量不超過 50 馬力者，不加限制。

(3) 低壓供電每具容量超過限制者，不超過該電動機額定電流之 3.5 倍。

(4) 高壓供電之低壓電動機，每台容量不超過 200 馬力者，不加限制。超過此限者，應不超過該電動機額定電流之 3.5 倍。

14. 固定式電動機之框架在下列任一情況下，應予接地：

(1) 以金屬管配線供電者。

(2) 裝置於潮濕場所，未予隔離或防護者。

(3) 裝置於經分類為危險場所者。

(4) 運轉於對地電壓超過 150 伏。

15. 電動機之框架未予接地者，應永久且有效與大地絕緣。

16. 電動機操作器裝置之儀表用變比器二次側、非帶電金屬組件、其他導電部分或儀表用變比器、計器、儀表及電驛等之外殼皆應予以接地。

2-42 乙級室內配線技術士－學科重點暨題庫總整理

17. 電梯及送物機之配線，應按下列規定：

(1) 活動電纜之移動部分不得有接頭。

(2) 裝甲電纜不必使用絕緣支持物支持。

(3) 連接於溫度上升至攝氏 60 度以上之電阻器等之導線應使用耐熱性電線。

(4) 昇降體內所使用之電燈及電具之額定電壓不得超過 300 伏。

(5) 昇降機由多相交流電動機驅動者，應備有一種保護設備以遇相序相反或單相運轉時，能防止電動機起動。

18. 電扶梯之配線，應按下列規定施設：

(1) 接線箱至各機器間以可撓管施設。但於不受外傷處，以塑膠外皮電纜施設。

(2) 有侵油可能之處，不得使用橡膠絕緣者。

19. 由備用發電機輸出端子至第一個過電流保護裝置之導線安培容量，不得小於發電機銘牌電流額定之 1.15 倍，其中性線大小得依規定以非接地導線負載之百分之 70 選用。

20. 導線通過封閉箱體、導管盒或隔板等開口處，有銳利邊緣開口者，應裝設護套以保護導線。

十一、電熱裝置與電焊機

1. 電熱裝置之分路及幹線依下列規定辦理：

(1) 電熱裝置分路：

① 供應額定電流為 50 安以下電熱裝置，其過電流保護裝置之額定電流在 50 安以下者，導線線徑應按規定施設。

② 供應額定電流超過 50 安單具電熱裝置，其過電流保護裝置之額定電流不得超過電熱裝置之額定電流。但其額定電流不能配合時，得使用高一級之額定值，其導線安培容量應超過電熱裝置及過電流保護裝置之額定電流以上，並不得連接其他負載。

(2) 電熱裝置幹線：

① 導線安培容量應大於所接電熱裝置額定電流之合計。若已知需量因數及功率因數，得按實際計算負載電流選擇適當導線，並使用安培容量不低於實際計算負載電流之導線。

② 幹線之過電流保護裝置額定電流不得大於幹線之安培容量。

2.　電熱器應符合下列規定：

(1)　電熱器每具額定電流超過 12 安者，應施設專用分路。

(2)　小容量電熱器符合下列規定者，可與大容量電熱器併用一分路：

　　① 最大電熱器容量 20 安以上，其他電熱器合計容量在 15 安以下並為最大電熱器容量之二分之一以下。

　　② 分路容量應視合計負載容量而定，且須 30 安以上。

(3)　電熱操作器應裝於容易到達之處，但符合下列規定之一者不在此限：

　　① 附有開關之電熱器由插座接用時。

　　② 1.5 千瓦以下之電熱器由插座接用時。

(4)　固定型電熱器與可燃物或受熱而變色、變形之物體間應有充分之間隔，或有隔熱裝置。

3.　高週波加熱裝置之裝設依下列規定辦理：

(1)　分路應按規定施設。

(2)　裝設位置：

　　① 應裝設於僅合格人員得以進入之處。但危險之帶電部分已封閉者不在此限。

　　② 不得裝設於規定之危險場所。但特別為該場所設計者不在此限。

(3)　引至電極或加熱線圈之導線，若有碰觸之虞，應以絕緣物掩蔽或防護。

(4)　高週波發生裝置應裝設於不可燃封閉箱體內。箱體內露出帶電部分，電壓超過 600 伏者，其箱門於打開時應有連動裝置啟斷電源；電壓超過 300 伏且在 600 伏以下者，其箱門於打開時應有明顯之危險標識。

(5)　高週波加熱裝置之電極部分應以不可燃封閉箱體或隔離設備予以防護。箱門於打開時應有連動裝置啟斷電源。

(6)　控制盤正面應不帶電。

(7)　腳踏開關之帶電部分不得外露，並附有防止誤操作之外蓋。

(8)　可由 2 處以上遙控者，應附有連鎖裝置使其無法同時由 2 處以上操作。

4.　高週波及低週波感應爐應符合下列規定：

　　導線之接續，應使用適當接頭或予以焊接，以避免過熱。

5. 工業用紅外線燈電熱裝置依下列規定辦理：

(1) 供應工業用紅外線燈電熱裝置之分路，其對地電壓不得超過 150 伏。但紅外線燈具之裝設符合下列規定者，電路對地電壓得超過 150 伏，並在 300 伏以下：

① 燈具裝置於不易觸及之處。

② 燈具不附裝以手操作之開關。

③ 燈具直接裝置於分路。

(2) 分路應按規定裝設。分路最大電流額定應在 50 安以下。

(3) 紅外線燈電熱裝置用之燈頭不得附裝以手操作之開關，其材質應爲瓷質或具有同等以上之耐熱及耐壓性能者。

(4) 紅外線燈電熱裝置之帶電部分不得裝設於可觸及之處。但裝設於僅有合格人員出入之場所者不在此限。

(5) 紅外線燈電熱裝置之內部配線，其導線應使用 1.6 公厘以上石棉、玻璃纖維等耐熱性絕緣電線，或套有厚度 1 公厘以上之瓷套管並固定於瓷質或具有同等以上效用之耐熱絕緣銅線。

(6) 紅外線燈電熱裝置內部配線之接續應使用溫升在攝氏 40 度以下之接續端子。

(7) 紅外線燈電熱裝置不得裝設於第五章規定之危險場所。

6. 電弧電焊機應有之過電流保護器，其額定或標置不得大於該電焊機一次側額定電流之 2 倍。

7. 電阻電焊機應符合下列規定：

(1) 供應自動點焊機者，其安培容量不得低於電焊機一次額定電流之百分之 70。供應人工點焊機者，其安培容量不得低於電焊機一次額定電流之百分之 50。

(2) 電焊機應有之過電流保護器，其額定或標置不得大於該電焊機一次側額定電流之 3 倍。

十二、低壓變壓器與低壓電容器

表 2-19　低壓變壓器過電流保護裝置最大額定電流(以變壓器額定電流之倍數表示)

保護方式類型	一次側過電流保護裝置			二次側過電流保護裝置[註2]	
	變壓器額定電流 9 安以上	變壓器額定電流 2 安以上未達 9 安	變壓器額定電流未達 2 安	變壓器額定電流 9 安以上	變壓器額定電流未達 9 安
僅裝設一次側過電流保護裝置	1.25[註1]	1.67	3	得免裝設	得免裝設
裝設一次側及二次側過電流保護裝置	2.5[註3]	2.5[註3]	2.5[註3]	1.25[註1]	1.67

註：
1. 若 1.25 倍之額定電流值與保護裝置標準不能配合時，得採高一級者。
2. 二次側過電流保護得由六具以下之斷路器或六組以下之熔線裝置在一處所成，惟全部過電流保護裝置合計電流額定值，不得超過表列單一過電流保護章至最大容許電流值。
3. 變壓器裝置可啟斷一次側電流之過載保護裝置時，若變壓器百分阻抗在百分之六以下，其一次側過電流保護裝置得不超過六倍變壓器額定電流值；若變壓器百分阻抗介於超過百分之六至百分之十之間，其一次側過電流保護裝置得不超過四倍變壓器額定電流值。

1. 低壓變壓器之防護依下列辦理：

   (1) 變壓器暴露於可能受到外力損害之場所時，應有防撞措施。

   (2) 乾式變壓器應配備不可燃防潮性外殼或封閉箱體。

   (3) 僅供變壓器封閉箱體內用電設備使用之低壓開關等，僅由合格人員可觸及者，該低壓開關等得裝置於變壓器封閉箱體內；其所有帶電組件應依規定予以防護。

   (4) 變壓器裝置暴露之帶電組件，其運轉電壓應明顯標示於用電設備或結構上。

2. 低壓變壓器之裝設規定如下：

   (1) 變壓器應有通風措施，使變壓器滿載損失產生之熱溫升，不致超過變壓器之額定溫升。

   (2) 變壓器通風口裝置應有適當間隔，不得使其受到牆壁或其他阻礙物堵住。

   (3) 變壓器裝設之接地及圍籬、防護設施等暴露非帶電金屬部分之接地及搭接，應依規定辦理。

   (4) 變壓器應能使合格人員於檢查及維修時可輕易觸及。

   (5) 變壓器應具有隔離設備，裝設於變壓器可視及處。裝設於遠處者，其隔離設備應為可閉鎖。

3. 低壓電容器之封閉及掩護依下列規定辦理：

(1) 含有超過 11 公升可燃性液體之電容器應裝設於變電室內，或裝設於室外圍籬內。

(2) 非合格人員可觸及之電容器應予封閉、裝設於適當場所或妥加防護，避免人員或其攜帶之導電物碰觸帶電組件。

4. 低壓電容器應附裝釋放能量之裝置，於回路停電後，釋放殘留電壓依下列規定辦理：

(1) 電容器於斷電後 1 分鐘內，其殘留電壓應降至 50 伏以下。

(2) 放電電路應與電容器或電容器組之端子永久連接，或裝設自動裝置連接至電容器組之端子，以消除回路殘留電壓，且不得以手動方式啟閉裝置或連接放電電路。

5. 低壓電容器容量之決定應符合下列規定：

(1) 電容器之容量(KVAR)以改善功率因數至百分之 95 為原則。

(2) 電容器以個別裝置於電動機操作器負載側為原則，且須能與該電動機同時啟閉電源。

(3) 在電動機操作器負載側個別裝設電容器時，其容量以能提高該電動機之無負載功率因數達百分之百為最大值。

6. 低壓電容器裝置依下列規定辦理：

(1) 導線安培容量不得低於電容器額定電流之 1.35 倍。電容器配裝於電動機分路之導線，其安培容量不得低於電動機電路導線安培容量之三分之一，且不低於電容器額定電流之 1.35 倍。

(2) 每一電容器組之非接地導線，應裝設斷路器或安全開關配裝熔絲作為過電流保護裝置，其過電流保護裝置之額定或標置，不得大於電容器額定電流之 1.3 倍。

(3) 除電容器連接至電動機操作器負載側外，引接每一電容器組之每一非接地導線，應依下列規定裝設隔離設備：

① 隔離設備應能同時啟斷所有非接地導線。

② 隔離設備必須能依標準操作程序將電容器從線路切離。

③ 隔離設備之額定不得低於電容器額定電流之 1.35 倍。

④ 低壓電容器之隔離設備得採用斷路器或安全開關。

(4) 電容器若裝設於電動機過載保護設備之負載側，得免再裝過電流保護裝置及隔離設備。

7.　低壓電容器裝設於電動機過載保護裝置之負載側時，電動機過載保護設備之額定或標置，應依電動機電路改善後之功率因數決定。

依表 2-14 至表 2-16 電動機滿載電流之 1.25 倍，及表 2-17 電動機動作責務週期與額定電流百分比決定電動機電路導線額定時，不考慮電容器之影響。

8.　用詞定義：

(1) 蓄電池系統：指由一具以上之蓄電池與電池充電器及可能含有變流器、轉換器，及相關用電器具所組合之互聯蓄電池系統。

(2) 蓄電池標稱電壓：指以蓄電池數量及型式為基準之電壓。

(3) 蓄電池：指由一個以上可重複充電之鉛酸、鎳鎘、鋰離子、鋰鐵電池，或其他可重複充電之電化學作用型式電池單元構成者。

(4) 密封式蓄電池：指蓄電池為免加水或電解液，或無外部測量電解液比重及可能裝有釋壓閥者。

9.　若供應原動機起動、點火或控制用之蓄電池，其額定電壓低於 50 伏特者，導線得免裝設過電流保護裝置。

10. 由超過 50 伏之蓄電池系統供電之所有非接地導線，應裝設隔離設備，並裝設於可輕易觸及且蓄電池系統可視及範圍內。

11. 由電池單元組合為標稱電壓 250 伏以下之蓄電池組絕緣，依下列規定辦理：

(1) 封裝於非導電且耐熱材質容器內並具有外蓋之多具通氣式鉛酸蓄電池組，得免加裝絕緣支撐托架。

(2) 封裝於非導電且耐熱材質容器內，並具有外蓋之多具通氣式鹼性蓄電池，得免加裝絕緣支撐托架。在導電性材質容器內之通氣式鹼性蓄電池組，應裝置於非導電材質之托架內。

(3) 裝於橡膠或合成物容器內，其所有串聯電池單元之總電壓為 150 伏以下時，得免加裝絕緣支撐托架。若總電壓超過 150 伏時，應將蓄電池分組，使每組總電壓在 150 伏以下，且每組蓄電池均應裝置於托架上。

(4) 以非導電且耐熱材質構造之密封式蓄電池及多室蓄電池組，得免加裝絕緣支撐托架。裝置於導電性容器內之蓄電池組，若容器與大地間有電壓時，應具有絕緣支撐托架。

12. 作為支撐蓄電池或托架之硬質框架應堅固且以下列之一材質製成：

(1) 金屬經處理具抗電蝕作用，及以非導電材質直接支撐電池或導電部分以非油漆之連續絕緣材質被覆或支撐。

(2) 其他結構如玻璃纖維，或其他適用非導電材質。

　　　 以木頭或其他非導電材質製成托架，得作為蓄電池之支撐。

13. 蓄電池之裝設位置應能充分通風並使氣體散逸，避免蓄電池產生易爆性混合氣體之累積且帶電部分之防護應符合規定。

十三、磁夾板、磁珠與木槽板配線

1. 導線分岐之施工應避免有張力。

2. 在隱蔽處所，不可裝置開關，保險絲及其他電具。

3. 地下電纜與地下電訊線路、水管、煤氣管等應保持 150 公厘以上，如與地下管路交叉時，電纜以埋於其他管之下方為原則。

4. 在建築物之側面按磁珠裝置法設施線路時，導線應置於磁珠之上方。

十四、金屬管配線

1. 金屬管配線之導線應符合下列規定：

(1) 導線直徑在 3.2 公厘以上者應使用絞線，但長度在 1 公尺以下之金屬管不在此限。

(2) 導線在金屬管內不得接線。

2. 交流回路，同一回路之全部導線原則上應穿在同一管，以維持電磁平衡。

3. 金屬管之選定應符合下列規定：

(1) 金屬管為鐵、銅、鋼、鋁及合金等製成品。

(2) 金屬管應有足夠之強度，其內部管壁應光滑，以免損傷導線之絕緣。

(3) 管徑不得小於 13 公厘。

4. 金屬管徑之選定應符合下列規定：

(1) 線徑相同之導線穿在同一管內時，管徑之選定按表 2-20、表 2-21 及表 2-22。

(2) 管長 6 公尺以下且無顯著彎曲及導線容易更換者，如穿在同一管內之線徑相同且在 8 平方公厘以下按表 2-23 選用，其餘可依絞線與絕緣皮截面積總和不大於表 2-24 或表 2-25 中導線管截面積之百分之 60 選定。

(3) 線徑不同之導線穿在同一管內時，可依絞線與絕緣皮截面積總和不大於
表 2-24 或表 2-25 導線管截面積之百分之 40 選定。

表 2-20　厚導線管之選定

線徑		導線數									
單線 (mm)	絞線 (mm²)	1	2	3	4	5	6	7	8	9	10
		導線管最小管徑(mm)									
1.6		16	16	16	16	22	22	22	28	28	28
2.0	3.5	16	16	16	22	22	22	28	28	28	28
2.6	5.5	16	16	22	22	28	28	28	36	36	36
	8	16	22	22	28	28	36	36	36	36	42
	14	16	22	28	28	36	36	36	42	42	54
	22	16	28	28	36	42	42	54	54	54	54
	30	16	36	36	36	42	54	54	54	70	70
	38	22	36	36	42	54	54	54	70	70	70
	50	22	36	42	54	54	70	70	70	70	82
	60	22	42	42	54	70	70	70	70	82	82
	80	28	42	54	54	70	70	82	82	82	92
	100	28	54	54	70	70	82	82	92	92	104
	125	36	54	70	70	82	82	92	104	104	
	150	36	70	70	82	82	92	104	104		
	200	36	70	70	82	92	104				
	250	42	82	82	92	104					
	325	54	82	92	104						
	400	54	92	92							
	500	54	104	104							

註：1. 導線 1 條適用於設備之接地線及直流電路。
　　2. 厚導線管之管徑根據 CNS 規定以內徑表示。

表 2-21　薄金屬導線管、無螺紋金屬導線管之選定

線徑		導線數									
單線 (mm)	絞線 (mm²)	1	2	3	4	5	6	7	8	9	10
		導線管最小管徑(mm)									
1.6		15	15	15	25	25	25	25	31	31	31
2.0	3.5	15	19	19	25	25	25	31	31	31	31
2.6	5.5	15	25	25	25	31	31	31	31	39	39
	8	15	25	25	31	31	39	39	39	51	51
	14	15	25	31	31	39	39	51	51	51	51
	22	19	31	31	39	51	51	51	51	63	63
	30	19	39	39	51	51	51	63	63	63	63
	38	25	39	39	51	51	63	63	63	63	75
	50	25	51	51	51	63	63	75	75	75	75
	60	25	51	51	63	63	75	75	75		
	80	31	51	51	63	75	75	75			
	100	31	63	63	75	75					
	125	39	63	63	75						
	150	39	63	75	75						
	200	51	75	75							
	250	51	75								
	325	51									
	400	51									
	500	63									

註：1. 導線 1 條適用於設備之接地線及直流電路。
　　2. 厚導線管之管徑根據 CNS 規定以內徑表示。

表 2-22　金屬導線管最多導線數(超出 10 條者)

線徑		厚金屬導線管管徑(mm)								薄金屬導線管徑(mm)				
單線 (mm)	絞線 (mm²)	28	36	42	54	70	82	92	104	31	39	51	63	75
1.6		12	21	28	45	76	106	136	177	12	19	35	55	81
2.0	3.5		18	25	39	66	92	118	154	11	16	30	48	71
2.6	5.5		13	17	28	47	66	85	111		11	22	34	51
	8			13	21	35	49	63	82			16	25	38
	14				15	26	36	47	61			12	19	18

註：1. 厚金屬導線管之管徑按 CNS 規定以內徑之偶數表示。
　　2. 薄金屬導線管之管徑按 CNS 規定以外徑之奇數表示。

表 2-23　金屬導線管最多導線數(管長 6 公尺以下)

線徑		厚金屬導線管徑(mm)		薄金屬導線管徑(mm)		
單線 (mm)	絞線 (mm²)	16	22	15	19	25
1.6		9	15	6	9	15
2.0	3.5	6	11	4	6	11
2.6	5.5	4	7	3	4	7
	8	2	4	1	2	4

註：1. 厚金屬導線管之管徑按 CNS 規定以內徑之偶數表示。
　　2. 薄金屬導線管之管徑按 CNS 規定以外徑之奇數表示。

表 2-24　厚金屬導線管截面積之 40%及 60%

管徑(mm)	截面積之 40%(mm²)	截面積之 60%(mm²)
16	84	126
22	150	225
28	251	376
36	427	640
42	574	862
54	919	1,373
70	1,520	2,281
82	2,126	3,190
92	2,756	4,135
104	3,554	5,331

註：在表 2-23 中未列之 14mm² 以上導線適用於本表截面積 60%欄。

表 2-25　薄金屬導線管、無螺紋金屬導線管截面積之 40%及 60%

管徑(mm)	截面積之 40%(mm²)	截面積之 60%(mm²)
15	57	85
19	79	118
25	154	231
31	256	385
39	382	573
51	711	1,066
63	1,116	1,667
75	1,636	2,455

註：在表 2-23 中未列之 14mm² 以上導線適用於本表截面積 60%欄。

5.　金屬管適用範圍應符合下列規定：

(1)　厚導線管不得配裝於有發散腐蝕性物質之場所及含有酸性或鹼性之泥土中。

(2)　EMT 管及薄導線管不得配裝於下列場所：

　①　有發散腐蝕性物質之場所及含有酸性或鹼性之泥土中。

　②　有危險物質存在場所。

　③　有重機械碰傷場所。

　④　600 伏以上之高壓配管工程。

(3)　可撓金屬管不得配裝下列場所：

　①　蓄電池室。

　②　長度超過 1.8 公尺者。

6.　配管之彎曲應符合下列規定：

(1)　金屬管彎曲時，其內側半徑不得小於管子內徑之 6 倍，但管內導線如屬於鉛皮包線者，則不得小於內徑之 10 倍。

(2)　兩出線盒間不得超過四個轉彎其內彎角不可小於 90 度。

7.　敷設明管時，可撓金屬管每隔 1.5 公尺內及距出線盒 30 公分以內裝設「護管鐵」固定，其他金屬管可每隔 2 公尺內及距出線盒 1 公尺以內裝設「護管鐵」或其他適當之鉤架支持之。

8. 出線盒應符合下列規定：

   (1) 在照明器具及插座等裝設位置應使用出線盒，但明管配線之末端或類似之情況得使用木台。

   (2) 出線盒須有充分之容積。

   (3) 未裝有照明器具等之出線盒須加裝蓋子。

   (4) 須有足夠之強度，使其配裝在混凝土內時，不會造成變形。

9. 接線盒與連接盒應符合下列規定：

   (1) 不得裝於建物隱蔽處所，但可點檢者不在此限。

   (2) 須裝於容易更換導線或連接之處所。

   (3) 盒內不得受濕氣侵入，否則須採用防水型

   (4) 須有足夠之強度，使其配裝在混凝土內時，不會造成變形。

10. 金屬管及其配件因絞螺紋或其他原因，其可能生鏽或腐蝕之部分須施行防鏽塗料保護。

11. 金屬管間或金屬管與其配件之連接須具良好的電氣性接續並應符合下列規定：

   (1) 金屬管間以管子接頭連接時，其螺紋須充分絞合。

   (2) 金屬管與其配件之連接，其配件之兩側用制止螺絲圈銜接。

   (3) 金屬管與其配件須以適當方法與建築物確實固定。

   (4) 護管鐵之間隔以不超過 2 公尺為原則。

   (5) 金屬管管口應附裝適當之護圈，以防止導線損傷。

12. 雨線外之配管應符合下列規定：

   (1) 在潮濕處所施工時，管路應避免造成 U 型之低處。

   (2) 在配管中較低處之適當位置須設排水孔。

   (3) 在垂直配管之上端應使用防水接頭。

   (4) 在水平配管之末端應使用終端接頭或防水接頭。

13. 敷設金屬管時，須與煙囪熱水管及其他發散熱氣之物體保持 500 公厘以上之距離，但其間有隔離設備者不在此限。

14. 凡屬於同一電路之導線應置於一金屬管內，如屬同極導線或單根導線(即金屬管內僅裝一根導線之謂)不得裝入。

15. 電燈及電力等不同系統的導線,如其線間電壓皆在 600 伏以下,且各導線皆屬同一絕緣等級由同一計費電度表接供者,得同置於一管內。

16. 弱電電線不得與屋內用電線路置於同一金屬管內。

十五、非金屬管配線

1. 非金屬管係指 PVC 所製成之電氣用塑膠導線管。

2. 非金屬管適用範圍應符合下列規定：

    (1) 600 伏以下者：

    ① 埋設於牆壁、地板及天花板內。

    ② 使用於發散腐蝕性物質場所。

    ③ 埋設於煤渣堆積場所。

    ④ 潮濕處所其裝置應能防止水份侵入管中。且各項配件應能防銹。

    (2) 直埋於地下者其埋於地面下之深度不得低於 600 公厘。

3. 非金屬管不得於下列情形使用：

    (1) 有危險物質存在之場所。

    (2) 供作燈具及其他設備之支持物。

    (3) 易受碰損之處。

    (4) 周溫超出導線管額定耐受溫度之場所。

    (5) 導線及電纜絕緣物之額定耐受溫度高於導線管。

4. 非金屬管配線之導線應符合下列規定：

    (1) 非金屬管配線應使用絕緣線。

    (2) 導線直徑在 3.2 公厘以上者應使用絞線，但長度在 1 公尺以下之非金屬管不在此限。

    (3) 導線在非金屬管內不得接線。

5. 非金屬管徑之選定應符合下列規定：

    (1) 線徑相同之導線穿在同一管內時,管徑之選定按表 2-26 及表 2-27。

表 2-26　非金屬可撓導線管徑之選定(10 條以下者)

線徑		導線數									
單線 (mm)	絞線 (mm²)	1	2	3	4	5	6	7	8	9	10
		最小管徑(mm)									
1.6		14	14	14	14	16	16	22	22	22	22
2.0	3.5	14	14	14	16	22	22	22	22	22	28
2.6	5.5	14	16	16	22	22	22	28	28	28	36
	8	14	22	22	22	28	28	28	36	36	36
	14	14	22	28	28	36	36	42	42		
	22	16	28	36	36	42	42				
	38	22	36	42							
	60	22	42								
	100	28									

註：1. 導線 1 條適用於設備接地導線及直流電路。
　　2. 管徑根據 CNS 規定以內徑表示。

表 2-27　非金屬可撓導線管之最多導線數(超過 10 條者)

線徑		最小管徑(mm)	
單線(mm)	絞線(mm²)	22	28
1.6		11	18
2.0	3.5		15

註：管徑根據 CNS 規定以內徑表示。

(2)　管長 6 公尺以下且無顯著彎曲及導線容易更換者，如穿在同一管內之線徑相同且在 8 平方公厘以下按表 2-28 選用，其餘可依絞線與絕緣皮截面積總和不大於表 2-28 中導線管截面積之百分之 60 選定。

表 2-28　非金屬可撓導線管之最多導線數(管長 6 公尺以下)

線徑		最小管徑(mm)	
單線(mm)	絞線(mm²)	16	22
1.6		9	17
2.0	3.5	7	14
2.6	5.5	4	9
	8	3	6

註：管徑根據 CNS 規定以內徑表示。

表 2-29　非金屬導線管截面積之 40%及 60%

管徑(mm)	截面積之 40%(mm²)	截面積之 60%(mm²)
12	61	91
16	101	152
20	152	228
28	246	369
35	384	577
41	502	753
52	816	1225
65	1410	2115
80	1892	2808

註：在表 2-28 中未列之 14mm² 以上導線適用於本表截面積 60%欄。

(3) 線徑不同之導線穿在同一管內時，可依絞線與絕緣皮截面積總和不大於表 2-29 導線管截面積之百分之 40 選定。

6. 配管應符合下列規定：

(1) 非金屬管之端口須光滑，不得損傷導線之絕緣皮。

(2) 非金屬管之配管須按下列裝置：

① 應考慮受溫度變化之伸縮。

② 在混凝土內集中配管不可減少建築物之強度。

7. 明管之支持應符合下列規定：

(1) 敷設明管時，非金屬管每隔 1.5 公尺及距下列位置在 30 公分以內應裝設護管帶固定。

① 配管之兩端。

② 管與配件連接處。

③ 管相互間連接處。

(2) 非金屬管相互間及管與配件相接長度須為管之管徑 1.2 倍以上(若使用黏劑時，可降低至 0.8 倍)，且其連接處須牢固。

十六、各類電纜配線

1.　電纜數量較多時，為便於電纜的裝置與維護，可將電纜裝在電纜架(tray)上作固定或支持及保護。

2.　電纜架不得裝於吊車或易受損之場所。

3.　600 伏以下之電纜可裝於同一電纜架。

4.　超過 600 伏之電纜不得與 600 伏以下電纜裝於同一電纜架，但以非易燃性之隔板隔離或採用金屬外皮電纜配裝不在此限。

5.　電纜可在電纜架內連接，但不得凸出電纜架之邊欄。

6.　PVC 電纜，交連 PE 電纜，EPR 電纜或 PE 電纜均須依下列規定施工：

(1)　可能受重物壓力或顯著之機械衝擊之場所，不得使用電纜。

　　①　採用保護管保護時，其內徑應大於電纜外徑 1.5 倍。

　　②　電纜在屋外時，在用電場所範圍內由地面起至少 1.5 公尺應加保護，但在用電場所範圍外則自地面起至少 2 公尺應加保護。

(2)　保護用之金屬管、PVC 管等管口應處理光滑以防止穿設時損傷電纜。

(3)　電纜穿入金屬接線盒時，應使用橡皮套圈等防止損傷電纜。

(4)　電纜之支持應符合下列規定：

　　①　沿建築物內側或下面裝設電纜者，其支持點間隔應在 2 公尺以下。

　　②　在暴露出處所，沿建築物裝設電纜(限導線線徑 8 平方公厘以下者)，其支持點間隔，依表 2-30 之規定裝設。

　　③　利用吊線架設電纜，其支持點間距離限 15 公尺以下且能承受該電纜重量。

表 2-30　非金屬被覆電纜支撐間隔

裝設處所	最大間隔(m)
建築物或構造物之側面或下面以水平裝設	1
人員可觸及處所	1
其他處所	2
電纜接頭、接線盒、器具等之連接處所	連接點起 0.3

7. 彎曲電纜時，不可損傷其絕緣，其彎曲處內側半徑為電纜外徑之 6 倍以上為原則(單心電纜為 8 倍)。

8. 連接電纜應依導線接續之規定外，不可傷及導體或絕緣且依下列方式連接。

　(1) 電纜互相間之連接應在接線盒或出線盒或在適當之接線箱內施行且接續部分不得露出。

　(2) 大線徑之電纜互相連接時，無法在接線盒等連接時，應有適當之絕緣及保護。

9. 電纜與絕緣導線連接時，應依絕緣導線互相連接規定施工，在雨線外者，應將電纜末端向下彎曲，避免雨水侵入。

10. 電纜裝於磁性管路中時，須能保持電磁平衡。

11. 彎曲鉛皮電纜不可損傷其絕緣。其彎曲處之內側半徑須為電纜外徑之 12 倍以上。

12. MI 電纜係指以無機物做為絕緣，以銅金屬外皮做為氣體及液體之密封之電纜。

13. MI 電纜不得裝於腐蝕處所，但有防腐蝕者不在此限。

14. MI 電纜每間隔 1.8 公尺以內應以護管鐵、護管帶、吊架或類似之裝置固定，以防電纜損壞但電纜穿在管內者不在此限。

15. MI 電纜其內彎曲半徑應為電纜外徑之 5 倍以上為原則，但廠家另有詳細規定者不在此限。

16. MI 電纜之終端處被剝削後應立即以適當方法密封，以防止濕氣進入，其露出被覆之導線應以絕緣物予以絕緣。

17. 導線槽係指以金屬板或耐燃性非金屬槽道製成，以供配裝電線或電纜之管槽。其蓋部應屬可動者，俾於整個導線槽系統裝置完成後得以移開而放置導線。

18. 金屬導線槽僅許露出裝置，如延伸裝於屋外者，其構造應具有防水效能，金屬導線槽不得裝於下列場所：

　(1) 易受重機械碰損及屬於腐蝕性氣體場所。

　(2) 屬於爆發性氣體存在處所及易燃性塵埃場所。

19. 非金屬管導線槽得使用於下列情形：

    (1) 無掩蔽之場所。

    (2) 有腐蝕性氣體之場所。

    (3) 屬於潮濕性質之場所。

    非金屬管導線槽不得使用於下列情形：

    (1) 易受外力損傷之場所。

    (2) 除產品特別指明外之暴露於陽光照射之場所。

    (3) 產品指定使用之周圍溫度以外之場所。

20. 裝於導線槽內之有載導線數不得超過 30 條，且各導線截面積之和不得超過該線槽內截面積百分之 20。電梯、升降機、電扶梯或電動步道之配線如按導線槽裝置，且其導線槽內各導線截面積之和不超過該導線槽截面積百分之 50 者。

21. 電氣工作人員可接近場所，導線得在導線槽內接線或分岐，其連接方法限用壓接或採用合用之有壓力接頭夾接，並須妥加絕緣。該連接及分岐處各導線(包括接線及分接頭)所佔截面積不得超過裝設點導線槽內截面積百分之 75。

22. 水平裝置之金屬導線槽應在每距 1.5 公尺處加一固定支持，如裝置法確實牢固者，則該項最大距離得放寬至 3 公尺，至導線槽為垂直裝置者，其支持點距離不得超過 4.5 公尺。

    非金屬導線槽距終端或連接處 90 公分內應有一固定支持。

    除產品另有列示支持距離外，每 90 公分應有一固定支持；惟任何情況下兩支持點間之距離，不得超過 3 公尺。

    垂直裝置時，除非產品另有列示支持距離外，每 1.2 公尺應有一確實之固定支持，且兩支持點間不得有超過一處之連接。

23. 導線槽之終端，應予封閉。

24. 由金屬導線槽展延而引出之配線，得按金屬管或金屬外皮電纜裝置法配裝。

25. 由非金屬導線槽延伸而引出之配線得按低壓配線方法裝置。

    非金屬導線槽應按不同之配線方法配置一條分離之設備接地導線。

26. 交流電路使用導線槽時應將同一電路之全部導線裝於同一導線槽內，同一電路之全部導線係指單相二線式電路中之二線，單相三線式及三相三線式電路中之三線及三相四線式電路中之四線。

27. 導線槽裝置後，應於明顯處標示其製造廠名或其標誌。
    非金屬導線槽應於明顯處標示其內部截面積。

28. 匯流排槽可作露出裝置，但不得裝於下列場所：

    (1) 易受重機械碰損及發散腐蝕性氣體場所。

    (2) 起重機或升降機孔道內。

    (3) 屬於爆發性氣體存在場所及易燃性塵埃場所。

    (4) 屋外或潮濕場所，但其構造適合屋外防水者不在此限。

29. 設計為水平裝置匯流排槽每距 1.5 公尺處須加固定支持，如裝置法確屬牢固者，則該項最大距離得放寬至 3 公尺。匯流排槽如屬設計為垂直裝置者應於各樓板處牢固支持之，但該項最大距離不得超過 5 公尺。

30. 匯流排槽得整節水平穿越乾燥牆壁及垂直穿越乾燥地板，惟該部分及延至地板面上 1.8 公尺部分應屬完全封閉型者。(即非通風型者)以防止機械碰損。

31. 匯流排槽之終端應予封閉。

32. 由匯流排引接之分路得按匯流排槽、金屬管及金屬外皮電纜配裝。

33. 匯流排槽之過電流保護依下列規定辦理：

    (1) 作為幹線或次幹線之匯流排槽其容許安培容量與過電流保護額定值不能配合時得採用較高一級之保護額定值。

    (2) 以匯流排槽為幹線而分路藉插入式分接器自匯流排槽引出者，應在該分接器內附裝過電流保護設備以保護該分路。

34. 燈用軌道係一種供電及支持電器之裝置；其長度可由增減軌道節數改變。

35. 燈用軌道應屬固定裝置，並妥善連接於分路。
    燈用軌道應裝用其專用電器，使用一般插座之電器不得裝用。

36. 燈用軌道連接之負載應不超過軌道額定容量；其供電分路保護額定容量應不超過燈用軌道額定容量。

37. 燈用軌道不得裝置在下列場所：

    (1) 易受外物碰傷。

    (2) 潮濕或有濕氣。

    (3) 有腐蝕性氣體。

    (4) 存放電池。

    (5) 屬危險場所。

    (6) 屬隱蔽場所。

    (7) 穿越牆壁。

    (8) 距地面 1.5 公尺以下。但有保護使其不受外物碰傷者除外。

38. 燈用軌道專用電器應直接以相極及接地極分別妥為連接在燈用軌道上。

39. 燈用軌道分路負載依每 30 公分軌道長度以 90 伏安計算。

40. 分路額定超過 20 安培之重責務型燈用軌道；其電器應有個別之過電流保護。

41. 燈用軌道應堅固妥善安裝，使每一固定點均能支持其所可能裝設之燈具最大重量。燈用軌道單節 1.2 公尺以下者應有兩處支持，如燈用軌道之延長部分，每一單節未超過 1.2 公尺者亦應增加一處支持。

42. 燈用軌道應有堅固之軌槽。軌槽內應可裝設導體及插接電器，並須考慮防止外物填塞及意外碰觸活電部分之設計。不同電壓之燈用軌道器材應不能互用，燈用軌道之銅導體最小採用 5.5 平方公厘以上，軌道末端應有絕緣及加蓋。

43. 燈用軌道應按規定接地，軌節應妥善連接以維持電路之連續性。

44. 金屬可撓導線管由其構造可分下列兩種：

    (1) 一般型：由金屬片捲成螺旋狀製成者。

    (2) 液密型：由金屬片與纖維組合製成之緊密且有耐水性者。

45. 金屬可撓導線管不得使用於下列情形或場所：

    (1) 易受外力損傷之場所。但有防護裝置者，不在此限。

    (2) 升降機之升降路。但配線終端至各機器間之可撓導線管配線，不在此限。

    (3) 直埋地下或混擬土中。但液密型金屬可撓導線管經設計者確認適用並有標示者，得直埋地下。

    (4) 長度超過 1.8 公尺者。

    (5) 周溫及導線運轉溫度過導線管耐受溫度之場所。

46. 一般型金屬可撓導線管除用於連接發電機、電動機等旋轉機具有可撓必要之接線部分外，不得使用於下列情形或場所：

(1) 蔭蔽場所。但可點檢者，不在此限。

(2) 潮濕場所。

(3) 蓄電池室。

(4) 暴露於石油或汽油之場所，對所裝設導線有劣化效應者。

47. 金屬可撓導線管及附屬配件之選定應符合下列規定：

(1) 金屬可撓導線管、接線盒等管與管相互連接及導線管終端連接，應選用適當材料之配件，並維持其電氣連續性。

(2) 金屬可撓導線管其厚度須在 0.8 公厘以上。

48. 管徑之選定應符合下列規定：

(1) 線徑相同之絕緣導線穿在同一一般金屬可撓導線管之管徑，應按照表 2-20 選定。

(2) 線徑相同之絕緣導線穿在同一液密型金屬可撓導線管內時；其管徑應符合下列規定：

　　① 管內穿設絕緣導線數在 10 條以下者，按表 2-31 選定。

　　② 管內穿設絕緣導線數超過 10 條者，按表 2-32 選定。

(3) 金屬可撓導線管如彎曲不多，導線容易穿入及更換者可免按前項規定選用。如線徑相同且在 8 平方公厘以下者可按表 2-33 選定。其餘可按表 2-35、表 2-36 及參考表 2-34 由導線與絕緣被覆截面積總和不大於導線管內截面積之百分之 48 選定。

(4) 線徑不同之絕緣導線穿在同一金屬可撓管內時，按表 2-35、表 2-36 及表 2-34 導體與絕緣被覆總截面積總和不大於導線管內截面積之百分之 32 選定。

表 2-31　液密型金屬可撓導線管之選定

線徑		導線數									
單線 (mm)	絞線 (mm²)	1	2	3	4	5	6	7	8	9	10
		導線管最小管徑(mm)									
1.6		10	15	15	17	24	24	24	24	30	30
2.0	5.5	10	17	17	24	24	24	24	30	30	30
2.6	8	10	17	24	24	24	30	30	30	38	38
3.2	14	12	24	24	24	30	30	38	38	38	38
	22	15	24	24	30	38	38	38	50	50	50
	38	17	30	30	38	38	50	50	50	50	63
	60	24	38	38	50	50	63	63	63	63	76
	100	24	50	50	63	63	63	76	76	76	83
	150	30	50	63	63	76	76	83	101	101	101
	200	38	63	76	76	101	101	101			
	250	38	76	76	101	101	101				
	325	50	76	83	101						
		50	101	101							

註：1. 導線一條適用於接地線及直流電路之電線。
　　2. 本表係依據實驗及經驗訂定。

表 2-32　液密型金屬可撓導線管之最多導線數(超過 10 條者)

線徑		導線管最小管徑(mm)			
單線(mm)	絞線(mm²)	30	38	50	63
1.6		13	21	37	61
2.0			17	30	49
2.6	5.5		14	25	41
3.2	8			18	29

註：管徑根據 CNS 規定以內徑表示。

表 2-33 液密型金屬可撓導線管最多導線數(導線管彎曲少，導線容易穿入及更換者)

線徑		導線管最小管徑(mm)		
單線(mm)	絞線(mm²)	15	17	24
1.6		4	6	13
2.0		3	5	10
2.6	5.5	3	4	8
3.2	8	2	3	6

表 2-34 液密型金屬可撓導線管截面積之 32%及 48%

管徑(mm)	截面積之 32%(mm²)	截面積之 48%(mm²)
10	21	31
12	32	48
15	49	74
17	69	103
24	142	213
30	215	323
38	345	518
50	605	908
63	984	1,476
76	1,450	2,176
83	1,648	2,472
101	2,522	3,783

表 2-35　液密型金屬可撓導線管之導線(含絕緣被覆)截面積

線徑		截面積
單線(mm)	絞線(mm²)	(平方公厘)
1.6		8
2.0		10
2.6	5.5	20
3.2	8	28
	14	45
	22	66
	38	104
	60	154
	100	227
	150	346
	200	415
	250	531

表 2-36　液密型金屬可撓導線管之絕緣導線數校正係數

線徑		校正係數
單線(mm)	絞線(mm²)	
1.6		2.0
2.0		2.0
2.6	5.5	1.2
3.2	8	1.2
	14 以上	1.0

49. 金屬可撓導線管及附屬配件之所有管口，應予整修或去除粗糙邊緣，使導線出入口平滑，不得有損傷導線被覆之虞。但其具螺紋之配件可以旋轉進入導線管內者，不在此限。

50. 金屬可撓導線管以明管敷設時，於每一個出現盒、拉線盒、接線盒、導管盒、配電箱或導線管終端 300 公厘內，應以護管鐵固定，且每隔 1.5 公尺以內，應以護管鐵支撐。

51. 金屬可撓導線管及附屬配件之連接依下列規定辦理：

　(1)　導線管及附屬配件之連接應有良好之機械性及電氣連續性，並確實固定。

　(2)　導線管相互連接時，應以連接接頭妥為接續。

　(3)　導線管與接線盒或配電箱連接時，應以終端接頭接續。

　(4)　與金屬導線管配線、金屬導線槽配線等相互連接時，應使用連接接頭或終端接頭互相連接，並使其具機械性及電氣連續性。

　(5)　轉彎接頭不得裝設於隱蔽場所。

52. 金屬可撓導線管應採用線徑 1.6 公厘以上裸軟銅線或截面積 2 平方公厘以上裸軟絞線作為接地導線，且此添加之裸軟銅線或裸軟絞線應與金屬可撓導線管兩端有電氣連續性。

53. 非金屬可撓導線管指由合成樹脂材質製成，並搭配專用之接頭及配件，作為電氣導線及電纜裝設用，按其特性分類，常用類型如下：

　(1)　PF(plastic flexible)管：具有耐燃性之塑膠可撓管，其內壁為圓滑狀、外層為波浪狀之單層管。

　(2)　CD(combined duct) 管：非耐燃性之塑膠可撓管，其內壁為圓滑狀、外層為波浪狀之單層管。

54. 非金屬可撓導線管不得使用於下列情形或場所：

　(1)　導線之運轉溫度高於導線管之承受溫度者。

　(2)　電壓超過 600 伏者。

　(3)　作為照明燈具及其他設備之支撐。

　(4)　周溫超出導線管承受溫度之場所。

55. PF 管亦不得使用於下列情形或場所：

　(1)　易受外力損傷之場所。

　(2)　隱蔽場所。但可點檢者，不在此限。

56. CD 管亦不得使用於鋼筋混擬土以外之場所。

57. 非金屬可撓導線管相互間不得直接連接，連接時應使用接線盒、管子接頭或連接器。

58. 非金屬可撓導線管進入線盒、配件或其他封閉箱體，管口應裝設護套，以保護導線免受磨損。

59. 採用非金屬可撓導線管配線，其導管盒、接線盒及裝接線配件，應有足夠之強度。

60. PF管以明管敷設時，應於導線管每隔 900 公厘處或距下列位置 300 公厘以內處，裝設護管帶固定：

(1) 配管之二端。

(2) 管及配件連接處。

(3) 管及管連接處。

十七、特殊場所

1. 特殊場所分為下列八種：

(1) 存在易燃性氣體、易燃性或可燃性液體揮發氣(以下簡稱爆炸性氣體)之危險場所。

(2) 存在可燃性粉塵之危險場所。

(3) 存在可燃性纖維或飛絮之危險場所。

(4) 有危險物質存在場所。

(5) 火藥庫等危險場所。

(6) 散發腐蝕性物質場所。

(7) 潮濕場所。

(8) 公共場所。

2. 存在爆炸性氣體、可燃性粉塵、可燃性纖維或飛絮之危險場所，依「類」分類如下：

(1) 第一類場所：空氣中存在或可能存在爆炸性氣體，且其量足以產生爆炸性或可引燃性混合物之場所，並依爆炸性氣體發生機率及持續存在時間，依「種」分類如下：

① 第一種場所，包括下列各種場所：

❶ 於正常運轉條件下，可能存在著達可引燃濃度之爆炸性氣體場所。

❷ 於進行修護、保養或洩漏時，時常存在著達可引燃濃度之易燃性氣體、易燃性液體揮發氣，或可燃性液體溫度超過閃火點之場所。

❸ 當設備、製程故障或操作不當時，可能釋放出達可引燃濃度之爆炸性氣體，同時也可能導致電氣設備故障，以致使該電氣設備成為點火源之場所。

② 第二種場所，包括下列各種場所：

❶ 製造、使用或處理爆炸性氣體之場所。於正常情況下，該氣體或液體揮發氣裝在密閉之容器或封閉式系統內，僅於該容器或系統發生意外破裂、損毀或設備不正常運轉時，始會外洩。

❷ 藉由正壓通風機制以防止爆炸性氣體達可引燃濃度，但當該通風設備故障或操作不當時，可能造成危險之場所。

❸ 鄰近第一種場所，且可能由第一類場所擴散而存在達可引燃濃度之易燃性氣體、易燃性液體揮發氣，或達閃火點以上之可燃性液體揮發氣之場所。但藉由裝設引進乾淨空氣之適當正壓通風系統，防止此種擴散，並具備通風失效時之安全防護機制者，不在此限。

(2) 第二類場所：存在可燃性粉塵，且其量足以產生爆炸性或引燃性混合物之場所。

(3) 第三類場所：存在可燃性纖維或飛絮之危險場所，該可燃性纖維或飛絮懸浮於空氣中之量累積至足以產生引燃性混合物之機率極低。

3. 存在爆炸性氣體之第一類場所之開關、斷路器、電動機控制器及熔線，包括按鈕、電驛及類似裝置，依下列規定裝設：

(1) 第一種場所：應裝設於封閉箱體內，且該箱體及內部器具應經設計者確認為適用於本場所者。

(2) 第二種場所：電流開閉接點浸在油中。電力接點浸入 50 公厘以上；控制接點浸入 25 公厘以上。

4. 第一類場所之照明燈具，依下列規定裝設：

第一種場所：

(1) 應具有能防止外力損傷之適當防護或適當位置。

(2) 懸吊式照明燈具：

① 應使用具有螺紋之厚金屬導線管或具有螺紋之鋼製薄金屬導線管製成之吊桿懸掛，並以此吊桿供電。其螺紋接頭應以固定螺絲或其他

有效方式固定，防止鬆脫。

② 懸掛用吊桿長度超過 300 公厘者，應依下列規定辦理：

❶ 於距離吊桿下端 300 公厘以內之範圍，裝設永久且有效之斜撐，防止橫向位移。

❷ 裝設經設計者確認適用於本場所之可撓性管件或可撓性連接器，燈具固著點至支撐線盒或管件應為 300 公厘以下。

5. 第一類場所之插座及附接插頭應為能連接屬於可撓軟線之設備接地導線，並經設計者確認適用於本場所。

6. 有危險物質存在場所之配線應符合下列規定：

(1) 配線應依金屬管、非金屬管或電纜裝置法配裝。

(2) 金屬管可使用薄導線管或其同等機械強度以上者。

(3) 以非金屬管配裝時管路及其配件應施設於不易碰損之處所。

(4) 以電纜裝置時，除鎧裝電纜或 MI 電纜外，電纜應裝入管路內保護之。

7. 火藥庫內以不得施設電氣設備為原則，惟為庫內白熱燈或日光燈之電氣設備(開關類除外)不在此限。其施設應依下列規定辦理：

(1) 電路之對地電壓應在 150 伏以下。

(2) 配線以金屬管或電纜配裝之。

8. 火藥製造場所內除電熱器以外之電具應為全密封型者。

9. 發散腐蝕性物質之處所設施線路時，應按下列規定辦理：

(1) 不得按磁珠、磁夾板及木槽板裝置辦理。

(2) 應按非金屬管裝置法施工或採用 PVC、BN、PE、交連 PE、鉛皮等電纜裝置法施工。

(3) 如按金屬管或裝甲電纜裝置法施工時，應全部埋入建築物內或地下，但如環境不許可時，不在此限。惟金屬管及電纜表面應加塗防腐材料以免腐蝕，且按金屬管配裝時，其附屬配件與金屬管概要採用同一金屬，以免二者間發生電池作用。

10. 發散腐蝕性物質場所不得使用吊線盒，矮腳燈頭及花線。

11. 在潮濕場所設施線路時，不得按磁夾板及木槽板裝置法施工。

12. 潮濕場所，得按金屬管、非金屬管及電纜裝置法施工。

13. 在浴室及其他潮濕處所，以不裝用吊線盒為宜。

14. 浴室內若裝設插座時，應按規定遠離浴盆，使人處於浴盆不能接觸該插座。

15. 在公共場所之地下室內不得裝用吊線盒，應改用矮腳燈頭，金屬吊管或彎管。

十八、特殊設備及設施

1. 設施電氣醫療設備工程時，限用電纜線。

2. 裝設於特別高壓線路上之電容器，應附設放電設備，以消滅殘餘電荷。

3. X 線發生裝置之各部分均應按「第三種地線工程」接地。

4. 在隧道礦坑設施開關及過電流保護應裝置於隧道、礦坑等之入口，並應附裝防雨設備。

5. 臨時燈須經檢驗合格後方得送電。

6. 臨時燈設施接續直徑 2.6 公厘以下之導線時，接續部分得免焊錫。

7. 臨時燈設施設備容量每滿 15 安即應設置分路，並應裝設分路過電流保護，但每燈不必另裝開關。

8. 臨時燈線路與布、紙、汽油等易燃物品應保持 150 公厘以上之距離。

十九、高壓受電設備、高壓配線

1. 高壓變比器(PT 及 CT)之二次側應按「第三種地線工程」接地。

2. 變電室應符合下列規定：

   (1) 變電室以選用獨立建築而與廠房或其他建築物隔離為原則。但利用廠房之一隅為變電室者，其天花板、地板及隔離用牆壁等應具有防火保護設備。

   (2) 門檻之高度足以限制室內最大一台變壓器之絕緣油(假定自該變壓器油流於地上)向門外溢出，其高度以不低於 100 公厘為原則。

   (3) 通路門僅限電氣工作人員之進出。

   (4) 變電室應有防止水侵入或滲透之適當設施。

   (5) 變電室應有防止鳥獸等異物侵入之措施。

3. 下列各款主要設備應經本條所指定之單位，依有關標準試驗合格，並附有試驗報告者始得裝用：

(1) 避雷器、電力及配電變壓器、比壓器、比流器、熔絲、氣體絕緣開關設備(GIS)、斷路器及高壓配電盤應由中央政府相關主管機關或其認可之檢驗機構或經認可之原製造廠家試驗。但高壓配電盤如係由甲級電器承裝業於用電現場承裝者，得由原監造電機技師事務所試驗。

(2) 氣體絕緣開關設備試驗有困難者，得以整套及單體型式試驗報告送經中央政府相關主管機關或其認可之檢驗機構審查合格取得證明後使用。該設備中之比壓器、比流器及避雷器規格有變動時，得以該單體之型式試驗報告送審查合格取得證明後組合使用。

(3) 高壓用電設備在送電前，應由下列單位之一作竣工試驗：
   ① 中央政府相關主管機關或其認可之檢驗機構。
   ② 登記合格之電氣技術顧問團體、原監造電機技師事務所或原施工電器承裝業。

4. 變電室工作空間及掩護應符合下列規定：

(1) 電氣設備如配電盤、控制盤、開關、斷路器、電動機操作器、電驛及其他類似設備之前面應保持之最小工作空間除本規則另有規定者外，不得小於表 2-37 之數值。如設備為露出者，工作空間距離應自帶電部分算起，如屬封閉型設備，則應自封閉體前端或箱門算起。

(2) 變電室或內裝有超過 600 伏帶電部分之封閉體其進出口應予上鎖，但經常有電氣工作人員值班者，得不上鎖。

表 2-37　電氣設備最小工作空間

標稱對地電壓(V)	最小工作空間(m)		
	環境 1	環境 2	環境 3
0～150	0.9	0.9	0.9
151～600	0.9	1.0	1.2
601～1000	0.9	1.2	1.5

註：(一)上表所指之「環境」其意義如下：
　　1. 境 1：工作空間之一邊有露出帶電部分，且另一邊既無露出帶電部分，亦無被接地之部分，或者工作面之兩邊皆有露出帶電部分，但由絕線材質有效地防護。
　　2. 環境 2：工作空間之一邊有露出帶電部分，其另一邊有被接地之部分。混凝土、磚或瓷磚牆，應視為接地。
　　3. 環境 3：工作空間之兩邊皆有露出帶電部分。
　　(二) 前面無帶電之配電盤(Dead-front Switchboards)或控制盤如其背後並無裝設高壓熔絲或開關等需加更換或加調整者，且所有之接線不必自背面而可由其他方向接近者，則該組合體之背後不必要求留有工作空間，但由背後始能從事停電部位設備之工作者，至少應留有 800 公厘之水平工作空間。

5. 高壓電氣設備如有活電部分露出者，應裝於加鎖之開關箱內為原則，其屬開放式裝置者，應裝於變電室內，或藉高度達 2.5 公尺以上之圍牆(或籬笆)加以隔離，或藉裝置位置之高度以防止非電氣工作人員之接近。

6. 有備用之自備電源用戶，應裝設雙投兩路用之開關設備或採用開關間有電氣的與機械上的互鎖裝置，使該用戶於使用自備電源時能同時啟斷原由電業供應之電源。

7. 高壓線路與低壓線路在屋內應隔離 300 公厘以上，在屋外應隔離 500 公厘以上。

8. 高壓接戶線裝置應符合下列規定：

(1) 高壓架空接戶線之導線不得小於 22 平方公厘。

(2) 高壓電力電纜之最小線徑，8 千伏級者為 14 平方公厘，15 千伏級者為 30 平方公厘，25 千伏級者為 38 平方公厘。

(3) 高壓接戶線之架空長度以 30 公尺為限，且不可使用連接接戶線。

9. 以斷路器作爲保護設備者,其電源側各導線應加裝隔離開關,但斷路器如屬抽出型者,則無需加裝該隔離開關。

10. 爲保護高壓進屋線或各幹線所採用之過電流保護設備,若採能自動跳脫之斷路器,其屬屋內型者,應具有金屬封閉箱或有防火之室內裝置設施;如屬開放型裝設者,其裝置處所應僅限於電氣負責人能接近者。

   (1) 作爲控制油浸變壓器之斷路器,應裝於金屬箱內,或與變壓器室隔離。

   (2) 油斷路器之裝置處所,如鄰近易燃建築物或材料時,應具有經認可之安全防護設施。

   (3) 斷路器之額定電流,不得小於最高負載電流。

   (4) 斷路器應有足夠之啓斷容量。

   (5) 在線路或機器短路狀態下投入斷路器,其投入電流額定不得小於最大非對稱故障電流。

   (6) 斷路器之瞬間額定不得小於裝置點最大非對稱故障電流。

   (7) 斷路器之額定最高電壓,不得小於最高電路電壓。

11. 裝置於屋外且被保護進屋線僅接有一具或一組變壓器而符合下列各規定時,得採用一種適合規範之熔絲鏈開關封裝熔絲或隔離開關裝熔絲:

   (1) 變壓器組一次額定電流不超過 25 安。

   (2) 變壓器二次側之電路不超過六路而各裝有啓斷電路滿載電流之斷路器或附熔絲之負載開關者。如超過 6 路則變壓器二次側應加裝主斷路器或附熔絲之主負載啓斷開關。

12. 熔絲可分爲下列各種:

   (1) 電力熔絲應符合下列規定:

   ① 電力熔絲之啓斷額定,不得小於裝置點最大故障電流。

   ② 電力熔絲之額定電壓,不得小於最高電路電壓,運轉電壓不得低於熔絲所訂之最低電壓。

   (2) 驅弧型熔絲鏈開關應符合下列規定:

   ① 熔絲鏈開關之裝置應考慮人員操作及換裝熔絲時之安全,熔絲熔斷時所驅出管外之電弧及高溫氣體不得傷及人員,該開關不得裝用於屋內、地下室或金屬封閉箱內爲原則。

　　② 熔絲鏈開關之啓斷額定不得小於電路之最大故障電流。

　　③ 熔絲鏈開關之最高電壓額定不得小於最高電路電壓。

13. 高壓電路之保護器為斷路器者，其標置之最大始動電流值不得超過所保護電路導線載流量之 6 倍。保護器為熔絲者，其最大額定電流值不得超過該電路導線載流量之 3 倍。

14. 高壓配電盤之裝置應按下列規定辦理：

　(1) 高壓配電盤之裝置不會使工作人員於正常工作情況下發生危險，否則應有適當之防護設備，其通道原則上宜保持在 800 公厘以上。

　(2) 高壓以上用戶，合計設備容量一次額定電流超過 50 安者，其受電配電盤原則上應裝有電流表及電壓表。

15. 高壓配線採用無遮蔽電纜時，應按金屬管或硬質非金屬管裝設，並須外包至少有 7.5 公厘厚之混凝土。

16. 高壓配線電纜之非帶電金屬部分應加以接地。

17. 高壓配線彎曲電纜時，不可損傷其絕緣，其彎曲處內側半徑為電纜外徑之 12 倍以上為原則。

二十、高壓變壓器與高壓電動機

1. 高壓變壓器應於一次側個別裝設過電流保護，如使用熔絲時其連續電流額定應不超過該變壓器一次額定電流之 2.5 倍為原則。若使用斷路器時，其始動標置值應不超過該變壓器一次額定電流之 3 倍。

2. 高壓變壓器過電流保護設備之動作特性曲線應與其他有關設備之特性曲線相互協調。

3. 高壓電動機分路導線之載流容量不得小於該電動機過載保護設備所選擇之跳脫電流值。

4. 高壓電動機之過載保護設備應符合下列條件：

　(1) 過載保護設備之動作應能同時啓斷電路上各非接地之導線。

　(2) 過載保護設備動作後，其控制電路應不能自動復歸而致自行起動。但該項自動復歸對人及機器不造成危險者則不受限制。

5. 高壓電動機電路及電動機之接地故障保護，應依其電源系統為接地或非接地而配置適當之接地故障保護設備。

6.　高壓電動機之起動電流應符合下列規定：

(1)　高壓供電用戶：

①　以 3 千伏級供電，每台容量不超過 200 馬力者，不加限制。

②　以 11 千伏級供電，每台容量不超過 400 馬力者，不加限制。

③　以 22 千伏級供電，每台容量不超過 600 馬力者，不加限制。

(2)　以 33 千伏或更高之特高壓供電每台容量不超過 2,000 馬力者，不加限制。

7.　電弧爐等遽變負載應符合下列規定：

(1)　電弧爐等劇變負載在共同點之電壓閃爍值，其每秒鐘變化 10 次之等效電壓最大值(以不超過百分之 0.45 為準)。

(2)　為求三相負載平衡，大容量之交流單相電弧爐以不使用為原則。

二十一、高壓電容器與避雷器

1.　高壓電容器放電設備應符合下列規定：

(1)　每個電容器應附裝放電設備，俾便於線路開放後，放出殘餘電荷。

(2)　電容器額定電壓超過 600 伏者，其放電設備應能於線路開放後 5 分鐘內將殘餘電荷降至 50 伏以下。

(3)　放電設備可直接裝於電容器之線路上，或附有適當裝置，俾於線路開放時與電容器線路自動連接(必須自動)。放電設備係指適當容量之阻抗器或電阻器，如電容器直接於電動機或變壓器線路上(係在過電流保護設備之負載側)中間不加裝開關及過載保護設備者，則該電動機之線圈或變壓器可視為適當之放電設備，不必另裝阻抗器。

2.　高壓電容開關設備之連續載流量不得低於電容器額定電流之 1.35 倍。

3.　電容器之配線其容量應不低於電容器額定電流之 1.35 倍。

4.　高壓以上用戶之變電站應裝置避雷器以保護其設備。

5.　電路之每一非接地高壓架空線皆應裝置一具避雷器。

6.　避雷器應裝於進屋線隔離開關之電源側或負載側。但責任分界點以下用戶自備線路如係地下配電系統而受電變壓器裝置於屋外者，則於變壓器一次側近處應加裝 1 套。

7.　避雷器裝於屋內者，其位置應遠離通道及建築物之可燃部分，為策安全該避雷器以裝於金屬箱內或與被保護之設備共置於金屬箱內為宜。

8. 避雷器與高壓側導線及避雷器與大地間之接地導線應使用銅線或銅電纜線，應不小於 14 平方公厘，該導線應儘量縮短，避免彎曲，並不得以金屬管保護，如必需以金屬管保護時，則管之兩端應與接地導線妥為連結。

9. 避雷器之接地電阻應在 10 歐以下。

二十二、低壓接戶線、進屋線及電度表工程

1. 電度表不得裝設於下列地點：

(1) 潮濕或低窪容易淹水地點。

(2) 有震動之地點。

(3) 隱蔽地點。

(4) 發散腐蝕性物質之地點。

(5) 有塵埃之地點。

(6) 製造或貯藏危險物質之地點。

(7) 其他經電業認為不便裝設電度表之地點。

2. 電度表裝設之施工要點如下：

(1) 電度表離地面高度應在 1.8 公尺以上，2.0 公尺以下為最適宜，如現場場地受限制，施工確有困難時得予增減之，惟最高不得超過 2.5 公尺，最低不得低於 1.5 公尺(埋入牆壁內者，可低至 1.2 公尺)。

(2) 電度表以裝於門口之附近，或電業易於抄表之其他場所。

(3) 應垂直、穩固，俾免影響電度表之準確性。

(4) 如電度表裝設於屋外時，應附有完善之防濕設備，所有低壓引接線應按導線管或電纜裝置法施工。

(5) 同一幢樓房，樓上與樓下各為一戶時，樓上用戶之電度表以裝於樓下適當場所為原則。

3. 電度表之最大許可載流容量不得小於用戶之最大負載。是項負載可據裝接負載及其用電性質加以估計。

4. 電度表之電源側以不裝設開關為原則，但電度表容量在 60 安以上或方型電度表之電源側導線線徑在 22 平方公厘以上者，其電源側非接地導線應加裝隔離開關，且須裝於可封印之箱內。

5. 自進屋點至電度表及總開關間之全部線路應屬完整，無破損及無接頭者。

6.　表前線路及電度表接線箱應符合下列規定：

　(1)　電度表應加封印之電度表接線箱保護之。但電度表如屬插座型及低壓 30 安以下者得免之。

　(2)　電度表接線箱，其材質及規範應考慮堅固、密封、耐候及不燃性等特性者，其箱體若採用鋼板其厚度應在 1.6 公厘以上。

7.　電度表之比壓器及比流器應為專用者。

8.　電度表之比壓器(PT)之一次側各極得不裝熔絲。

9.　電度表之比壓器及比流器均應按「第三種地線工程」接地。

10.　屋內高壓電度表之變比器(PT 及 CT)應裝於具有防火效能且可封印之保護箱內或與隔離開關共同裝於可封印之開關室內，至於電度表部分應裝於便利抄表之處。

11.　電度表接線盒或電度表接線箱及變比器之保護箱等概要妥加封印。

12.　電度表及變比器須檢驗合格後方得裝用。

二十三、屋內配線設計圖符號【每年必考，需熟記】

1. 開關類設計圖符號如下表(標示*者為歷年考古題)：

名稱	符號	名稱	符號
刀形開關		* 拉出型氣斷路器	
刀形開關附熔絲		* 油開關	OS
隔離開關 （個別啟閉）		電力斷路器	
空斷開關 （同時手動啟閉）		* 拉出型電力斷路器	
雙投空斷開關		接觸器	
熔斷開關		接觸器附積熱電驛	
電力熔絲	f	接觸器附電磁跳脫裝置	
* 負載啟斷開關		電磁開關	MS
負載啟斷開關附熔絲		Y-△降壓起動開關	人-△
無熔絲開關	N.F.B	自動 Y-△電磁開關	MS 人-△

（續）開關類設計圖符號如下表：

名稱	符號	名稱	符號
* 空氣斷路器	A.C.B	安全開關	
伏特計用切換開關	VS	復閉器	RC
安培計用切換開關	AS	電力斷路器 （平常開啟）	
控制開關	CS	空斷開關（附有接地 開關）	
單極開關	S	電力斷路器（附有電 位裝置）	
雙極開關	S_2	空斷開關（電動機 或壓縮空氣操作）	
三路開關	S_3	鑰匙操作開關	S_K
雙插座及開關	$\ominus_S$	開關及標示燈	S_P
時控開關	S_T	單插座及開關	$\ominus$S
四路開關	S_4	拉線開關	Ⓢ
區分器	S		

2. 電驛計器類設計圖符號如下表：

名稱	符號	名稱	符號
低電壓電驛	㊗ (27) (UV)	低電流電驛	(37) (UC)
瞬時過流電驛	IT (50) (CO IT)	* 交流伏特計	(V)
過流電驛	(51) (CO)	* 直流伏特計	(V̄)
* 過流接地電驛	(51N) (LCO)	* 瓦特計	(W)
功率因數電驛	PF (55) (PF)	* 仟瓦需量計	(KWD)
* 過壓電驛	(59) (OV)	* 瓦時計	(WH)
接地保護電驛	(64) (GR)	乏時計	(VARH)
* 方向性過流電驛	(67) (DCO)	* 仟乏計	(KVAR)
* 方向性接地電驛	(67N) (SG)	頻率計	(F)
復閉電驛	RC (79) (RC)	* 功率因數計	(PF)
* 差動電驛	(87) (DR)	紅色指示燈	(R)
交流安培計	(A)	綠色指示燈	(G)
直流安培計	(Ā)		

3.　配電機器類設計圖符號如下表：

名稱	符號	名稱	符號
發電機		電容器	
電動機		*避雷器	
電熱器		避雷針	
電風扇		可變電阻器	
冷氣機		可變電容器	
整流器（乾式或電解式）		直流發電機	
電池組		直流電動機	
電阻器			

4.　變比器類設計圖符號如下表：

名稱	符號	名稱	符號
自耦變壓器		三線捲電力變壓器	
二線捲電力變壓器		二線捲電力變壓器附有載換接器	
比壓器		接地比壓器	

（續）變比器類設計圖符號如下表：

名稱	符號	名稱	符號
比流器		三相 V 共用點接地	
比流器 （附有補助比流器）		三相 V 一線捲中性點接地	
比流器 （同一鐵心兩次線捲）		三相 Y 非接地	
* 整套型變比器	MOF	三相 Y 中性線直接接地	
三相三線△非接地		三相 Y 中性線經一電阻器接地	
三相三線△接地		三相四線△非接地	
套管型比流器		三相四線△一線捲中點接地	
零相比流器		三相 V 非接地	
感應電壓調整器		三相 Y 中性線經一電抗器接地	
步級電壓調整器		三相曲折接法	
比壓器 （有二次捲及三次圈）		三相 T 接線	

5. 配電箱類設計圖符號如下表：

名稱	符號	名稱	符號
* 電燈動力混合配電盤		電力分電盤	
電燈總配電盤		* 人孔	M
電燈分電盤		* 手孔	H
* 電力總配電盤			

6. 配線類設計圖符號如下表：

名稱	符號	名稱	符號
埋設於平頂混凝土內或牆內管線	$8.0^{\square}\ 22^{mm}$	導線連接或線徑線類之變換	
明管配線	$2.0\ 16^{mm}$	線路分歧接點	
埋設於地坪混凝土內或牆內管線	$5.5^{\square}\ 16^{mm}$	線管上行	
線路交叉不連結		線管下行	*
電路至配電箱	1.3	線管上及下行	
* 接戶點		接地	
導線群		電纜頭	

7. 匯流排槽類設計圖符號如下表：

名稱	符號	名稱	符號
匯流排槽		縮徑體匯流排槽	
T 型分歧匯流排槽		附有分接頭匯流排槽	
十型分歧匯流排槽		分歧點附斷電路之匯流排槽	
L 型轉彎匯流排槽		分歧點附開關及熔絲之匯流排槽	
膨脹接頭匯流排槽		往上匯流排槽	
偏向彎體匯流排槽		往下匯流排槽	

8. 電燈、插座類設計圖符號如下表：

名稱	符號	名稱	符號
白熾燈		* 緊急照明燈	
壁燈		接線盒	
* 日光燈		屋外型插座	
日光燈		防爆型插座	
* 出口燈		* 電爐插座	

（續）電燈、插座類設計圖符號如下表：

名稱	符號	名稱	符號
接地型電爐插座	⊖RG	接地型三連插座	⊕G
接線箱	P	接地型四連插座	⊕G
風扇出線口	F	*接地型專用單插座	▲G
電鐘出線口	◯ 或 C	*專用單插座	▲
單插座	⊖	專用雙插座	▲
雙連插座	⊖	接地型單插座	⊖G
三連插座	⊕	*接地型專用雙插座	▲G
四連插座	⊕	接地屋外型插座	⊖GWP
*接地型雙插座	⊖G	接地防爆型插座	⊖GEX

9. 電話、對講機、電鈴設計圖符號如下表：

名稱	符號	名稱	符號
電話端子盤箱	▬▬	外線電話出線口	◀
交換機出線口	▢◁	內線電話出線口	◁
對講機出線口	Ⓘ Ⓒ	* 電鈴	⬤
按鈕開關	⊡	* 電話或對講機管線	⊤
蜂鳴器			

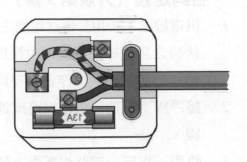

3

輸配電設備裝置規則
重點整理

一、名詞定義（外規第 3 條）

1. 供電線路：指用於傳送電能之導線及其所需之支撐或收納構造物。超過 400 伏特之訊號線在本規則中視為供電線路，400 伏特以下之訊號線係依電力傳送功能架設與操作者，視為供電線路。

2. 接戶線：指連接供電線路或通訊線路與用戶建築物或構造物接戶點間之導線。

3. 跨距：指同一線路相鄰兩支持物間之水平距離，又稱為徑間距離。於電桿者，謂之桿距；於電塔者，謂之塔距。

4. 馳度：指導線至連接該導線兩支撐點間直線之鉛垂距離。

5. 電壓分類如下：

(1) 低壓：電壓在 750 伏以下者。

(2) 高壓：電壓超過 750 伏但未滿 33,000 伏者。

(3) 特高壓：電壓在 33,000 伏以上者。

二、接地（外規第 4～17 條）

1. 直流線路之接地點依下列規定：

(1) 750 伏以下：接地連接應僅於供電站為之。在三線式直流系統中，應連接在中性導體（線）上。

(2) 超過 750 伏：

① 供電站及受電站均應接地，接地線應與系統之中性線連結。

② 接地點或接地電極得位於各站外或遠處。若二站之一中性導體（線）被有效接地，另一個可經由突波避雷器做接地連接。

2. 交流線路之接地點依下列規定：

(1) 750 伏以下

① 單相三線制之中性線。

② 單相二線制之一邊線。

③ Y 連接三相四線制之中性線。

④ 單相、二相或三相系統有照明回路者，其地線接在與照明回路共用之導線上。

⑤ 三相三線式系統非供照明使用者，不論是引接自△接線或非被接地 Y 接線之變壓器裝置，其接地連接點可為任一電路導體或為個別引

接之中性導體（線）。

⑥　接地連結應在電源側及接戶點之電源側。

(2)　超過 750 伏

①　裸導體（線）、被覆導體（線）或未遮蔽絕緣電纜應在電源中性導體（線）上作接地連接。必要時，得沿中性導體（線）另作接地連接，該中性導體（線）為系統導體（線）之一。

②　在地下電纜與架空線連接處裝有避雷器者，電纜遮蔽層其接地應牢接於避雷器之接地端。

③　無絕緣層護套之電纜，其接地連結應在電源變壓器之中性點及電纜終端點為之。

④　有絕緣外皮之電纜，儘量在電纜之絕緣遮蔽層或被覆，與系統接地之間另施作搭接及接地連接。若因電解或被覆循環電流之顧慮而無法使用多重接地之遮蔽層，遮蔽被覆與接續盒裝置均應加以絕緣，以隔離正常運轉時出現之電壓。搭接用變壓器或電抗器可以取代電纜一端之直接接地連接。

3.　吊線應被接地者，應連接至電桿或構造物處之接地導體（線），若吊線適合作系統接地導體（線），每 1600 公尺做四個接地連接。吊線不適合作系統接地導體（線）者，每 1600 公尺做八個接地連接，接戶設施之接地不計。

4.　地下接地線及其連接方式依下列規定：

(1)　直埋於地下之接地導體（線）應鬆弛佈設，或應有足夠之強度，以承受該地點正常之地層移動或下陷。

(2)　接地導體（線）上之直埋式未絕緣接頭或接續點，應以適合使用之方法施作，並有適當之耐蝕性、耐久性、機械特性及安培容量，且應將接頭或接續點之數量減至最少。

(3)　電纜接頭遮蔽層之接地系統應與其他易接近之被接地供電設備在人孔、手孔、機器房內互相連接。但採用陰極防蝕保護或遮蔽層換相連接之處所，不在此限。

5.　供電系統之接地導體（線）安培容量若同時足夠供設備接地之需要者，該導體（線）可兼作為設備接地。該設備係包括供電系統之控制及附屬元件之框架與封閉體、管線槽、電纜遮蔽層及其他封閉體。

6. 接地線之裝置依下列規定：

(1) 接地線宜無接頭，無法避免時其接頭應具備適當之防蝕及機械特性，且不得大於接地線電阻值。

(2) 避雷器之接地應取短、拉直，並避免有急彎曲。

(3) 電路啓斷裝置不得串接在接地導體（線）或其連接導體（線）上，除非其動作時可自動切離連接至有被接地之設備所有電源線。

7. 接地線容量依下列規定：

(1) 交流多重接地系統，各接地線之電流容量應爲其所引接導線電流容量之五分之一以上。

(2) 儀器用變比器之接地導體（線）：儀器外殼及儀器用變比器二次側電路之接地導體（線），應爲 3.5 平方毫米或 12 AWG 以上之銅線，或應具有相同短時安培容量之導體（線）。

(3) 避雷器之接地導體（線）應爲 14 平方毫米或 6 AWG 以上銅線，或 22 平方毫米或 4 AWG 以上鋁線。

(4) 設備、管槽、電纜、吊線、支線、被覆及其他導線用金屬封閉體之接地導體（線），應有足夠短時安培容量，可在系統故障保護裝置動作前之期間內承載故障電流。若未提供過電流或故障保護，接地導體（線）之安培容量應由電路之設計及運轉條件來決定，且應爲 14 平方毫米或 8 AWG 以上銅線。

8. 接地線之掩護及保護依下列規定：

(1) 接地導體（線）若需防護，應針對在合理情況下可能之暴露，以防護物加以保護。接地導體（線）防護物之高度應延伸至大眾可進入之地面或工作台上方 245 公分或 8 英尺以上。

(2) 作爲避雷保護設備接地導體（線）之防護物，若其完全包封接地導體（線），或其兩端未搭接至接地導體（線），此防護物應爲非金屬材料。

9. 接地電極應爲永久性裝置，且足以供相關電氣系統使用，並使用共同電極或電極系統，將電氣系統及由其供電之導體（線）封閉體與設備予以接地。此種接地可由此等設備在接地導體（線）連接點處互連達成。

10. 接地極應儘量埋入地下深處且應爲不易腐蝕之金屬或合金接地線其外表面不得有油漆或其他絕緣物。其種類如下：

(1)　接地棒：全長不得小於 240 公分，得分節。但棒與棒間之距離不得小於 180 公分，底部如遇障礙物，接地棒埋入深度得小於 240 公分或使用他種接地極。鐵或鋼接地棒之直徑不得小於 1.6 公分，外包銅、外包不銹鋼或不銹鋼接地棒之直徑不得小於 1.3 公分。

(2)　直埋裸線：直徑應大於 0.4 公分。埋入深度不得小於 30 公分，其總長度視現場實際需要決定之。直埋裸線可成直線排列或柵狀排列。

(3)　金屬板或金屬薄板：暴露於土壤之表面積不小於 0.185 平方公尺或 2 平方英尺，埋入深度不小於 1.5 公尺或 5 英尺，得作為設置電極。鐵質金屬電極之厚度不得小於 6 毫米或 0.25 英寸；非鐵質金屬電極之厚度不得小於 1.5 毫米或 0.06 英寸。

(4)　金屬條：總長不小於三 3 公尺或 10 英尺，兩面總表面積不小於 0.47 平方公尺或 5 平方英尺，埋入土壤之深度不小於 450 毫米或 18 英尺，得作為設置電極。鐵質金屬電極之厚度不得小於 6 毫米或 0.25 英寸；非鐵質金屬電極之厚度不得小於 1.5 毫米或 0.06 英寸。

(5)　金屬水管系統：廣域之地下金屬冷水管路系統可作為接地電極。但非金屬、無法承載電流之水管或有絕緣接頭之供水系統，不適合作為接地電極。

11.　接地電極連接點之接觸表面上任何不導電材質，例如琺瑯、銹斑或結垢等物質，應予以澈底刮除，以確保良好連接。

12.　接地線連接於金屬自來冷水管之接線點，應靠近水管線之進屋點或擬接地設備。如有水錶或高電阻之水管接頭裝在接線點與水管線進屋點之間，則該處應予跨接成連續之電氣通路。

13.　一次側與二次側電路利用單一導體（線）作為共用中性導體（線）者，其中性導體（線）每 1.6 公里或 1 英里至少應有四個接地連接。但用戶接戶設備處之接地連接不計。

14.　接地電阻之大小依下列規定：

(1)　用於單點被接地，即單一被接地或△系統之個別設置電極，其接地電阻應不超過 25 歐姆。

(2)　配電設備之外殼、比壓（流）器二次側保護網、保護桿及鋼桿、鋼塔等其接地電阻不得大於 100 歐姆。鋼桿、鋼塔之本身接地電阻在 100 歐姆以下時，可不必另接地線。

三、架空線路之間隔（外規第 18～38 條）

1. 架空線路之電路不得利用大地作為正常運轉下該電路任何部分之唯一導體（線）。

2. 非載流之金屬或以非載流金屬強化之支持物，包括燈柱、金屬導線管及管槽、電纜被覆、吊線、金屬框架、箱體，與設備吊架及金屬開關把手與操作桿，均應被有效接地。但裝設高度距可輕易觸及之表面在 2.45 公尺或 8 英尺以上，或已有隔離或防護之設備、開關把手及操作桿之框架、箱體及吊架，不在此限。

3. 架空線路之保護網應予接地。

4. 不同電壓等級之供電線路相互交叉或有結構物衝突時，電壓較高之線路應裝設於較高位置。

5. 架空線支持物及其上之設備與其他構物間應保持下列規定之間隔：

   (1) 與消防栓之間隔應保持 1.2 公尺以上。

   (2) 與最近軌道水平間隔保持 3.6 公尺或 12 英尺以上。

6. 架空線路建設等級之適用範圍規定如下：

   (1) 特級線路適用於跨越特殊場所，例如高速公路、電化鐵路及幹線鐵路等需要高強度設計之處。

   (2) 一級線路適用於一般場所，例如跨越道路、供電線路、通訊線路等或沿道路興建及接近民房等處。

   (3) 二級線路適用於其他不需以特級或一級強度建設之處及高低壓線之設施於空曠地區者。

7. 電壓低者不得跨越較高電壓線路。

8. 架空線路支吊線、導線及電纜與地面、道路、軌道或水面之垂直間隔如表 3-1。

9. 支吊線、導線、電纜及未防護硬質帶電組件與建築物或其他裝置間之間隔如表 3-2。

表 3-1 架空線路支吊線、導線及電纜與地面、道路、軌道或水面之垂直間隔

垂直 間隔(m) 架空線 種類　對象及 性　質	絕緣通訊導線與電纜；吊線；架空遮蔽線或架空地線(突波保護線)；被接地支線；暴露於 300 伏特以下之非被接地支線；符合第 80 條第 1 款規定之中性導體(線);符合第 78 條第 1 款規定之供電電纜	未絕緣通訊導線；符合第 78 條第 2 款或第 3 款規定 750 伏特以下之供電電纜	符合第 78 條第 2 款或第 3 款規定超過 750 伏特之供電電纜;750 伏特以下之開放式供電導線;暴露於超過 300 伏特至 750 伏特之非被接地支線	超過 750 伏特至 22k 伏之開放式供電導線;暴露於超過 750 伏特至 22k 伏之非被接地支線
支吊線、導線或電纜跨越或懸吊通過				
鐵路軌道（電氣化鐵路使用架空電車線者除外）	7.2	7.3	7.5	8.1
道路、街道及其他供卡車通行之區域	4.7	4.9	5.0	5.6
車道、停車場及巷道	4.7	4.9	5.0	5.6
其他供車輛通行之地區，例如耕地、牧場、森林、果園等土地、工業廠區、商業場區	4.7	4.9	5.0	5.6
人畜不易接近處	3.7	4.5	4.5	4.9
供行人或特定交通工具（限高 2.5 公尺以下）之空間及道路	2.9	3.6	3.8	4.4
不適合帆船航行或禁止帆船航行之水域	4.0	4.4	4.6	5.2
適宜帆船航行之水域，包括湖泊、水塘、水庫、受潮水漲落影響之域、河川、溪流 / 洪水位	1.6	1.6	2.2	2.2
平常水位	4.5	4.5	5.0	5.2
支吊線、導線或電纜沿道路架設，但不懸吊在車道上方				
道路、街道或巷道	4.7	4.9	5.0	5.6
線路下方不可能有車輛穿越之道路	4.1	4.3	4.4	5.0

表 3-2 支吊線、導線、電纜及未防護硬質帶電組件與建築物或其他裝置間之間隔

垂直間隔(m) 對象及性質 \ 架空線種類	絕緣通訊導線與電纜;吊線;架空地線(突波保護線);被接地支線;暴露於300伏特以下之非被接地支線;符合第80條第1款規定之中性導體(線);符合第78條第1款規定之供電電纜	符合第78條第2款或第3款規定750伏特以下之供電電纜	750伏特以下未防護之硬質帶電組件;未絕緣通訊導線;750伏特以下之非被接地設備外殼;暴露於超過300伏特至750伏特開放式供電導線之非被接地支線	符合第78條第2款或第3款規定超過750伏特之供電電纜;750伏特以下之開放式供電導線	超過750伏特至22k伏未防護硬質帶電組;750伏特至22k伏之非被接地設備外殼;暴露於超過750伏特至22k伏之非被接地支線	超過750伏特至22k伏之開放式供電導線
建築物						
水平 牆壁、突出物及有防護之窗戶	0.9	0.9	1.2	1.2	1.5	1.5
水平 未防護之窗戶	0.9	0.9	1.2	1.2	1.5	1.5
水平 人員可輕易進入之陽台與區域	0.9	0.9	1.2	1.2	1.5	1.5
垂直 人員無法輕易進入之屋頂或突出物上方或下方	0.9	0.9	1.2	1.2	1.5	1.5
垂直 人員可輕易進入之陽台與屋頂上方或下方	2.0	2.0	2.0	2.0	3.0	3.0
垂直 除卡車外之一般車輛可進入之屋頂	3.2	3.4	3.4	3.5	4.0	4.1
垂直 卡車可進入之屋頂	4.7	4.9	4.9	5.0	5.5	5.6
號誌、煙囪、告示板、無線電與電視天線、桶槽及未被歸類為建築物或橋梁之其他裝置						
水平 人員可輕易進入之部分	0.9	0.9	1.2	1.2	1.5	1.5
水平 人員無法輕易進入之部分	0.9	0.9	1.2	1.2	1.5	1.5
垂直 貓道或僅供單人通行之維修通道表面上方或下方	3.2	3.4	3.4	3.5	4.0	4.1
垂直 類似裝置其他部分之上方或下方	0.9	0.9	1.2	1.2	1.5	1.5

四、架空線路之機械強度（外規第 42～47 條）

1. 電桿埋入地中之深度應依表 3-3 之規定。但最大埋深不超過 3 公尺。
2. 架空地線最小尺寸不得小於 22 平方公厘裸銅線或其他具有相同截面積與強度以上之電線。
3. 架空支線最小尺寸不得小於 38 平方公厘鍍鋅鋼絞線或其他具有相同截面積與強度以上之電線。

表 3-3 架空線路電桿埋設深度

電桿長度（公尺）	埋設深度（公尺）		電桿長度（公尺）	埋設深度（公尺）	
	泥地	石塊地		泥地	石塊地
6.0	1.0	0.8	18.0	2.4	1.5
7.5	1.2	0.8	19.0	2.5	1.6
9.0	1.5	1.0	20.0	2.6	1.8
10.5	1.7	1.2	21.0	2.7	1.9
12.0	1.8	1.2	22.0	2.8	2.0
14.0	2.0	1.4	23.0	2.9	2.1
15.0	2.1	1.4	24.0	3.0	2.2
16.0	2.2	1.5	25.0	3.0	2.2
17.0	2.3	1.5			

4. 架空接地線最小尺寸不得小於 14 平方公厘銅包鋼線或其他具有相同截面、強度與電氣特性以上之電線。
5. 接戶線之長度及電線尺寸如下：
   (1) 低壓接戶線應符合下列規定：
      ① 架空單獨及共同接戶線之長度以 35 公尺為限。但如架設有困難時，得延長至 45 公尺。
      ② 連接接戶線之長度自第一支持點起以 60 公尺為限，其中每一架空線段之跨距不得超過 20 公尺。
   (2) 高壓接戶線應符合下列規定：
      ① 高壓架空接戶線之銅導線線徑不得小於 22 平方毫米或 4 AWG。
      ② 高壓接戶線之架空長度以 30 公尺為限，且不可使用連接接戶線。

五、架空線路之絕緣（外規第 48～54 條）

1.　礙子之設計應使其額定商用頻率乾燥閃絡電壓與商用頻率油中破壞電壓比值，符合我國國家標準（CNS）、國際電工技術委員會（IEC）或其他經中央主管機關認可之標準規定。若無相關規定，此比值不得超過百分之七十五。但專供大氣污染嚴重地區使用之礙子，其比值可提高至不超過百分之八十。

2.　礙子絕緣等級及額定乾燥閃絡電壓如表 3-4。

表 3-4 礙子絕緣等級及額定乾燥閃絡電壓

標稱相間電壓（kV）	礙子額定乾燥閃絡電壓（kV）	標稱相間電壓（kV）	礙子額定乾燥閃絡電壓（kV）
0.75	5	115	315
2.4	20	138	390
6.9	39	161	445
13.2	55	230	640
23.0	75	345	830
34.5	100	500	965
46	125	765	1145
69	175		

3.　使用於相間電壓超過 2,300 伏線路之礙子及其組成構件均應依照有關標準試驗之。

4.　架空電纜線路之絕緣間隔器，其外加荷重且不得超過其額定破壞強度百分之五十。

六、架空線路雜則（外規第 55～60 條）

1.　架空支持物之設置原則如下：

(1)　可隨時爬登之支持物，例如角鋼桿、鐵塔或橋梁附設物，支撐超過 300 伏特之開放式供電導體（線）者，若鄰近道路、一般人行道或人員經常聚集之場所，例如學校或公共遊樂場所，均應安裝屏障禁止閒雜人等攀爬，或貼上適當之警告標識。但支持物以高度 2.13 公尺或 7 英尺以上圍籬限制接近者，不在此限。

⑵　永久設置於支持物之腳踏釘，距地面或其他可踏觸之表面，不得小於 2.45 公尺或 8 英尺。但支持物已被隔離或以高度 2.13 公尺或 7 英尺以上圍籬限制接近者，不在此限。

⑶　導體（線）應避免以樹木或屋頂為支撐。但接戶導線於必要時得以屋頂為其支撐。

2.　支線與支架之裝置如下：

⑴　設置人行道或人員常到處之支線，其地面端應以 180 公分以上之堅固且顯眼之標誌標示之。標誌之可視度可使用與環境成對比之顏色或顏色圖案來加強。

⑵　支線鐵閂應裝設與其附掛支線載荷時之拉力方向成一直線。

3.　支線礙子之額定破壞強度至少應等於其設置處所要求之支線強度。

4.　凡支線穿過或跨越 300 伏以上之線路者，其兩端均應裝支線礙子一個。

5.　所有支線礙子或跨距吊線礙子之裝設，應使支線或跨距吊線斷落到礙子下方時，礙子底部離地面不小於 2.45 公尺或 8 英尺。

七、地下線路與地下管路（外規第 61～90 條）

1.　電纜金屬被覆層與金屬遮蔽層、導電性照明燈桿，及設備框架與箱體，含亭置式裝置之框架與箱體，均應被有效接地。

2.　包覆供電線路用導電性材質之導線管及纜線出地之防護蓋板，或其與開放式供電導線有接觸之虞者，均應被有效接地。

3.　地下供應電線之任何部分不應設計以大地為唯一導體。

4.　地下管路之敷設應以直線為原則。若需彎曲時，應有足夠之彎曲半徑，以防止電纜受損。

5.　地下管路敷設於電車軌道下方時，其間距不得小於 90 公分。

6.　埋設供電電纜期線間電壓在 750 伏特以下時，其埋設深度不得小於 600 毫米。

7.　管路敷設於街道電車軌道下方時，管路頂部距離軌道頂部不得小於 900 毫米或 36 英寸，管路穿越鐵路軌道下方時，管路頂部距離軌道頂部不得小於 1.27 公尺或 50 英寸。

8.　系統運轉電壓對地超過 2 千伏，且裝設於非金屬管路內之導線或電纜者，其設計應使遮蔽層或金屬被覆層被有效接地。

9.　電纜於傾斜或垂直敷設時，應考量抑制其可能之向下潛動。

10. 裝置供電電纜用之人孔，其圓形入口直徑不得小於 650 毫米或 26 英寸，僅含通訊電纜之人孔，或含供電電纜之人孔且有不妨礙入口之固定梯子者，其圓形入口直徑不得小於 600 毫米或 24 英寸。長方形入口之尺寸，不得小於 650 毫米或 26 英寸乘 560 毫米或 22 英寸。

11. 在人孔內施加接地之電纜金屬被覆層或遮蔽層，應連接或搭接於共同接地系統。

八、直埋電纜、出地線裝置（外規第 91～113 條）

1. 直埋供電電纜及通訊電纜之外皮，應符合國家標準（CNS）、國際電工技術委員會（IEC）標準或其他經中央主管機關認可之標準，並清楚標示。

2. 直埋供電及通訊之電纜或導線相互間，及與排水管、自來水管、瓦斯、輸送易燃性物質之其他管線、建築物基礎及蒸汽管等其他地下構造物之隔距，應維持 300 毫米或 12 英寸以上。

3. 系統運轉電壓對地超過 600 伏特之直埋電纜，應具有連續之金屬遮蔽層、被覆層或同心中性導體（線），並被有效接地。

4. 直埋電纜之上方距地面適當處，應加一層標示帶。

5. 距游泳池及其輔助設備 150 公分內不得敷設供電電纜。

6. 供電導線或電纜引出地面上依規定予以機械保護，其保護範圍延伸至地面下至少 300 毫米或 1 英尺。

7. 導線或電纜之出地應有適當之支撐，以抑制對導線、電纜或終端損害之可能。

8. 地下供電電纜終端接頭之設計應抑制濕氣滲入而有害電纜之可能。

4

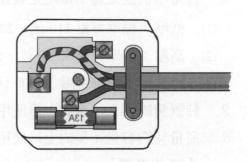

台灣電力公司營業規章
重點整理

1.　台電所供應之標準電壓定義如下：

⑴　低壓：標準電壓 110 伏、220 伏或 380 伏。

⑵　高壓：標準電壓 3,300 伏、5,700 伏、11,400 伏或 22,800 伏。

⑶　特高壓：標準電壓 34,500 伏、69,000 伏或 161,000 伏。

2.　裝置契約容量：契約上得使用之最大裝置容量（仟伏安）。

3.　需量契約容量：契約上得使用之最大用電需量（15 分鐘平均瓩數）。

【85 年考題】

4.　用電設備容量：用戶於用電場所實際裝置器具設備之瓩數。

5.　用電最高需量：需量契約容量用戶當月用電之最高負荷瓩數。

6.　申請用電按其性質分為新增設用電、廢止用電、暫停用電、變更用電及其
他等五項，各項申請用電內容如下：

⑴　新增設用電：

　　①　新設：凡未用電場所、新裝用電設備、申請開始用電、或廢止用電
與終止契約超過復電規定期限之用電場所申請重新用電。

　　②　增設：既設用戶申請增加用電設備或契約容量。

　　③　併戶：既設用戶申請合併為一戶用電。

　　④　分戶：既設用戶劃出其一部份用電設備申請另外單獨設戶用電。

　　⑤　復電：既設用戶經停電、終止契約或廢止用電，在規定期限內申請
恢復用電。

⑵　廢止用電：

既設用戶因已無用電需要或需停止用電期間將超過復電期限，申請廢止
其全部用電設備或契約容量。

⑶　暫停用電：

既設用戶申請保留用電權利，於一定期間內暫停使用其全部用電或部份
契約容量，暫停用電期限最長以二年為限。

⑷　變更用電：

　　①　器具變更：既設用戶申請變更器具種類、數量。

　　②　裝置變更：既設用戶申請將原有用電設備拆裝或移裝。

　　③　種別變更：既設用戶申請變更契約用電種別。

　　④　用途變更：既設用戶申請變更「行業分類」或「用電用途」。

⑤　過戶或地址更正：既設用戶申請更換用電人名義或用電地址。

(5)　其他：

①　檢驗：既設用戶申請檢驗電表或檢驗其屋內線。

②　電表移裝：既設用戶申請在原供電範圍內移裝電表位置。

③　開再封印：既設用戶申請拆開電表封印或再封印。

④　線路變更設置：用戶或非用戶申請遷移或變更本公司供電設備。

7.　如申請新增設用電，合計契約容量達 1.000 瓩，或建築總面積達 10,000 平方公尺者，須儘先提出新增設用電計劃書，經台電檢討供電引接方式後始通知申請人辦理正式申請用電手續。

8.　用電場所以建築物或構築範圍為單位，作為設戶標準，同一場所同一種類用電應按一戶供電。

9.　同一層樓內如用電場所以固定牆壁相互隔絕，屋內配線分開，且非屬同一所有人或用電單位時，得分別設戶。

10.　中央系統冷氣機、電梯、抽排水機、樓梯間走廊照明等公共設施用電得合併按一戶供電。

11.　裝設儲冷式中央空調系統用戶，其儲冷式中央空調系統用電，得單獨設戶供電。

12.　台灣電力公司供電方式如下：

(1)　頻率：交流 60 赫。

(2)　電壓，相數及線式：

①　包燈：低壓單相二線式 110 伏，單相二線式 220 伏或三相四線式 220/380 伏。

②　包用電力：低壓單相二線式 220 伏，三相三線式 220 伏或 380 伏。

③　表燈：低壓單相二線式 110 伏，單相二線式 220 伏，單相三線式 110/220 伏，三相三線式 220 伏，或三相四線式 220/380 伏。

④　電力或綜合用電：

低壓單相二線式 220 伏，三相三線式 220 伏，三相三線式 380 伏或三相四線式 220/380 伏。

高壓三相三線或 3,300 伏、5,700 伏、11,400 伏、22,800 伏。

特高壓三相三線式 34,500 伏、 69,000 伏、161,000 伏。

13. 在 11,400 伏或 22,800 伏地區，契約容量未滿 500 瓩者，得以 220/380 伏供電。

14. 使用電弧爐用戶，其電弧爐單具容量達 1,000 瓩者，概以特高壓供電。

15. 契約容量 5,000 瓩以上採 11,400 伏供電架空線 10,000 瓩以上採 22,800 伏供電或 40,000 瓩以上採 69,000 伏供電者架空線應以兩回線經常供電。

16. 需量契約容量以雙方約定最高需量（15 分鐘平均）為契約容量。

17. 用戶申請新增設或變更用電有下列情形之一者，應事先將用電設計資料送經本公司審定，然後興工，否則若因裝置不合標準，不安全時，本公司得拒絕供電。

    (1) 電力及綜合用電契約容量 100 瓩以上者。

    (2) 市（商）場及大樓等設備容量在 100 瓩以上，經用戶要求以低壓供電或分戶裝表供電者。

18. 用戶申請新增設或變更用電時，須經本公司檢驗合格，方予接電。本項檢驗接電手續免收費用。

19. 電度表及本公司封印不得任意拆遷、移動或更換，如有必要需經申請並由本公司認可及施工。

20. 用戶不得擅自轉供電流至原供電範圍外。

21. 單相器具每具容量不得超過下列限制：

    (1) 低壓供電：110 伏器具，電動機以一馬力，其他以 5 瓩為限；220 伏器具，電動機以三馬力，其他以 30 瓩為限。
       但無三相電源或其他特殊因素者（如窗型冷氣機），110 伏電動機得放寬至 2 馬力，220 伏電動機得放寬至 5 馬力。

    (2) 高壓供電：3,300 伏或 5,700 伏供電最大容量為 50 瓩，以線間電壓供電者為限。11,400 伏或 22,800 伏供電最大容量為 150 瓩，以線間電壓供電者為限。

22. 新增設用戶基於用電需要，有下列情形之一者，應有其建築基地或建築物內設置適當之配電場所及通道，俾裝設供電設備，如未設置，本公司得拒絕供電。

    (1) 本公司各區營業處公告實施地下配電之地區有下列情形者：

        ① 新設建築物總樓地板面積在 2000 平方公尺以上者。

        ② 新設建築物在六樓以上，且其總地板面積在 1000 平方公尺以上者。

        ③ 新增設高、低壓用戶契約容量在 100 瓩以上者。

　⑵　前款規定以外之地區有下列情形者：
　　①　新設建築在六樓以上，且總樓地板面積在 2000 平方公尺以上者。
　　②　都市計劃土地分區使用之工業區（用地）內建築物總樓地板面積在 2000 平方公尺以上者。
　　③　一般工業區內契約容量在 100 瓩以上 500 瓩以下，用戶要求採低壓供電者。
　　④　應開發單位（或用戶）要求或政府指定必須地下配電者。
　　前項所稱建築物總地板面積及層數等，均以同一建造執照內之記載為準。

23. 凡用戶有營業行為者，無論其有無營業牌照或任何組織方式，其經營處所之用電，應按營業用電價計費。

24. 線路補助費規定中之寬免長度計算，低壓和高壓用電用戶，架空線路為 50 公尺，地下管線為 10 公尺，得累積計算，同一申請案件所計寬免長度未滿 100 公尺者，架空線路或地下管線（按 100 公尺計）。

25. 低壓和高壓用電，在本公司劃定之地下配電區域內，以地下管線供電（臨時用電除外），非劃定為地下配電區域，以架空線路供電為原則。

26. 特高壓用電以架空線路供電為原則。

27. 線路變更設置費為新建線路所需工程費扣除拆回材料價值之差數。拆回材料價值按七折計算，但廢料應予剔除。差數如為負值時，由本公司免費遷移。

28. 主管機關為美化景觀，或其他需要，要求本公司將既設之架空線路改為地下管線時，其變更設置費由主管公司負責五成。

29. 在電價較低之線路上，私接電價較高之電器者即為竊電。

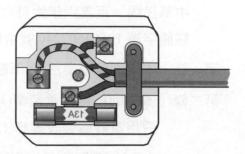

其它相關法規重點整理

電器承裝業管理
規則

用電設備檢驗維護
業管理規則

職業安全衛生法規

電業法

一、電器承裝業管理規則

中華民國一百零六年六月六日

經能字第 10604602240 號令修正

第一條　本規則依電業法(以下簡稱本法)第五十九條第七項規定訂定之。

第二條　本規則稱電器承裝業(以下簡稱承裝業)，指承裝電業供電設備及用戶用電設備裝設維修工程之業者。

　　　　中央主管機關依本規則應執行事項，得委任所屬機關或委託其他機關辦理。

　　　　本規則所訂事項，直轄市或縣(市)主管機關得委託相關電氣工程工業同業公會(以下簡稱公會)辦理。

第三條　承裝業應向所在直轄市或縣(市)主管機關登記，並於一個月內加入登記所在地之相關電氣工程工業同業公會，始得營業；相關電氣工程工業同業公會不得拒絕其加入。

第四條　承裝業之登記，分甲專、甲、乙、丙共四級，其承裝工程範圍規定如下：

　　　　一、甲專級承裝業：承裝電壓二萬五千伏特以下之電業配電外線工程，且其配電外線工程金額在新臺幣一億元以上。

　　　　二、甲級承裝業：承裝第一款以外之電業供電設備及用戶用電設備裝設維修工程。

　　　　三、乙級承裝業：承裝第一款以外之電業低壓供電設備及用戶低壓用電設備裝設維修工程。

　　　　四、丙級承裝業：承裝低壓電燈用戶用電設備裝設維修工程。

第五條　申請登記為甲專級承裝業者，應具備下列條件：

　　　　一、具有新臺幣一千萬元以上資本額及合法固定營業場所。

　　　　二、僱有符合下列第一目資格之一者十名及第二目資格之一者二十名以上人員：

　　　　　　㈠電機技師；乙級以上之配電線路裝修或配電電纜裝修職類技術士。

　　　　　　㈡電機技師；丙級以上之配電線路裝修或配電電纜裝修職類技術士。

三、具有符合下列規格之設備：

　　㈠吊升荷重在三公噸以上之移動式起重機三輛。

　　㈡昇空在三十六英呎以上之框式高空作業車四輛。

第六條　申請登記為甲級承裝業者，應具備下列條件：

一、具有新臺幣二百萬元以上資本額及合法固定營業場所。

二、僱有符合下列第一目資格之一者一名及第二目資格之一者三名
　　以上人員：

　　㈠電機技師；乙級以上之室內配線、工業配線、配電線路裝修、
　　　配電電纜裝修、輸電地下電纜裝修、輸電架空線路裝修、變
　　　壓器裝修、變電設備裝修或用電設備檢驗職類技術士；依法
　　　考驗合格取得證書之甲種電匠。

　　㈡電機技師；丙級以上之室內配線、工業配線、配電線路裝修、
　　　配電電纜裝修、輸電地下電纜裝修、輸電架空線路裝修、變
　　　壓器裝修、變電設備裝修或用電設備檢驗職類技術士；依法
　　　考驗合格取得證書之甲種或乙種電匠。

第七條　申請登記為乙級承裝業者，應具備下列條件：

一、具有新臺幣一百萬元以上資本額及合法固定營業場所。

二、僱有符合第一目資格之一者一名及第二目資格之一者一名以上
　　人員：

　　㈠電機技師；乙級以上之室內配線、工業配線、配電線路裝修、
　　　配電電纜裝修、輸電地下電纜裝修、輸電架空線路裝修、變
　　　壓器裝修、變電設備裝修或用電設備檢驗職類技術士；依法
　　　考驗合格取得證書之甲種電匠。

　　㈡電機技師；丙級以上之室內配線、工業配線、配電線路裝修、
　　　配電電纜裝修、輸電地下電纜裝修、輸電架空線路裝修、變
　　　壓器裝修、變電設備裝修或用電設備檢驗職類技術士；依法
　　　考驗合格取得證書之甲種或乙種電匠。

第八條　申請登記為丙級承裝業者，應具備下列條件：

一、具有新臺幣五十萬元以上資本額及合法固定營業場所。

二、僱有符合下列各目資格之一者一名以上人員：

㈠電機技師。

㈡丙級以上之室內配線、工業配線、配電線路裝修、配電電纜裝修、變壓器裝修、變電設備裝修或用電設備檢驗職類技術士。

㈢依法考驗合格取得證書之甲種或乙種電匠。

第九條　承裝業不得僱用下列人員，擔任裝設維修工作：

一、未符合前四條有關僱用資格規定之人員。但具有經台灣電力股份有限公司於中華民國九十八年十二月三十一日前，測驗合格之配電電纜接頭處理技術人員、配電線路裝修相等丙級技術人員或配電電纜裝修相等丙級技術人員，並領有證明文件者，不在此限。

二、因租借電機技師執照、技術士證、電匠考驗合格證而受主管機關處分之人員。

第十條　依第五條至第八條規定受僱於各級承裝業之人員，不得同時擔任電業、自用發電設備、用電設備檢驗維護業、用電場所或其他承裝業依法登記之職務。

第十一條　承裝業之負責人，具有第五條至第八條規定之受僱資格者，得自任各該級承裝業之受僱人員。

第十二條　申請承裝業登記應檢附下列文件，向地方主管機關為之：

一、申請書。

二、公司或商業登記核准之證明文件。

三、承裝業負責人身分證影本。

四、受僱人員身分證影本、符合第五條至第八條規定資格之證書正、影本及受僱同意書。

五、甲專級承裝業應附經登記所在地電氣工程工業同業公會查驗簽證之設備清冊。

第十三條　承裝業申請登記經審查合格後，發給登記執照；其登記執照格式，由中央主管機關另定之。

承裝業登記執照有效期限為五年，承裝業應於期限屆滿前，向地

方主管機關申請展延，並換領登記執照；逾期未申請展延或展延審查不合格者，原登記執照於有效期限屆滿失其效力。

前項展延審查項目，爲申請書表所載事項、最近一期完稅證明、當年度公會會員證書，及登記執照有效期限內受僱人員至少一位參加第二十條訓練或講習合格之證明文件；登記執照登載事項有變更者，承裝業得於申請展延時併同辦理。

第十四條　中央主管機關應建置承裝業相關登記事項之電腦資訊系統，供地方主管機關、當地電業及相關電氣工程工業同業公會查核或查閱。

各地方主管機關應就其辦理合格承裝業之登記管理資料，依中央主管機關所定之格式，傳送至前項電腦資訊系統；變更時，亦同。

第十五條　承裝業依第五條至第八條僱用之人員解僱或離職時，應於三個月內補足人數，並申請變更登記。

第十六條　承裝業不得轉包經辦工程。

承裝業得分包經辦工程予其他承裝業者，其分包部分之金額，不得超過經辦工程總價百分之四十。但本規則中華民國一百零四年一月二十八日修正施行前，承裝業已簽訂之工程契約約定分包經辦工程予其他承裝業者，仍適用修正施行前之規定。

甲專級承裝業承裝第四條第一項第一款之工程，限於電業自中華民國一百年一月一日以後發包之配電外線工程。

第十七條　承裝業登記執照登載事項有變更者，應自事實發生日起一個月內填具申請書，連同原登記執照及有關資料申請換發新執照。

承裝業登記執照遺失或破損不能辨識時，其負責人應聲明作廢，申請補發或換發。

第十八條　承裝業申請停業，期限不得超過一年，並應將其登記執照送繳直轄市或縣（市）主管機關核存；於申請恢復營業時，發還之。

承裝業歇業或解散時，應填具申請書，連同登記執照送直轄市或縣（市）主管機關爲廢止登記。

第十九條　承裝業受廢止登記之處分、限期改善之通知或停業者，自處分或通知送達之次日起或登記執照送繳地方主管機關核存之次日起，不得再行承裝工程。但受限期改善之通知者，其已施工而未完成

之工程，得繼續施工。

第二十條　承裝業應依照中央主管機關通知，指派其依第五條至第八條僱用之人員參加技術規範訓練或講習；訓練或講習不合格者，中央主管機關得再通知其參加訓練或講習。

第二十一條　承裝業有本法第八十四條第一項第三款、第四款或下列情形之一者，直轄市或縣（市）主管機關應視其情節輕重，通知限期改善並回報改善情形：

一、不依規定圖說施工。

二、違反第四條承裝業務範圍規定。

三、違反第九條規定。

四、違反第十條規定。

五、違反第十五條規定。

六、違反第十六條第一項規定。

七、違反第十七條規定。

第二十二條　承裝業申請登記不實者，由直轄市或縣（市）主管機關撤銷其登記。承裝業有下列情事之一者，直轄市或縣（市）主管機關得廢止其登記：

一、未經核准擅自施工因而發生危險，經法院判決有罪確定。

二、有竊電行為或與他人共同竊電，經法院判決有罪確定。

三、五年內受主管機關通知限期改善達五次。

四、經主管機關通知限期改善而改善未完成，仍參加投標或承裝新工程。

五、工程投標有違法情事，負責人經法院判決有罪確定。

六、依其公司或行號登記，經營主體已解散或不存在。

七、經中央主管機關通知三次後仍未指派依第五條至第八條僱用之人員，參加第二十條第一項技術規範訓練或講習。

八、依第五條至第八條僱用之人員解僱或離職後三個月內未補足人數，經主管機關通知限期改善，逾期仍未改善。

九、未於停業期限屆滿前，申請恢復營業。

經撤銷或廢止登記之承裝業，除前項第九款外，承裝業或其負

責人於三年內均不得重行申請承裝業登記。

第二十三條　承裝業承攬之電氣工程向電業申報竣工供電時，應檢附公會核發之申報竣工會員證明單。

第二十四條　外國承裝業依其本國法已設立登記者，得報請中央主管機關個案審議登記。

第二十五條　電匠考驗合格證登載事項有變更者，電匠應自事實發生日起一個月內，填具申請書，連同原合格證及相關資料向中央主管機關申請換發新合格證。

電匠考驗合格證遺失或破損不能辨識時，電匠得填具申請書，向中央主管機關申請補發或換發。

電匠不得將其考驗合格證租借或授權他人使用；其違反者，中央主管機關應廢止其電匠資格，並註銷其電匠考驗合格證。

第二十五之一條　本規則所定承裝業之各類登記執照及申請書表格式，由中央主管機關另定之。

第二十六條　本規則自發布日施行。

二、用電設備檢驗維護業管理規則

中華民國一百零六年六月六日經濟部經能字第 10604602210 號令修正發布名稱及全文 24 條；除第 11 條條文自一百零六年六月三十日施行外，自發布日施行

第一條　第一條業法（以下簡稱本法）第五十九條第七項規定訂定之。

第二條　中央主管機關依本規則應執行事項，得委任所屬機關或委託其他機關辦理。

本規則所定事項，直轄市或縣(市)主管機關得委託民間團體辦理。

第三條　合於下列規定之一者，得任各級電氣技術人員：

一、高級電氣技術人員：

(一)具有電機技師資格。

(二)室內配線、工業配線、配電線路裝修、用電設備檢驗或變壓器裝修職類甲級技術士技能檢定合格。

二、中級電氣技術人員：

(一)甲種電匠考驗合格。

(二)室內配線、工業配線、配電線路裝修、用電設備檢驗、變壓器裝修或變電設備裝修職類乙級技術士技能檢定合格。

(三)具有前款規定資格。

三、初級電氣技術人員：

(一)乙種電匠考驗合格。

(二)室內配線、工業配線、配電線路裝修、用電設備檢驗、變壓器裝修或變電設備裝修職類丙級技術士技能檢定合格。

(三)具有第一款或第二款規定資格。

於本法中華民國一百零六年一月十一日修正之條文施行前已向直轄市或縣（市）主管機關登記擔任電氣技術人員之現職人員，或曾辦理登記且期間超過半年之人員，於修正施行後未符合前項資格者，仍具擔任其原登記級別之電氣技術人員資格。

第四條　用電設備檢驗維護業（以下簡稱檢驗維護業）應向所在地直轄市或縣（市）主管機關登記，並於一個月內加入相關用電設備檢驗維護工程工業同業公會，始得營業；相關用電設備檢驗維護工程工業同業公會不得拒絕其加入。

第五條　申請登記為檢驗維護業者，應具備下列條件：

一、依法設立之公司組織。

二、具有新臺幣五百萬元以上資本額及合法固定營業場所。

三、僱有下列專任技術人員：

(一)電機技師一名以上。

(二)符合第三條第一項第一款規定之高級電氣技術人員一名以上。

(三)符合第三條第一項第二款規定之中級電氣技術人員二名以上。

　　　　　　　㈣符合第三條第一項第三款規定之初級電氣技術人員二名以
　　　　　　　上。

　　　　四、具有中央主管機關公告之檢驗維護業應備工具設備表所列之
　　　　　　工具設備。

　　前項第三款僱用之專任技術人員，應符合技術上與公共安全有關事
業機構應僱用技術士之業別及比率（人數）一覽表規定中，檢驗維
護業應僱用技術士之比率或人數。

　　第一項第四款之工具設備表列須進行校正者，應依其校正週期定期
校正，並製作報告。

第六條　檢驗維護業不得僱用未符合第三條規定資格之人員或因租借電機技
　　　　師執照、技術士證、電匠考驗合格證而受主管機關處分之人員，擔
　　　　任專任技術人員。

第七條　依第五條規定受僱於檢驗維護業之專任技術人員，不得同時擔任電
　　　　業、自用發電設備、電器承裝業、用電場所及其他檢驗維護業依法
　　　　登記之職務。

　　　　直轄市或縣（市）主管機關為查核前項人員是否同時擔任其他行業
　　　　之職務，得向有關機關、團體或個人請求提供有關文件及其他必要
　　　　資料。

　　　　依第十二條規定受僱於檢驗維護業之專任技術人員，不得同時擔任
　　　　電業、自用發電設備、電器承裝業、用電場所及其他檢驗維護業依
　　　　法登記之職務。

　　　　地方主管機關為查核前二項人員是否同時擔任其他行業之職務，得
　　　　向有關機關、團體或個人請求提供有關文件及其他必要資料。

第八條　檢驗維護業負責人，具有第三條規定之各級電氣技術人員資格者，
　　　　得自任專任技術人員。

第九條　申請登記檢驗維護業，應檢附下列文件，向所在地直轄市或縣（市）
　　　　主管機關為之：

　　　　一、申請書。

　　　　二、公司登記核准之證明文件。

　　　　三、檢驗維護業負責人身分證影本。

四、專任技術人員身分證影本、符合第五條及第十一條規定資格之
　　證書正、影本及以該檢驗維護業為投保單位之勞工保險投保證
　　明文件影本。

五、經用電設備檢驗維護工程工業同業公會查驗簽證之工具設備清
　　冊。

六、依第十二條規定應檢附之文件。

前項第五款之工具設備清冊，應載明工具設備之名稱、廠牌及型號；
表列須進行校正者，應載明校正日期及其有效期限，並於申請登記
及展延時，檢附有效之校正報告影本。

第十條　　檢驗維護業申請登記經審查合格後，直轄市或縣（市）主管機關應
　　　　　發給登記執照。

　　　　　檢驗維護業登記執照有效期限為五年，檢驗維護業應於期限屆滿前
　　　　　二個月，檢附下列文件，向原登記直轄市或縣（市）主管機關申請
　　　　　展延，並換領登記執照：

一、前條所定文件。

二、最近一期完稅證明。

三、當年度公會會員證書。

　　　　　檢驗維護業登記執照登載事項有變更者，得於申請前項展延時，併
　　　　　同辦理。

　　　　　檢驗維護業逾期未申請展延或展延審查不合格者，原登記執照於有
　　　　　效期限屆滿失其效力。

第十一條　檢驗維護業得接受委託用電場所一百五十處，其中特高壓部分不
　　　　　得超過十五處；特高壓及高壓合計不得超過一百零五處；超過一
　　　　　百五十處者，每增特高壓用電場所五處以內，應增僱電機技師或
　　　　　高級電氣技術人員一人，每增高壓以下用電場所十五處以內，應
　　　　　增僱中級電氣技術人員一人。

第十二條　檢驗維護業之登記維護範圍，以直轄市或縣（市）主管機關所轄
　　　　　行政區域為單位，並以其所在地相連四行政區域為限。

　　　　　行政區域內未有檢驗維護業設立登記者，其轄區內之用電場所得
　　　　　委託在其他行政區域登記之檢驗維護業負責維護之。

檢驗維護業於其維護之用電場所發生電氣事故時，除不可抗力外，應於二小時內派專任技術人員到場處理。

直轄市或縣（市）主管機關為查核前項規定，得要求檢驗維護業提供執行計畫書。

所在地於臺灣本島之檢驗維護業，申請將澎湖縣、福建省金門縣或連江縣登記為維護範圍者，應先檢附申請書及執行計畫書，向澎湖縣、福建省金門縣或連江縣政府申請同意。經其同意後，始得檢附其核發之同意文件，將澎湖縣、福建省金門縣或連江縣申請登記為維護範圍，不受第一項相連之限制；所在地於澎湖縣、福建省金門縣或連江縣之檢驗維護業，申請將臺灣本島之行政區域登記為維護範圍者，應以相連三行政區域為限。

第十三條　中央主管機關應建置檢驗維護業相關登記事項之電腦資訊系統，供直轄市或縣（市）主管機關、當地電業及相關用電設備檢驗維護工程工業同業公會查核或查閱。

各直轄市或縣（市）主管機關應將合格檢驗維護業之登記管理資料，依中央主管機關所定格式，分別傳送至前項電腦資訊系統；變更時，亦同。

第十四條　檢驗維護業有停業、歇業或解散之情事時，應通知所在地電業及委託之用電場所，並檢附申請書及相關證明文件向原登記直轄市或縣（市）主管機關申請廢止登記；未辦理廢止登記者，原登記直轄市或縣（市）主管機關得依職權或據利害關係人申請，廢止其登記。

第十五條　檢驗維護業僱用之專任技術人員有解僱或其他事由離職時，應於二個月內依下列方式之一辦理，並檢附申請書、原登記執照及相關證明文件，向原登記直轄市或縣（市）主管機關申請變更登記：

一、補足專任技術人員之人數。

二、與部分用電場所終止契約，至符合第十一條規定之維護處數。

檢驗維護業負責人未依前項規定辦理者，原登記直轄市或縣（市）主管機關得依職權或據利害關係人檢附相關證明文件申請，通知該檢驗維護業限期辦理變更登記。

第十六條　檢驗維護業不得將受委託之檢驗維護業務轉包、分包及轉託無檢驗維護業登記執照之業者承辦。

檢驗維護業不得轉包受委託之檢驗維護業務。

檢驗維護業分包金額不得超過受委託總價百分之四十。但本規則中華民國一百零四年六月三十日修正施行前，檢驗維護業已簽訂之契約約定分包業務予其他檢驗維護業者，仍適用修正施行前之規定。

第十七條　檢驗維護業登記執照登載事項有變更者，除依第十五條規定辦理外，其負責人應自事實發生日起一個月內，檢附申請書、原登記執照及相關證明文件，向原登記地方主管機關申請變更登記。檢驗維護業變更名稱者，應自完成前項變更登記日起一個月內，將其受委託檢驗維護之用電場所依縣（市）造冊，向各相關直轄市或縣（市）主管機關申請用電場所專任電氣技術人員變更登記，並繳納規費。檢驗維護業登記執照遺失或破損不能辨識時，其負責人應聲明作廢，申補發或換發。

第十八條　主管機關得通知檢驗維護業申報或提供有關資料；必要時，並得派員檢查，檢驗維護業不得規避、妨礙或拒絕。

第十九條　檢驗維護業受限期改善之通知、停業或廢止登記之處分者，自通知或處分送達之次日起或登記執照送繳直轄市或縣（市）主管機關核存之次日起，不得執行檢驗維護業務。

前項受限期改善通知者，應於限期內向直轄市或縣（市）主管機關回報改善情形，並經直轄市或縣（市）主管機關審核同意後，始得執行檢驗維護業務。

第二十條　檢驗維護業有本法第八十四條第一項第三款或下列情形之一者，直轄市或縣（市）主管機關應視其情節輕重，通知限期改善並回報改善情形：

一、未依規定檢驗維護。

二、未備置法定工具設備。

三、違反第六條規定。

四、違反第十一條規定。

五、違反第十二條規定。

六、違反第十六條第二項規定。

七、違反第十七條規定。

八、違反第十八條規定。

第二十一條　檢驗維護業申請登記不實者，由直轄市或縣（市）主管機關撤銷其登記。

檢驗維護業有下列情事之一者，直轄市或縣（市）主管機關得廢止其登記：

一、五年內受直轄市或縣（市）主管機關依前條通知限期改善達五次。

二、經直轄市或縣（市）主管機關通知限期改善而未完成改善，仍參加投標或承攬檢驗維護業務。

三、投票有違法情事，負責人經法院判決有罪確定。

四、公司已解散。

五、設立登記之工具設備未經直轄市或縣（市）主管機關核准，擅自轉讓、抵押，自直轄市或縣（市）主管機關通知補正之日起滿三個月未補正。

六、違反第十五條第一項規定，未於二個月內補齊專任技術人員或降低用電場所維護處數。

經撤銷或廢止登記之檢驗維護業，其負責人於三年內不得重行申請檢驗維護業登記。

第二十二條　外國檢驗維護業依其本國法已設立登記者，應報請中央主管機關個案審議通過後，向所在地直轄市或縣（市）主管機關辦理登記。

第二十三條　本規則所定檢驗維護業之各類登記執照、申請書表及檢驗維護業應備工具設備表等文件格式，由中央主管機關另定之。

第二十四條　本規則自發布日施行。

本規則中華民國一百零四年六月三十日修正之第十一條條文，自一百零六年六月三十日施行。

三、台灣電力公司電價表

1. 屋外公共設施之電燈及小型器具適用包燈範圍。

2. 表燈適用範圍：

　(1) 住宅之用電。

　(2) 其他非生產性質用電場所之電燈、小型器具及動力，合計容量不足 100
　　　瓩者。

　(3) 生產性質用電場所之電燈及小型器具。

3. 表燈供電方式：以交流 60 赫、單相二線式 110 或 220 伏特、單相三線式
　　110/220 伏特、三相三線式 220 伏特或三相四線式 220/380 伏特供應，但每
　　戶概以單一方式供應。

4. 表燈供電季節之劃分：

　(1) 夏月：六月一日～九月卅日。

　(2) 非夏月：夏月以外之時間。

5. 表燈底度之計算：

　(1) 單相低壓電表每安培以 2 度計算，但電表容量超出 10 安培者，概以 20
　　　度計算。

　(2) 三相低壓電表每安培以 6 度計算，但電表容量超出 10 安培者，概以 60
　　　度計算。

　(3) 單相高壓電表 3.3kV 者每安培以 60 度計算，6.6kV 者每安培以 120 度計算。

　(4) 三相高壓電表 3.3kV 者每安培以 100 度計算，5.7kV 者每安培以 180 度計
　　　算，11.4kV 者每安培以 360 度計算。

6. 表燈電費之計算：

　(1) 每月電費按實用電度照上列電價計算，但實用電度不及底度者按底度計
　　　收。

　(2) 實施隔月抄表、收費之非營業用戶，其計費之分段度數概加倍計算。

　(3) 軍事機關用電按非營業用表燈電價七折計收。

　(4) 公用路燈用電按非營業用表燈電價五折計數。

7. 以三相供應之用戶，其用電設備容量 20 瓩以上或電表容量在 60 安培以上
　　者，每月用電之平均功率因數不及百分之八十時，每低百分之一，該月份

電費應增加千分之三；超過百分之八十時，每超過百分之一，該月份電費應減少千分之一點五。

8. 低壓綜合用電適用範圍：非生產性質用電場所（裝置契約用電場所範圍之宿舍除外）之電燈、小型器具及動力，契約容量在 10 瓩以上未滿 100 瓩者。

9. 低壓綜合用電供電方式：以交流 60 赫、三相三線式 220 伏特或三相四線式 220/380 伏特供電。每戶以單一方式供電，又按綜合用電計費之場所，不得同時再有電燈或電力用電。

10. 低壓綜合用電供電時間之劃分：

  (1) 離峰時間：星期一至星期六每日深夜 10 時 30 分起至翌晨 7 時 30 分止，每日供電 9 小時。星期日全日供電。

  (2) 尖峰時間：離峰以外之時間。

11. 用戶實際裝置之器具容量超過契約容量時，超過部分概依竊電處理。

12. 需量契約用戶當月用電最高需量超出其契約容量時，超出部份在契約容量 10 ％以下部份按二倍計收基本電費。

  超過契約容量 10 ％以上部份按三倍計數基本電費。

13. 低壓電力適用範圍：生產性質用電場所之動力及附帶電燈，契約容量未滿 100 瓩者。

  其供電方式：以交流 60 赫，三相四線式 220/380 伏特供電，但每戶概以單一方式供電。

14. 按需量契約容量計費用電範圍內，各用電場所（如門市部、宿舍、食堂、福利社及廣告燈等）之電燈及小型器具得併入電力用電力供應。

15. 警報器適用包用電力供電範圍。

16. 高壓電力適用範圍：

  (1) 非生產性質用電場所之電燈、小型器具及動力，契約容量在 100 瓩以上者。

  (2) 生產性質用電場所之動力及附帶電燈，契約容量在 100 瓩以上者。

17. 高壓電力供電方式：

  (1) 以交流 60 赫，三相三線式 3,300 伏特，11,400 伏特，22,800 伏特，高壓供電，或以三相三線式 34,500 伏特，69,000 伏特、161,000 伏特高壓供電。

18. 自備 161kV 變電所受電者，其基本電費按特高壓供電電價給予 2 ％折扣。

19. 臨時用電適用範圍：

  (1) 用戶因臨時需要短期之用電。

(2) 臨時性設施之用電如建築、土木工程、展覽會等。

(3) 警報機用電與設備燈數在 30 燈以下，用電期間不超過 10 天之電燈用電，得以包制供應。其餘以表制供應。

(4) 臨時用電電價按相關用電電價 1.6 倍計收。

四、架空配電線路施工規範

㈠ 外線作業裝束法

1. 外線作業用安全帽應耐壓 20kV、耐打擊、耐穿擊。絕緣登桿鞋應耐壓 15kV，耐磨耐候性。

2. 安全帶按其使用目的分為墊帶及繫帶兩部份，兩部份無論在何時均應連成一體，不宜分開。

3. 桿上作業安全帶繫帶掛妥後，最適當之長度，為兩手水平伸出時，手掌以剛觸及電桿為宜。

4. 為工作安全起見，使用安全帶，不宜共同保管，大家共用。應以個人保管採用專用制最好。

5. 安全帶新品交貨時，應具有耐拉力強度為 80kg 以上才算合格，舊品之耐拉力最少應在 50kg 以上才能使桿上作業保持絕對安全。但須注意，即經耐拉力試驗後可能影響皮革性能，不宜做屢次試驗。

6. 安全帶掛桿之斜度，為與桿身保持較大接觸面，不宜隨便掛得過高或過低，其掛的斜度以 5° 為宜。

7. 登桿作業用安全帶之皮革，至少應每隔三個月洗擦一次，且應遠離尖銳工具或器材，收藏於通風陰涼處。已供作拉力試驗之舊皮帶不宜再使用。

8. 安全帶繫帶之總長為 1.73m(68 inch) 一端為單層而固定，另一端為雙層以資調掛桿之長度。

9. 安全帶如使用過短，行動不靈活，而過長則受槓桿原理不方便出力，且會搖動，身體所受支撐力亦大體力之消耗較多。其最適宜長度為兩手水平伸直而手掌能觸及電桿為最佳。

10. 登桿作業用安全帶之皮革上油保養時，其皮革油以動物性或植物性油為宜，切忌用礦物油脂。

11. 為避免作業時，手指及手掌受到擦傷，須經常佩用手套。各種配電作業所需最適當的手套如下：

⑴ 一般停電作業：棉手套。

⑵ 活線作業：由裡面算起⑴棉手套、⑵橡皮手套；⑶皮護套。線路電壓在 5.7kV（含 3.3kV）以上時採 10～15kV 級橡皮手套，11.4kV 時用 20～25kV 級者。

12. 橡皮手套之保養很重要，每二個月須施行耐壓試驗一次，在使用時必須隨時以空氣試驗法檢查是否有破損。

㈡ 建桿工作

1. 電桿坑孔之形式分直坑與步級坑兩種。直坑建桿強度較可靠，自應儘量採用。但用人工建桿時，直坑豎桿困難則以採用步級坑為宜。

2. 步級坑之步級數，視電桿長度不同而異，通常 7.5 公尺以下電桿用三級，12 公尺以下用四級，14 公尺以上用五級，每一步級以一直鏟深，一站腳寬約 0.3～0.5 公尺為原則。步級坑土梯斜度約 45 度為準。

3. 電桿坑孔不宜過大，但應便於操作搗土桿，通常地面處孔徑約較電桿根徑大 150 公厘為適宜。

4. 電桿坑孔切忌上大；下小，應當地面處孔徑略小而下方口徑略大為佳。

5. 電桿建豎以直坑為原則。電桿建豎於終端或轉彎應於規定之深度外再加 15 公分。採用挖土機挖掘電桿坑者，不得適用石塊地之埋設標準。

6. 電桿之建立法，可分為工程車建桿法、人工建桿法等二種。工程車建桿法最為便捷，應儘量採用之。

7. 須裝設地線之電桿，豎桿前應設好地線。如果不會增加豎桿困難，則橫擔及礙子等亦應在豎桿前裝妥，以節省桿上工作時間。

8. 電桿腳木之裝置，在終端桿應與線路成垂直。直線線路挖直坑時或小石子地可不用電桿腳木。

9. 土質較弱之處可加強使用上下腳木、雙抱腳木或十字腳木，必要時可打基樁鞏固桿基。

10. 電桿如有彎曲，則其彎曲方向應皆向受力方向或沿線路方面。

㈢ 外線接地線裝置工作

1. 鋼套電桿，鋼管電桿或鐵塔需個別施行接地其按地電阻須 10Ω以下。

2. 鋼套電桿，鋼管電桿或鐵塔上線路設備之接地需與桿塔接地分開，並應相離開 1 公尺以上。

3. CSP 變壓器 Discharge gap 不用，外殼須直接接地。

4. 以普通變壓器代用之升壓器(Booster)外殼不接地。

5. 桿上油開關、復閉器、區分器、金屬橫擔、橫擔押得不接地。

6. 特種接地如接地線單獨設施時，接地電阻應保持在 5Ω 以下為原則。

7. 11.4kV 多重接地系統之中性線，每四桿做接地一處。

8. 低壓單三線路每兩桿電桿應作一處接地。

9. 高低壓線共架時，中性線應共用為原則。共用中性線之粗細以二者中之較大者為準。

10. 11.4kV 及 5.7kV 三相四線式供電之中性線，桿上變壓器外殼及低壓線之共同接地，應採用特種接地。此乃指系統綜合接地電阻應保持在 25Ω 以下。

11. 變壓器外殼等之單一接地電阻值，仍應依外規規定保持在 75Ω 以下。

12. 接地銅板深度須 1.5M 以上，故 12M 以下電桿接地板如練紮於電桿底端周圍者深度不夠，不宜採用。

13. 輸配電線路共架時，輸電線與配電線之接地線應分開裝設，並應在桿塔相反兩側距 1 公尺以上處接地。

㈣ 支線裝置工作

1. 支線應儘可能裝設於架設電源之橫擔下方 150 公厘以內處（但受裝桿孔位限制者得為 300 公厘）。如係線架縱列裝置，則支線以裝設於上方第一與第二線架之間為原則。

2. 支線礙子之裝設，應以假定支線斷線後，礙子距地面上之高度在 2.5～3 公尺為原則。

3. 除非受地形限制外，支線與電桿所成角度θ以 45° 為原則。

4. 單（或雙）眼鐵閂裝設方位應儘可能與支線成一直線。

5. 單（或雙）眼鐵閂露出地面部份應在 250～300 公厘為原則。單眼鐵閂應使用腳木一根，雙眼鐵閂則使用腳木二根。

6. 支線紮頭應塗刷柏油以防止生銹，支線腳木應塗刷石灰藉以防腐。

7. 跨路支線對地部份之仰角（φ）應與該支線與支線桿間所構成之角（β）相等，且該角以介於 50° 至 55° 之間為最宜。

8. 支線桿上跨路支線裝置離地高度，若橫跨道路須 6.5m 以上，其他場所 5m 以上。

㈤ 裝桿工作

1. 離電桿 2m 以內範圍不宜放置材料工具等阻礙物件，桿下之石頭，磚瓦等危險物，須予以取除。

2. 腳踏在腳踏釘上，宜踏在靠電桿側，不宜踏在腳踏釘之外頭。

3. 木桿腳踏釘必要時可永久裝於桿上但地面上 2.5 公尺以下部份必須拆除。左右各腳踏釘間之上下距離約在 45 公分。角度約為 120～180 度。水泥桿腳踏釘應必要時裝設之，不可永久裝於桿上。

4. 鋼套電桿腳踏釘必要時可永久裝於桿上但地面上 2.5 公尺以下部份必須拆除。

5. 桿上工作位置之選擇，一般容易作業的工作位置為工作處位於作業者正面，高度位於胸～肩部。

6. 接近活線作業位置之選擇，須在作業動作侵入離活線高壓 600mm、低壓 300mm 以內者，應採用橡皮工具充分掩蔽。

7. 釘腳踏釘之角度在非粗桿左右相對成 180°（粗桿可釘成 120°）。一步距離隨自己小腿而定通常約為 450mm。腳踏釘釘入深度在 60mm 以上，其水平傾斜度為 5 度。

8. 橫擔之選用及裝置，原則上直線桿用單橫擔，終端桿及角桿則用雙抱橫擔。

9. 橫擔上導線超過四條時，或桿距超過 80 公尺時，應採雙抱橫擔。

10. 橫擔在電桿上之方位，應與線路成直角，但非終端裝置之角桿上，橫擔應隨線路轉彎角之平分線裝設。

11. 橫擔在電桿上之位置，應設於電桿背電源之一方，橫擔若略有彎曲，則彎曲之方向應向上或背向受力較大之一方。

12. 對豎桿工作無妨礙時，原則上橫擔及橫擔押，甚至於礙子，均應在豎桿前，在地面裝桿，以減少桿上工作之時間。

13. 裝腳礙子之綁紮，直線線路應用頂溝紮線，曲線線路則用邊溝紮線，且導線之位置，應佔用與導線合成張力方向相反之一側礙子邊溝。

14. 導線穿過軸型礙子時，直線線路本線應佔用外側礙子溝（即不靠電桿之一側），至於線路轉彎，則導線應佔用與導線合成張力方向相反之一側礙子溝。

15. 鋁線或鋼心鋁線之綁紮部份，如無保護時應用鋁紮帶包紮一層然後綁紮，其長度為 380～420mm 之間。

(六) 接戶線纜裝置

1. 除接戶電纜外，低壓接戶線應儘量採用縱列配線方式為原則。橫列配線，適用於高壓接戶線。

2. 同一桿上之單獨接戶線以不超過 4 路為原則，但實際需要使用接戶電纜者不在此限。

3. 接戶線與進屋線之接續，採用壓接為原則。共同或連接接戶線之分岐接續，採用壓接紮接為原則。

4. 接戶線桿上之支持不得採用裝腳礙子，應以軸型礙子支持之。如有裝置磁保險夾情形，並須與低壓線分別使用軸型礙子支持為原則（即不得共用同一礙子）。

5. 桿上接戶電纜之吊線支持，可與低壓中性線（接地）之支持礙子共用，不必另裝。

6. 接戶線採用 PE、PVC 線或接戶電纜等絕緣性能較高之接戶線者均免裝保護設施。

7. 屋簷裝置橫木應使其稍為傾斜，俾資雨水向外流出，避免侵入。裝置橫木時，須考慮其木紋向下，以免易於腐爛。

8. 接戶電纜之跳接線，應全部靠電桿之一側，以資留出登桿地位。

(七) 變壓器裝置

1. 變壓器其絕緣電阻：一次線圈與二次線圈以及外殼間須在 20MΩ 以上。二次線圈與外殼間須在 5MΩ 以上。

2. 吊裝變壓器之前，應先裝妥接地線，一次切斷器及避雷器等附屬設備。

3. 如三相變壓器組中單相變壓器容量不相同，不相同變壓器之共同端子保險絲或熔絲鏈額定電流按相當於最大容量單相變壓器選用。

4. 變壓器二次側不裝磁保險夾及保險絲。

(八) 避電器裝置

1. 避電器使用前，應檢查外表是否破損，接線是否鬆脫等情形，並應測其絕緣電阻其值不得小於 100MΩ。

2. 避電器引接線與本線或接地線等之連接，以採用 H 型壓接套管為原則。

3. 拿動避電器時，應手持避電器之瓷外殼或吊鐵，不可握持引接線，以免鬆脫。

4. 避電器之接地，應力求良好，在 25Ω以下，其為單獨接地時並應保持在 10Ω以下。

5. 避電器之接地線不可用鐵管掩護。

6. 油開關之裝置，在橫擔上應靠道路外側，並使操作鉤位於外側（即電桿相反之一側）。並應避免裝置於角桿，交叉桿，分岐桿，變壓器桿及其他裝桿較複雜之電桿。

7. 活線作業中為防止綁紮紮線，跳線等細小作業不小心碰觸其他導線發生危險，故紮線應先捲後使用。

8. 橡皮工具於使用後，應將其點檢清掃後在全部面上塗亞鉛華後，收藏於保存器內。

9. 定期試驗對於橡皮手套應每月施行一次，其他橡皮工具於每六個月施行一次。

10. 活線作業時地上工作人員須保持離桿 3 公尺遠的距離，並站於線路直角方向為妥。

11. 活線作業用手紮線等工作時，其手之活動範圍應保持在180°以內為宜。

12. 活線作業在登桿離最下層活線（包括低壓線）1 公尺（離頭部）時，即應停止登桿。

13. 使用線夾於活線作業中，銅線與鋁線相夾接時，銅線應於鋁線下方，並認明標示使用適當線溝。

14. 活線作業之掩蔽作業未開始前，須先裝妥安全腳踏板，其腳踏板應離活線之距離，即掩蔽作業者 1.5m～1.7m。活線作業者為 1.2m～1.4m最為妥善。

五、職業安全衛生法規

1. 勞安法規定：十五歲以上未滿十六歲之受僱從事工作者為童工。

2. 設立勞工衛生法規的目的，為防止職業災害，保障勞工安全與健康。

3. 僱用勞工時，應施行體格檢查，對於從事特別危害健康之作業者應定期施行檢查。

4. 僱用勞工一百人以上者，應設勞工安全衛生組織，30 人以上未滿 100 人者，應設勞工衛生管理員，未滿 30 人者，應設置勞工衛生管理佐。

5. 從事高溫作業勞工，每日工作時間不得超過 6 小時，並得適當之休息。

6. 從事精密作業時，局部照度不得低於 1 千米燭光，台面採色應以淡色為主。

7. 高架作業指未設平台及護欄而架空高度在 2 公尺以上及規定設置平台護欄，而架空高度在 5 公尺以上處所之作業。

8. 年齡未滿 18 歲或超過 55 歲及女工，均不得從事高架作業。

9. 高度 2 公尺以上處所之墜落防止護欄高度應維持在 75 公分以上，可承受任何方向 75 公斤以上之推力。

10. 勞工安全衛生綠十字標誌中，所稱三護為自護、互護、監護。

11. 人體電阻在手腳潮濕時為 500 歐姆-1000 歐姆，乾燥時則為數千至數萬歐姆。

12. 電擊電流對成年人而言 60-120mA，小孩 30mA 即有發生心室細動致死之可能。

13. 梯子放置時，其水平角度以 75 度為原則，上端應比所靠之物突出 60 公分。

14. 空氣中氧氣含量約 20.93 ％，少於 18 ％為缺氧環境。

15. 馬達開關係以馬力數為其額定容量，其應能啟斷電動機之最大過載電流，交流電動機為額定滿載之電流 6 倍，直流電機 4 倍。

16. 我國（CNS710 管系顏色標誌）現行規定，適用於工廠及發電廠共分四類。

    (1) 消防管系以紅色標示之，包括自動灑水系統及其它依輸送消防物料的管路系統。

    (2) 危險物料以黃色或橙色標示之，指在高溫高壓狀態或易燃易爆，毒性腐蝕性等物料。

    (3) 安全物料以綠色標示之，指雖洩出亦對人員無害之物料。

    (4) 防護物料以淺藍色標示之，系針對上述危險物料提供安全保障或救助的物料，但不含消防用物料。

17. 僱用勞工從事露天開挖作業，開挖深度在 1.5 公尺以上且有坍塌之虞者，應設擋土支撐。

18. 火藥庫應設避雷針，其含蓋角度不得大於 45 度。

19. 光源所發出的總光亮稱之為全光束，其單位為流明，如 100 瓦白熾燈及 40 瓦日光燈之全光束約各為 1300 及 2500 流明。

20. 光源在某一方面上之發光強度稱為光度，在某一立體角中有一流明的光束發出其光度稱為 1 燭光。

21. 在某一面上其單位面積內所能接受光源給予照設之光束稱為照度，由 1 平方公尺面積內所受光束為一流明之照度，稱為 1 米燭光，又稱 1 勒克司。

22. 從某一發光源發散出來之光度相同時，其發光體面積大者，其輝度則小，

又當面積相同時光度大者輝度亦大，即輝度與發光面積成反比，與發光源之光度成正比。

六、電業法(民國 108 年 05 月 22 日 修正)

第一章　通則

第一條　爲開發及有效管理國家電力資源、調節電力供需，推動能源轉型、減少碳排放，並促進電業多元供給、公平競爭及合理經營，保障用戶權益，增進社會福祉，以達國家永續發展，特制定本法。

第二條　本法用詞，定義如下：

一、電業：指依本法核准之發電業、輸配電業及售電業。

二、發電業：指設置主要發電設備，以生產、銷售電能之非公用事業，包含再生能源發電業。

三、再生能源發電業：指設置再生能源發展條例第三條所定再生能源發電設備，以銷售電能之發電業。

四、輸配電業：指於全國設置電力網，以轉供電能之公用事業。

五、售電業：指公用售電業及再生能源售電業。

六、公用售電業：指購買電能，以銷售予用戶之公用事業。

七、再生能源售電業：指購買再生能源發電設備生產之電能，以銷售予用戶之非公用事業。

八、電業設備：指經營發電及輸配電業務所需用之設備。

九、主要發電設備：指原動機、發電機或其他必備之能源轉換裝置。

十、自用發電設備：指電業以外之其他事業、團體或自然人，為供自用所設置之主要發電設備。

十一、再生能源：指再生能源發展條例第三條所定再生能源，或其他經中央主管機關認定可永續利用之能源。

十二、用戶用電設備：指用戶爲接收電能所裝置之導線、變壓器、開關等設備。

十三、再生能源發電設備：指依再生能源發展條例第三條所定，取得中央主管機關核發認定文件之發電設備。

十四、電力網：指聯結主要發電設備與輸配電業之分界點至用戶間，屬於同一組合之導線本身、支持設施及變電設備，以輸送電

能之系統。

十五、電源線：指聯結主要發電設備至該設備與輸配電業之分界點或用戶間，屬於同一組合之導線本身、支持設施及變電設備。

十六、線路：指依本法設置之電力網及電源線。

十七、用戶：指除電業外之最終電能使用者。

十八、電器承裝業：指經營與電業設備及用戶用電設備相關承裝事項之事業。

十九、用電設備檢驗維護業：指經營與用戶用電設備相關之檢驗、維護事項之事業。

二十、需量反應：指因應電力系統狀況而為電力使用行為之改變。

二十一、輔助服務：為完成電力傳輸並確保電力系統安全及穩定所需採行之服務措施。

二十二、電力排碳係數：電力生產過程中，每單位發電量所產生之二氧化碳排放量。

二十三、直供：指再生能源發電業，設置電源線，直接聯結用戶，並供電予用戶。

二十四、轉供：指輸配電業，設置電力網，傳輸電能之行為。

第三條　本法所稱主管機關：在中央為經濟部；在直轄市為直轄市政府；在縣（市）為縣（市）政府。

中央主管機關應辦理下列事項：

一、電業政策之分析、研擬及推動。

二、全國電業工程安全、電業設備之監督及管理。

三、電力技術法規之擬定。

四、電業設備之監督及管理。

五、電力開發協助金提撥比例之公告。

六、電價與各種收費費率及其計算公式之政策研擬、核定及管理。

七、其他電力技術及安全相關業務之監督及管理。

直轄市、縣（市）主管機關應辦理轄區內下列事項：

一、電業籌設、擴建及電業執照申請之核轉。

二、協助辦理用戶用電設備之檢驗。

三、電業與民眾間有關用地爭議之處理。

四、電力工程行業、電力技術人員及用電場所之監督及管理。

中央主管機關應指定電業管制機關,辦理下列事項:

一、電業及電力市場之監督及管理。

二、電業籌設、擴建及電業執照申請之許可及核准。

三、電力供需之預測、規劃事項。

四、公用售電業電力排碳係數之監督及管理。

五、用戶用電權益之監督及管理。

六、電力調度之監督及管理。

七、電業間或電業與用戶間之爭議調處。

八、售電業或再生能源發電設備設置爭議調處。

國營電業之組設、合併、改組、撤銷、重要人員任免核定管理及監督事項,由電業管制機關辦理。

於中央主管機關指定電業管制機關前,前二項規定事項由中央主管機關辦理之。

中央主管機關得邀集政府機關、學者專家及相關民間團體召開電力可靠度審議會、電業爭議調處審議會,辦理第四項第六款至第八款規定事項。

第四條　電業之組織,以依公司法設立之股份有限公司為限。但再生能源發電業之組織方式,由電業管制機關公告之。

以股份有限公司方式設立且達一定規模以上之電業,應設置獨立董事。獨立董事人數不得少於二人,且不得少於董事席次五分之一。

前項之一定規模與獨立董事資格、條件及其他相關事項之辦法,由電業管制機關定之。

第五條　輸配電業應為國營,以一家為限,其業務範圍涵蓋全國。

設置核能發電之發電業與容量在二萬瓩以上之水力發電業,以公營為限。

但經電業管制機關核准者,不在此限。

前項所稱公營,指政府出資,或政府與人民合營,且政府資金超過百分之五十者;由公營事業轉投資,其出資合計超過百分之五十者,亦同。

第六條　輸配電業不得兼營發電業或售電業，且與發電業及售電業不得交叉持股。

但經電業管制機關核准者，輸配電業得兼營公用售電業。

輸配電業兼營電業以外之其他事業，應以不影響其業務經營及不妨害公平競爭，並經電業管制機關核准者為限。

輸配電業應建立依經營類別分別計算盈虧之會計制度，不得交叉補貼。

輸配電業會計分離制度、會計處理之方法、程序與原則、會計之監督與管理及其他應遵行事項之準則，由電業管制機關定之。

為達成穩定供電目標，台灣電力股份有限公司之發電業及輸配電業專業分工後，轉型為控股母公司，其下成立發電及輸配售電公司。

第一項規定，自本法中華民國一百零六年一月十一日修正之條文公布後六年施行。但經電業管制機關審酌電力市場發展狀況，得報由行政院延後定其施行日期，延後以二次為限，第一次以二年為限；第二次以一年為限。

第二章　電力調度

第七條　電力調度，應本於安全、公平、公開、經濟、環保及能源政策等原則為之。

第八條　輸配電業應負責執行電力調度業務，於確保電力系統安全穩定下，應優先併網、調度再生能源。

輸配電業為執行前項業務，應依據電業管制機關訂定之電力調度原則，擬訂電力調度之範圍、項目、程序、規範、費用分攤、緊急處置及資訊公開等事項之規定，送電業管制機關核定；修正時亦同。

第九條　為確保電力系統之供電安全及穩定，輸配電業應依調度需求及發電業、自用發電設備之申請，提供必要之輔助服務。

輸配電業因提供前項輔助服務，得收取費用。

前項輔助服務之費用，得依電力排碳係數訂定，並經電價費率審議會審議通過。

第十條　再生能源發電業或售電業所生產或購售之電能需用電力網輸送者，得請求輸配電業調度，並按其調度總量繳交電力調度費。

輸配電業應依其轉供電能數額及費率，向使用該電業設備之再生能源發電業或售電業收取費用。

前二項費用，得依電力排碳係數訂定，並經電價費率審議會審議通過。

前項費用，得依電力排碳係數予以優惠，其優惠辦法由中央主管機關定之。

第十一條　輸配電業為電力市場發展之需要，經電業管制機關許可，應於廠網分工後設立公開透明之電力交易平台。

電力交易平台應充分揭露交易資訊，以達調節電力供需及電業間公平競爭、合理經營之目標。

第一項電力交易平台之成員、組織、時程、交易管理及其他應遵行事項之規則，由電業管制機關定之。

第十二條　電業管制機關為維護公益或電業及用戶權益，得隨時命輸配電業提出財務或業務之報告資料，或查核其業務、財產、帳簿、書類或其他有關物件；發現有違反法令且情節重大者，並得封存或調取其有關證件。輸配電業對於前項命令及查核，不得規避、妨礙或拒絕。

第三章　許可

第十三條　發電業及輸配電業於籌設或擴建設備時，應填具申請書及相關書件，報經事業所屬機關或直轄市、縣（市）主管機關核轉電業管制機關申請籌設或擴建許可。

前項許可之申請，依環境影響評估法規定需實施環境影響評估者，並應檢附環境保護主管機關完成審查或認可之環境影響評估書件。

第一項籌設或擴建許可期間為三年。但有正當理由，得於期限屆滿前，申請延展一次；其延展期限不得逾二年。

第十四條　電業管制機關為前條第一項許可之審查，除審查計畫之完整性，並應顧及能源政策、電力排碳係數、國土開發、區域均衡發展、環境保護、電業公平競爭、電能供需、備用容量及電力系統安全。

第十五條　發電業及輸配電業應於籌設或擴建許可期間內，取得電業管制機

　　　　　　關核發之工作許可證，開始施工，並應於工作許可證有效期間內，施工完竣。

　　　　　　前項工作許可證有效期間為五年。但有正當理由經電業管制機關核准延展者，不在此限。

　　　　　　發電業及輸配電業應於施工完竣後三十日內，備齊相關說明文件，報經事業所屬機關或直轄市、縣（市）主管機關核轉電業管制機關申請核發或換發電業執照。

　　　　　　前項申請，應經電業管制機關派員查驗合格，並取得核發或換發之電業執照後，始得營業。

　　　　　　售電業應填具申請書，向電業管制機關申請核發電業執照後，始得營業。

第十六條　發電業經核發籌設許可、擴建許可或工作許可證者，非經電業管制機關核准，不得變更其主要發電設備之能源種類、裝置容量或廠址。

　　　　　　前項變更之審查，準用第十四條規定。

第十七條　電業之電業執照有效期間為二十年，自電業管制機關核發電業執照之發照日起算。期滿一年前，得向電業管制機關申請延展，每次延展期限不得逾十年。

　　　　　　發電業及輸配電業電業執照依前項規定申請延展之審查，準用第十四條規定。

第十八條　輸配電業對於發電業或自用發電設備設置者要求與其電力網互聯時，不得拒絕；再生能源發電業應優先併網。但要求互聯之電業設備或自用發電設備不符合第二十五條第一項、第三項、第二十六條、第二十九條至第三十一條、第七十一條準用上開規定或第三十二條規定者，不在此限。

第十九條　電業不得擅自停業或歇業。但發電業及再生能源售電業經電業管制機關核准者，不在此限。

　　　　　　發電業及再生能源售電業應於停業前，檢具停業計畫，向電業管制機關申請核准，停業期間並不得超過一年。

　　　　　　電業應於歇業前，檢具歇業計畫，向電業管制機關申請核准，並

於歇業之日起算十五日內，將電業執照報繳電業管制機關註銷；屆期未報繳者，電業管制機關得逕行註銷。

第二十條　電業停業、歇業、未依第十七條規定申請延展致電業執照有效期限屆滿，或經勒令停止營業或廢止電業執照者，電業管制機關為維持電力供應，得協調其他電業接續經營。協調不成時，得使用其電業設備繼續供電；使用發電業之電業設備，應給予合理補償。

前項協調不成，其發電業之電業設備無法供電，輸配電業應調度電力供電；電力調度費用由該發電業支付；輸配電業並得向供電用戶收取原電價之費用。

第二十一條　電業間依企業併購法規定進行併購者，應由擬併購之電業共同檢具併購計畫書，載明併購後之營業項目、資產、負債及其資本額，向電業管制機關申請核發同意文件。

電業管制機關審議一定規模以上併購案，應會同公平交易委員會，審核電業間之併購，並適用行政程序法聽證程序之規定召開聽證會，並得依職權辦理行政調查與專業鑑定事宜。

前項所稱一定規模，由電業管制機關公告之。

第二十二條　發電業執照所載主要發電設備之能源種類、裝置容量或廠址變更者，發電業應於變更前，準用第十三條及第十五條規定辦理。

發電業違反法令經勒令停工者，電業管制機關得廢止其原有電業執照之一部或全部。

電業執照所載事項有變更時，除本法另有規定外，電業應於登記變更後三十日內，向電業管制機關申請換發電業執照。

第二十三條　電業有濫用市場地位行為，危害交易秩序，經主管機關裁罰者，電業管制機關得查核其營業資料，並令限期提出改正計畫。

電業有下列情形之一者，電業管制機關得廢止其電業執照：

一、濫用市場地位行為，危害交易秩序，經有罪判決確定。

二、有前項情形，經電業管制機關令限期提出改正計畫，逾期未提出或未依限完成改正。

三、違反法令，受勒令歇業處分，經處分機關通知電業管制機關。

第二十四條　電業籌設、擴建之許可、工作許可證、執照之核發、換發、應
　　　　　　載事項、延展、發電設備之變更與停業、歇業、併購等事項之
　　　　　　申請程序、應備書件及審查原則之規則，由電業管制機關定之。

第四章　工程

第二十五條　發電業及輸配電業應依規定設置電業設備。

　　　　　　輸配電業應建立電力網地理資訊管理系統，記載電力網線路名
　　　　　　稱、電壓、分布位置、使用狀況等相關資料，並適時更新；主
　　　　　　管機關於必要時，得通知輸配電業提供電力網相關資料，並命
　　　　　　其補充說明或派員檢查。

　　　　　　第一項電業設備之範圍、項目、配置、安全事項及其他應遵行
　　　　　　事項之規則，由中央主管機關定之。

第二十六條　電業應依規定之電壓及頻率標準供電。但其情形特殊，經中央
　　　　　　主管機關核准者，不在此限。

　　　　　　前項電壓及頻率之標準，由中央主管機關定之。

第二十七條　為確保供電穩定及安全，發電業及售電業銷售電能予其用戶
　　　　　　時，應就其電能銷售量準備適當備用供電容量，並向電業管制
　　　　　　機關申報。但一定裝置容量以下之再生能源發電業，不受此限。
　　　　　　該容量除得依本法規定自設外，並得向其他發電業、自用發電
　　　　　　設備設置者或需量反應提供者購買。前項一定裝置容量，由電
　　　　　　業管制機關定之。

　　　　　　第一項備用供電容量之內容、計算公式、基準與範圍、申報程
　　　　　　序與期間、審查、稽核、管理及其他應遵行事項之辦法，由電
　　　　　　業管制機關定之。

第二十八條　公用售電業銷售電能予其用戶時，其銷售電能之電力排碳係數
　　　　　　應符合電力排碳係數基準，並向電業管制機關申報。

　　　　　　前項電力排碳係數基準，由電業管制機關依國家能源及減碳政
　　　　　　策訂定，並定期公告。

　　　　　　第一項電力排碳係數之計算方式、申報程序與期間、審查、稽
　　　　　　核、管理及其他應遵行事項之辦法，由電業管制機關定之。

第二十九條　電業應置各種必要之電表儀器，記載電量、電壓、頻率、功率

因數、負載及其他有關事項。

第三十條　發電業及輸配電業應依規定於電業設備裝置安全保護設施。

前項安全保護設施之裝置處所、方法、維修、安全規定及其他應遵行事項之辦法，由中央主管機關定之。

第三十一條　發電業及輸配電業應定期檢驗及維護其電業設備，並記載其檢驗及維護結果。

前項檢驗與維護項目、週期及其他應遵行事項之辦法，由中央主管機關定之。

第三十二條　輸配電業或自設線路直接供電之再生能源發電業對用戶用電設備，應依規定進行檢驗，經檢驗合格時，方得接電。輸配電業或再生能源發電業對用戶已裝置之用電設備，應定期檢驗，並記載其結果，如不合規定，應通知用戶限期改善；用戶拒絕接受檢驗或在指定期間未改善者，輸配電業或再生能源發電業得停止供電。

前項之檢驗，必要時直轄市或縣（市）主管機關應協助之。

直轄市或縣（市）主管機關對於第一項之檢驗及檢驗結果得通知輸配電業或再生能源發電業申報或提供有關資料；必要時，並得派員查核，輸配電業或再生能源發電業不得規避、妨礙或拒絕。

第一項檢驗，輸配電業或再生能源發電業得委託依法登記執業之專業技師，或依第五十九條規定登記之用電設備檢驗維護業辦理之。

第一項用戶用電設備之範圍、項目、要件、配置及其他安全事項之規則，及前項檢驗之範圍、基準、週期及程序之辦法，由中央主管機關定之。

第三十三條　用戶用電容量、建築物總樓地板面積或樓層，達一定基準者，應於其建築基地或建築物內設置適當之配電場所及通道，無償提供予輸配電業裝設供電設備；其未設置者，輸配電業得拒絕供電。

前項一定基準與配電場所及通道之設置方式、要件、施工程序、

安全措施及其他相關事項之辦法，由中央主管機關會同中央建築主管機關定之。

第三十四條　發電業及輸配電業於其電業設備附近發生火災或其他非常災害時，應立即派技術員工攜帶明顯標誌施行防護；必要時，得停止一部或全部供電或拆除危險電業設備。

第三十五條　發電業及輸配電業發生各類災害、緊急事故或有前條所定情形時，應依中央主管機關所定應通報事項、時限、方式及程序之標準通報各級主管機關。

第三十六條　電業為營運、調度或保障安全之需要，得依電信法相關規定設置專用電信。

輸配電業為有效運用資源，得依第六條第二項及電信法相關規定，申請經營電信事業。

第三十七條　發電業及輸配電業設置線路與電信線路間有接近或共架需求時，得以平行、交叉或共架方式設置，並應符合間隔距離及施工規範等安全規定。

前項發電業及輸配電業之線路及電信線路平行、交叉或共架設置、間隔距離、施工安全等事項之規則，由中央主管機關會同國家通訊傳播委員會定之。

第三十八條　發電業或輸配電業因設置、施工或維護線路工程上之必要，得使用或通行公有土地及河川、溝渠、橋樑、堤防、道路、綠地、公園、林地等供公共使用之土地，並應事先通知其主管機關，依相關規定辦理。

第三十九條　發電業或輸配電業於必要時，得於公、私有土地或建築物之上空及地下設置線路，但以不妨礙其原有之使用及安全為限。除緊急狀況外，並應於施工七日前事先書面通知其所有人或占有人；如所有人或占有人提出異議，得申請直轄市或縣（市）主管機關許可先行施工，並應於施工七日前，以書面通知所有人或占有人。

輸配電業依前項規定申請許可先行施工，直轄市或縣（市）主管機關未依行政程序法第五十一條規定之處理期間處理終結者，

電業得逐向中央主管機關申請許可先行施工。

發電業設置電源線者，其土地使用或取得，準用都市計畫法及區域計畫法相關法令中有關公用事業或公共設施之規定。

發電業因設置電源線之用地所必要，租用國有或公有林地時，準用森林法第八條有關公用事業或公共設施之規定。

發電業設置電源線之用地，設置於漁港區域者，準用漁港法第十四條有關漁港一般設施之規定。

第四十條　為維護線路及供電安全，發電業及輸配電業對於妨礙線路之樹木，除其他法律另有規定外，應通知所有人或占有人於一定期間內砍伐或修剪之；於通知之一定期間屆滿後或無法通知時，電業得逐行處理。

第四十一條　前三條所訂各事項，應擇其無損失或損失最少之處所及方法為之；如有損失，應按損失之程度予以補償。

第四十二條　原設有供電線路之土地所有人或占有人，因需變更其土地之使用時，得申請遷移線路，其申請應以書面開具理由向設置該線路之發電業或輸配電業提出，經該發電業或輸配電業查實後，予以遷移，所需工料費用負擔辦法，由中央主管機關定之。

第四十三條　發電業或輸配電業對於第三十八條至第四十條所規定之事項，為避免特別危險或預防非常災害，得先行處置，且應於三日內申報所在地直轄市或縣（市）主管機關，及通知所有人或占有人。

第四十四條　發電業或輸配電業對於第三十九條至前條所規定之事項，與所有人或占有人發生爭議時，得請所在地直轄市或縣（市）主管機關處理之。

直轄市或縣（市）主管機關處理發電業或輸配電業用地爭議方式、期間及協調之準則，由中央主管機關定之。

第五章　營業

第四十五條　發電業所生產之電能，僅得售予公用售電業，或售予輸配電業作為輔助服務之用。再生能源發電業，不受此限。

再生能源發電業設置電源線聯結電力網者，得透過電力網轉供

電能予用戶。

再生能源發電業經電業管制機關核准者，得設置電源線聯結用戶並直接供電予該用戶。

前項再生能源發電業申請直接供電之資格、條件、應備文件及審查原則及其他相關事項之規則，由電業管制機關定之。

前三項規定，自本法中華民國一百零六年一月十一日修正之條文公布之日起一年內施行，並由行政院定其施行日期。但經電業管制機關審酌電力調度相關作業後，得報由行政院延後定其施行日期，延後以二次為限，第一次以一年為限；第二次以六個月為限。

第四十六條　輸配電業應規劃、興建與維護全國之電力網。

輸配電業對於用戶申請設置由電力網聯結至其所在處所之線路，不得拒絕。但有正當理由，並經電業管制機關核准者，不在此限。

輸配電業應依公平、公開原則提供電力網予發電業或售電業使用，以轉供電能並收取費用，不得對特定對象有不當之差別待遇。但有正當理由，並經電業管制機關核准者，不在此限。

第二項輸配電業所設置之線路，除偏遠地區家戶用電外，得對用戶酌收費用。

第四十七條　公用售電業為銷售電能予用戶，得向發電業或自用發電設備設置者購買電能，不得設置主要發電設備。

再生能源售電業為銷售電能予用戶，得購買再生能源發電設備生產之電能，不得設置主要發電設備。

公用售電業對於用戶申請供電，非有正當理由，並經電業管制機關核准，不得拒絕。

為落實節能減碳政策，售電業應每年訂定鼓勵及協助用戶節約用電計畫，送電業管制機關備查。電業管制機關應就售電業訂定之計畫，公布年度節約用電及減碳成果，以符合國家節能減碳目標。

第四十八條　公用售電業得訂定每月底度或依用戶所需容量收取一定費用。

公用售電業定有前項每月底度者，其用戶每月實際用電度數超過每月底度時，以實際用電度數計收。

第四十九條　公用售電業之電價與輸配電業各種收費費率之計算公式，由中央主管機關定之。

公用售電業及輸配電業應依前項計算公式，擬訂電價及各種收費費率，報經中央主管機關核定後公告之；修正時亦同。

中央主管機關訂定第一項電價及各種收費費率之計算公式前，應舉辦公開說明會；修正時亦同。

中央主管機關為辦理電價、收費費率及其他相關事項之審議及核定，得邀集政府機關、學者專家及相關民間團體召開審議會。

第五十條　公用售電業應擬訂營業規章，報經電業管制機關核定後公告實施；修正時亦同。

售電予用戶之再生能源發電業及再生能源售電業訂定之營業規章，應於訂定後三十日內送電業管制機關備查；修正時亦同。

第五十一條　經由輸配電業線路供電之用戶，應無償提供場所，以裝設電度表。

前項電度表由輸配電業備置及維護。

第五十二條　公用售電業供給自來水、電車、電鐵路等公用事業、各級公私立學校、庇護工場、立案社會福利機構及護理之家用電，其收費應低於平均電價，並以不低於供電成本為準。

公用售電業供給使用維生器材及必要生活輔具之身心障礙者家庭用電，其維生器材及必要生活輔具用電之收費，應在實用電度第一段最低單價或供電成本中採最低價者計價。

公用售電業供給公用路燈用電，其收費率應低於平均電價，並以不低於平均電燈價之半為準。

第一項所稱庇護工場、立案社會福利機構及護理之家，應經各中央目的事業主管機關認定之。

第一項收費辦法，由中央主管機關定之。

第二項身心障礙者家庭之資格認定、維生器材及生活輔具之適用範

圍及電費計算方式，由中央主管機關會同中央目的事業主管機關定之。

第五十三條　公用售電業依前條第一項至第三項規定減收之電費，得由各該目的事業主管機關編列經費支應。

第五十四條　公用售電業應全日供電。但因情況特殊，經電業管制機關核准者，得限制供電時間。

第五十五條　公用售電業因不得已事故擬對全部或一部用戶停電時，除臨時發生障礙，得事後補行報告外，應報請直轄市或縣（市）主管機關核准並公告之；其逾十五日者，直轄市或縣（市）主管機關應轉報電業管制機關核准。

第五十六條　再生能源發電業及售電業對於違規用電情事，得依其所裝置之用電設備、用電種類及其瓦特數或馬力數，按電業之供電時間及電價計算損害，向違規用電者請求賠償；其最高賠償額，以一年之電費為限。

前項違規用電之查報、認定、賠償基準及其處理等事項之規則，由電業管制機關定之。

第五十七條　政府機關為防禦災害要求緊急供電時，發電業及自用發電設備設置者應優先供電，輸配電業應優先提供調度；其用電費用，由該機關負擔。

第六章　監督及管理

第五十八條　發電業及輸配電業應置主任技術員，其資格由中央主管機關定之。

第五十九條　電器承裝業及用電設備檢驗維護業，應向直轄市或縣（市）主管機關登記，並於一個月內加入相關工業同業公會，始得營業。相關工業同業公會不得拒絕其加入。

用戶用電設備工程應交由電器承裝業承裝、施作及裝修，並在向電業申報竣工供電時，應檢附相關電氣工程工業同業公會核發之申報竣工會員證明單，方得接電。但其他法規另有規定者，不在此限。

電業設備或用戶用電設備工程由依法登記執業之電機技師設計

或監造者，其圖樣設計資料及說明書或竣工報告單送由電業審查核定時，應檢附電機技師公會核發之會員證明，方得審查核定或接電。

前項之技師，應加入執業所在地之技師公會後，始得執行電業設備或用戶用電設備工程之設計或監造等業務，技師公會亦不得拒絕其加入。

電器承裝業及用電設備檢驗維護業所聘僱從事電力工程相關工作人員，應具備下列資格之一：

一、電力工程相關科別技師考試及格，並領有技師證書者。

二、電力工程相關職類技能檢定合格取得技術士證者。

三、本法中華民國九十六年三月五日修正之條文施行前，依法考驗合格，取得證書之電匠。

本法中華民國一百零六年一月十一日修正之條文施行前已向直轄市或縣（市）主管機關登記擔任電氣技術人員之現職人員，或曾辦理登記且期間超過半年之人員，於修正施行後未符合前項資格者，仍具擔任其原登記級別之電氣技術人員資格。

電器承裝業與用電設備檢驗維護業之資格、要件、登記、撤銷或廢止登記及管理之規則，由中央主管機關定之。

第六十條 裝有電力設備之工廠、礦場、供公眾使用之建築物及受電電壓屬高壓以上之用電場所，應置專任電氣技術人員或委託用電設備檢驗維護業，負責維護與電業供電設備分界點以內一般及緊急電力設備之用電安全，並向直轄市或縣（市）主管機關辦理登記及定期申報檢驗維護紀錄。

前項電力設備與用電場所之認定範圍、登記、撤銷或廢止登記、維護、申報期限、記錄方式與管理，專任電氣技術人員之認定範圍、資格、管理及其他應遵行事項之規則，由中央主管機關定之。

第六十一條 電業設備或用戶用電設備屬中央主管機關所定工程範圍者，其設計及監造，應由依法登記執業之電機技師或相關專業技師辦理。所定工程範圍外，應由電機技師或電器承裝業辦理。但該工程僅供政府機關或公營事業機構自用時，得由該政府機關或

公營事業機構內，依法取得電機技師或相關專業技師證書者辦理設計及監造。

前項用戶用電設備工程範圍，應依本法中華民國九十四年一月十九日修正施行前既有電業實施之工程範圍為準；其修正時，中央主管機關應會商全國性電機技師公會、相關電氣工程工業同業公會及其他相關公會定之。

電業或用戶未依第一項規定辦理者，其屬於電業設備者，中央主管機關應禁止電業使用該設備；其屬於用戶用電設備者，電業對該設備不得供電。

第六十二條　電器承裝業及用電設備檢驗維護業不得有下列行為：

一、使用他人之登記執照。

二、將登記執照交由他人使用。

三、於停業期間參加投標或承攬工程。

四、擅自減省工料。

五、將工程轉包、分包及轉託無登記執照之業者。

六、工程分包超過委託總價百分之四十。

七、對於受託辦理承裝、檢驗、維護為虛偽不實之報告。

主管機關基於健全電器承裝業及用電設備檢驗維護業管理、維護公共利益及安全，或因應查核前項行為及登記資格要件之需要，得通知電器承裝業及用電設備檢驗維護業申報或提供有關資料；必要時，並得派員查核，電器承裝業及用電設備檢驗維護業不得規避、妨礙或拒絕。

第六十三條　用電場所所置之專任電氣技術人員，因執行業務所為之陳述或報告，不得有虛偽不實之情事。

第六十四條　發電業於年度分派盈餘時，按其不含再生能源發電部分之全年純益超過實收資本總額，應優先依下列規定提撥相當數額，作為加強機組運轉維護與投資降低污染排放之設備及再生能源發展之用：

一、該全年純益超過實收資本總額百分之十，未超過百分之二十五時，應提撥超過部分之半數數額。

二、該全年純益達實收資本總額百分之二十五以上時，應提撥
超過部分之全數數額。

前項數額，其半數作為加強機組運轉維護、投資降低污染排放
設備，其餘半數為投資再生能源發展之用。

第一項全年純益占實收資本總額百分之十以下時，中央主管機
關應依第三十一條檢驗維護結果，要求其進行設備改善。

發電業生產電能之電力排碳係數優於電業管制機關依第二十八
條第二項所定基準者，不適用第一項規定。

第一項加強機組運轉維護、投資降低污染排放之設備與投資再
生能源發展等經費之認定、運用、管理及監督等事項之規則，
由電業管制機關定之。

第六十五條　為促進電力發展營運、提升發電、輸電與變電設施周邊地區發
展及居民福祉，發電業及輸配電業應依生產或傳輸之電力度數
一定比例設置電力開發協助金，以協助直轄市或縣（市）主管
機關推動電力開發與社區和諧發展事宜。

前項電力開發協助金使用方式、範圍及其監督等相關事項，由
中央主管機關定之。必要時，直轄市或縣（市）主管機關得派
員查核，發電業及輸配電業不得規避、妨礙或拒絕。

再生能源發電業除風力發電及一定裝置容量以上之太陽光電發
電設備以外者，不適用本條之規定。

第一項電力開發協助金之提撥比例，第三項所稱一定裝置容量，
由中央主管機關公告之。

直轄市或縣（市）主管機關應以季報方式上網公布電力開發協
助金運用之相關資訊。

第六十六條　為落實資訊公開，電業應按月將其業務狀況、電能供需及財務
狀況，編具簡明月報，並應於每屆營業年度終了後三個月內編
具年報，分送電業管制機關及中央主管機關備查，並公開相關
資訊。

電業管制機關或中央主管機關對於前項簡明月報及年報，得令
其補充說明或派員查核。

第一項應公開之資訊、簡明月報、年報內容與格式，由電業管制機關公告之。

第六十七條　主管機關對於電業設備及第三十條第一項規定之安全保護設施，得隨時查驗；其不合規定者，應限期修理或改換；如有發生危險之虞時，並得命其停止其工作及使用。

發電業及輸配電業對於前項查驗，不得規避、妨礙或拒絕。

第七章　自用發電設備

第六十八條　設置裝置容量二千瓩以上自用發電設備者，應填具用電計畫書，向電業管制機關申請許可；未滿二千瓩者，應填具用電計畫書，送直轄市或縣（市）主管機關申請許可，轉送電業管制機關備查。

前項自用發電設備之許可、登記、撤銷或廢止登記與變更等事項之申請程序、期間、審查項目及管理之規則，由電業管制機關定之。

第六十九條　自用發電設備生產之電能得售予公用售電業，或售予輸配電業作為輔助服務之用，其銷售量以總裝置容量百分之二十為限。但有下列情形者，不在此限：

一、能源效率達電業管制機關所定標準以上者，其銷售量得達總裝置容量百分之五十。

二、生產電能所使用之能源屬再生能源者，其生產之電能得全部銷售予電業。

前項購售之契約，設置裝置容量二千瓩以上自用發電設備者應送電業管制機關備查；未滿二千瓩者應送直轄市或縣（市）主管機關備查，並將副本送電業管制機關。

第七十條　自用發電設備設置者裝設之用戶用電設備，應在其自有地區內為之。但不妨害當地電業，並經第六十八條第一項之許可機關核准者，不在此限。

自用發電設備生產之電能符合下列條件者，得透過電力網轉供自用：

一、生產電能之電力排碳係數優於電業管制機關依第二十八條第

二項所定基準。

二、屬申請共同設置自用發電設備時，共同設置人個別投資比例
應達百分之五以上。

三、生產之電能不得售予公用售電業或輸配電業。

前項自用發電設備設置者申請電力網轉供自用者，準用第十條第
一項及第四十六條第三項規定。

依第二項規定設置之自用發電設備之電源線準用第三十九條第三
項至第五項、第四十條至第四十四條之規定。

第七十一條　自用發電設備之裝置、供電、設置、防護、通報、與電信線路
共架及置主任技術員，準用第二十五條第三項、第二十六條、
第二十九條至第三十一條、第三十四條、第三十五條、第三十
七條及第五十八條規定。

第八章　罰則

第七十二條　未依第十五條規定取得電業執照而經營電業者，由電業管制機
關處新臺幣二百五十萬元以上二千五百萬元以下罰鍰，並限期
改善，情節重大者得勒令停止營業；屆期未改善或經勒令停止
營業而繼續營業者，得按次處罰。

第七十三條　輸配電業有下列情形之一者，由電業管制機關處新臺幣二百五
十萬元以上二千五百萬元以下罰鍰，並得限期改善；屆期未改
善者，得按次處罰：

一、未依第八條第一項規定負責執行電力調度。

二、未依第八條第二項規定擬訂電力調度規定，或未依核定之
內容執行調度業務，且情節重大。

第七十四條　電業有下列情形之一者，由電業管制機關處新臺幣一百五十萬
元以上一千五百萬元以下罰鍰，並得限期改善；屆期未改善者，
得按次處罰：

一、無正當理由未依第九條第一項規定提供必要之輔助服務。

二、違反第十八條規定，拒絕電力網互聯之要求。

三、違反第十九條第一項規定，未經核准而擅自停業或歇業。

四、違反第二十一條規定，未經同意而進行併購。

五、未依第二十七條第一項規定準備適當備用供電容量。

六、未依第二十八條第一項規定符合公告之電力排碳係數基準。

七、違反第四十五條第三項規定，未經核准而設置電源線直接供電予用戶。

八、違反第四十六條第一項規定，未規劃、興建或維護全國之電力網。

九、違反第四十六條第二項規定，拒絕設置由電力網聯結至用戶之線路。

十、違反第四十六條第三項規定，對特定對象有不當之差別待遇或未經許可而拒絕將電力網提供電業使用。

十一、違反第四十七條第一項及第二項規定，設置主要發電設備。

十二、違反第四十七條第三項規定，拒絕用戶之供電請求。

十三、未依第五十四條規定之時間供電。

十四、違反第五十七條規定，拒絕政府機關要求緊急供電。

十五、違反第六十四條第一項規定，未提撥相當數額，作為加強機組運轉維護與投資降低污染排放之設備及再生能源發展之用。

有前項第二款、第七款至第十五款情形之一經電業管制機關處罰，且依前項規定按次處罰達二次者，並得勒令停止營業三個月至六個月、撤換負責人或廢止其電業執照。

第七十五條　電業有下列情形之一者，由電業管制機關處新臺幣一百萬元以上一千萬元以下罰鍰，並得限期改善；屆期未改善者，得按次處罰：

一、未依第四條第二項規定設置獨立董事。

二、違反第六條第一項規定兼營其他電業、第二項規定未經核准而兼營其他事業、第三項規定未建立分別計算盈虧之會計制度或交叉補貼；或違反第四項所定準則中有關會計分離制度、會計處理之方法、程序與原則或會計監督及管理之規定，且情節重大。

三、違反第十五條第一項規定，未取得工作許可證而施工。

四、違反第十六條第一項規定，未經核准而變更其主要發電設備之能源種類、裝置容量或廠址且施工。

五、違反第二十七條第三項所定辦法中有關備用供電容量之申報程序及期間、管理之規定，且情節重大。

第七十六條　電業有下列情形之一者，由中央主管機關處新臺幣一百萬元以上一千萬元以下罰鍰，並得限期改善；屆期未改善者，得按次處罰：

一、未依第二十五條第三項所定規則中有關電業設備之範圍、項目、配置及安全事項之規定設置電業設備。

二、未依第二十六條第一項規定之電壓及頻率標準供電。

三、未依第二十九條規定置備各種必要之電表儀器。

四、未依第三十條第一項規定裝置安全保護設施。

五、未依第三十一條第一項規定定期檢驗及維護其電業設備，並記載其檢驗及維護結果。

六、違反第三十七條第二項所定規則中有關線路設置、間隔距離、施工安全之規定。

七、未依第四十九條第二項規定核定之電價或收費費率收取費用。

八、未依第五十八條規定置主任技術員。

九、未依第六十五條第一項規定設置電力開發協助金。

電業未依第四十九條第二項規定公告電價或各種收費費率，由中央主管機關處新臺幣五十萬元以上五百萬元以下罰鍰，並得限期改善；屆期未改善者，得按次處罰。

第七十七條　電業未依第六十六條第一項規定送備查或公開相關資訊，或違反第二項規定，拒絕補充說明或接受查核，由電業管制機關或中央主管機關處新臺幣一百萬元以上一千萬元以下罰鍰，並得限期改善；屆期未改善者，得按次處罰。

第七十八條　電業有下列情形之一者，由主管機關處新臺幣一百萬元以上一千萬元以下罰鍰，並得限期改善；屆期未改善者，得按次處罰：

一、未依第二十五條第二項規定建立或更新電力網地理資訊管

　　　　　　　　　　理系統、拒絕補充說明或接受檢查。

　　　　　　二、違反第六十七條第一項規定，未於期限內修理或改換不合
　　　　　　　　規定之電業設備或安全保護設施。

　　　　　　三、違反第六十七條第二項規定，規避、妨礙或拒絕查驗。

第七十九條　電業有下列情形之一者，由電業管制機關處新臺幣五十萬元以
　　　　　　上五百萬元以下罰鍰：

　　　　　　一、違反第十二條第二項規定，規避、妨礙或拒絕電業管制機
　　　　　　　　關之命令或查核。

　　　　　　二、未依第十七條第一項規定期限辦理延展。

　　　　　　三、未依第二十二條第三項規定期限申請換發電業執照。

　　　　　　有前項第一款及第三款之情形，得通知限期改善；屆期未改善
　　　　　　者，得按次處罰。

第八十條　　發電業或輸配電業未依第三十五條規定通報，由主管機關處新臺
　　　　　　幣五十萬元以上五百萬元以下罰鍰，並得限期改善；屆期未改善
　　　　　　者，得按次處罰。

　　　　　　自用發電設備設置者未依第七十一條準用第三十五條規定通報，
　　　　　　由主管機關處新臺幣二十萬元以上二百萬元以下罰鍰，並得限期
　　　　　　改善；屆期未改善者，得按次處罰。

第八十一條　電業有下列情形之一者，由直轄市或縣（市）主管機關處新臺
　　　　　　幣五十萬元以上五百萬元以下罰鍰，並得限期改善；屆期未改
　　　　　　善者，得按次處罰：

　　　　　　一、未依第三十二條第一項規定檢驗、對未經檢驗合格用戶接
　　　　　　　　電、未定期檢驗、未記載定期檢驗結果及未通知不合規定
　　　　　　　　用戶限期改善。

　　　　　　二、違反第三十二條第三項規定，規避、妨礙或拒絕申報、提
　　　　　　　　供有關資料或接受查核。

　　　　　　三、未依第三十四條規定立即派技術員工攜帶明顯標誌施行防
　　　　　　　　護。

　　　　　　四、未依第四十三條規定期限申報或通知。

　　　　　　五、未依第五十五條規定報請核准或補行報告。

六、違反第五十九條第二項規定，未查明應檢附之申報竣工會
員證明單，即允許接電。

七、違反第五十九條第三項規定，受理電業設備或用戶用電設
備工程之審查核定時，未查明應檢附之電機技師公會核發
之會員證明，即擅自審查核定或接電。

八、違反第六十五條第二項規定，未依中央主管機關訂定之方
式及範圍使用電力開發協助金，或規避、妨礙、拒絕直轄
市、縣（市）主管機關查核。

第八十二條　自用發電設備設置者有下列情形之一者，處新臺幣二十萬元以
上二百萬元以下罰鍰，並得限期改善；屆期未改善者，得按次
處罰：

一、違反第六十八條第一項規定，未經許可而設置；或違反第
二項所定規則中有關自用發電設備管理之規定，且情節重大。

二、違反第六十九條第一項規定銷售電能。

三、違反第七十條第一項規定設置用戶用電設備。

四、未依第七十一條準用第三十四條規定立即派技術員工攜帶
明顯標誌施行防護。

自用發電設備設置者有前項第一款至第三款之情形者，其裝置
容量為二千瓩以上者，由電業管制機關處罰；裝置容量未滿二
千瓩者，由直轄市或縣（市）主管機關處罰。

自用發電設備設置者有第一項第四款之情形者，由直轄市或縣
（市）主管機關處罰。

第八十三條　未辦理登記而經營電器承裝業或用電設備檢驗維護業者，由直
轄市或縣（市）主管機關處新臺幣二十萬元以上二百萬元以下
罰鍰。

有前項之情形，直轄市或縣（市）主管機關得通知限期改善，
情節重大者並得勒令停止營業；屆期未改善或不停止營業者，
得按次處罰。

第八十四條　電器承裝業或用電設備檢驗維護業有下列情形之一者，由直轄
市或縣（市）主管機關處新臺幣十萬元以上一百萬元以下罰鍰：

一、未依第五十九條第一項規定加入相關工業同業公會。

二、聘僱不符第五十九條第五項或第六項規定資格之人員從事
　　電力工程相關工作。

三、違反第六十二條第一項規定。

四、違反第六十二條第二項規定，規避、妨礙或拒絕申報、提
　　供有關資料或查核。

有前項之情形，直轄市或縣（市）主管機關得通知限期改善；
屆期未改善者，得按次處罰；有前項第一款之情形，情節重大
者，並得勒令停止營業三個月至六個月或廢止登記。

第八十五條　同業公會違反第五十九條第一項規定，拒絕業者加入者，由中
　　　　　　央主管機關處新臺幣十萬元以上一百萬元以下罰鍰，並得限期
　　　　　　改善；屆期未改善者，得按次處罰。

　　　　　　裝有電力設備之工廠、礦場、供公眾使用之建築物及受電電壓
　　　　　　屬高壓以上用電場所之負責人，違反第六十條第一項規定，未
　　　　　　置專任電氣技術人員或未委託用電設備檢驗維護業者，負責維
　　　　　　護與電業供電設備分界點以內電力設備之用電安全者，由直轄
　　　　　　市或縣（市）主管機關處新臺幣十萬元以上一百萬元以下罰鍰，
　　　　　　並得限期改善；屆期未改善者，得按次處罰及會同電業停止供電。

第八十六條　自用發電設備設置者有下列情形之一者，由中央主管機關處新
　　　　　　臺幣五萬元以上五十萬元以下罰鍰，並得限期改善；屆期未改
　　　　　　善者，得按次處罰：

一、未依第七十一條準用第二十五條第三項所定規則中有關電
　　業設備之範圍、項目、配置及安全事項之規定裝置自用發
　　電設備。

二、未依第七十一條準用第二十六條第一項規定之電壓及頻率
　　標準供電。

三、未依第七十一條準用第二十九條規定置備各種必要之電表
　　儀器。

四、未依第七十一條準用第三十條第一項規定裝置安全保護設
　　施。

五、未依第七十一條準用第三十一條第一項規定檢驗及維護其
自用發電設備並記載其檢驗及維護結果。

六、未依第七十一條準用第三十七條第一項規定設置線路。

七、未依第七十一條準用第五十八條規定置主任技術員。

第八十七條　有下列情形之一者，由直轄市或縣（市）主管機關處新臺幣一
萬元以上十萬元以下罰鍰，並得限期改善；屆期未改善者，得
按次處罰：

一、不符第五十九條第五項或第六項規定資格者從事電力工程
相關工作。

二、違反第五十九條第七項所定規則中，有關電器承裝業與用
電設備檢驗維護業管理之規定。

三、裝有電力設備之工廠、礦場、供公眾使用之建築物及受電
電壓屬高壓以上用電場所之負責人違反第六十條第一項規
定，未辦理登記或未定期申報檢驗紀錄；或違反第二項所
定規則中有關電力設備與用電場所之記錄方式、管理或專
任電氣技術人員之管理、其他應遵行事項之規定。

四、專任電氣技術人員違反第六十三條規定。

有前項第三款之情形，直轄市或縣（市）主管機關並得會同電
業對該負責人未辦理登記或未定期申報檢驗紀錄之用電場所停
止供電。

第九章　附則

第八十八條　為減緩電價短期大幅波動對民生經濟之衝擊，中央主管機關得
設置電價穩定基金。

前項基金之來源如下：

一、公用售電業年度決算調整後稅後盈餘超過合理利潤數。

二、政府循預算程序之撥款。

三、電業捐助。

四、企業捐助。

五、基金之孳息。

六、其他有關收入。

第八十九條　發電業設有核能發電廠者，於其核能發電廠營運期間，應提撥充足之費用，充作核能發電後端營運基金，作為放射性廢棄物處理、運送、貯存、最終處置、除役及必要之回饋措施等所需後端處理與處置費經費。

　　　　　　前項費用之計算公式、繳交期限、收取程序及其他應遵行事項之辦法，由中央主管機關定之。

第九十條　　中央主管機關得成立財團法人電力試驗研究所，以專責進行電力技術規範研究、電力設備測試、提高電力系統可靠度及供電安全。

第九十一條　中央主管機關應就國家整體電力資源供需狀況、電力建設進度及節能減碳期程，提出年度報告並公開。

第九十二條　本法中華民國一百零六年一月十一日修正之條文施行前，取得電業執照者，應於修正施行後六個月內，申請換發電業執照；屆期未辦理或已辦理而仍不符本法規定者，其原領之電業執照，應由電業管制機關公告註銷之；經註銷後仍繼續營業者，依第七十二條規定處罰。

第九十三條　本法中華民國一百零六年一月十一日修正之條文施行前，經營發電業務，經核定為公用事業之發電業者，其因屬公用事業而取得之權利，得保障至原電業執照營業年限屆滿為止。

第九十四條　電業於本法中華民國一百零六年一月十一日修正之條文施行前訂立之營業規則及規章，與本法規定不符者，應於修正施行後六個月內修正之。

第九十五條　政府應訂定計畫，積極推動低放射性廢棄物最終處置相關作業，以處理蘭嶼地區現所貯放之低放射性廢棄物，相關推動計畫應依據低放射性廢棄物最終處置設施場址設置條例訂定。

第九十六條　自本法中華民國一百零六年一月十一日修正之條文施行日起，民營公用事業監督條例有關電力及其他電氣事業之規定，不再適用。

第九十七條　本法除已另定施行日期者外，自公布日施行。

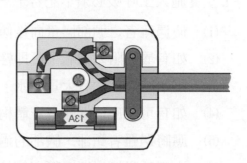

6

急救法重點整理

1. 實施人工呼吸必須牢記若干一般性的注意事項如下：

   (1) 使遇難者之頭部儘量向後傾，以免舌根阻塞氣道。

   (2) 如有異物阻塞喉嚨，應即輕打遇難者兩肩胛骨或用手清除障礙。

   (3) 溺水時胃部如有大量積水，應先使它吐出。

   (4) 如有可能應使遇難者身體稍微傾斜，俾使呼吸氣道內的穢物便於流出。

   (5) 應將遇難者頸部、胸部的過緊衣鈕鬆開。

   (6) 人工呼吸應繼續不斷有節律地實施，直到恢復正常呼吸或醫生宣告患者死亡為止。如患者已能自行呼吸即應調節人工呼吸動作使與一致，切勿阻止其呼吸企圖。

   (7) 短暫的回復正常呼吸並非停止救護的信號。許多患者在暫時回復呼吸之後又再停止呼吸，故必須予以守護，如發現停止自然呼吸即應繼續實施人工呼吸。

   (8) 在患者恢復全部知覺以前切忌由口中飲入任何流質食物。

   (9) 如因天氣極端惡劣或其他原因導致必須搬移患者時，應在呼吸正常之前移動之，移定後即繼續實施人工呼吸。

   (10) 速打電話或請醫生急救。

2. 桿上人工呼吸法速率每分鐘約 10 次。

3. 俯式人工呼吸法（舉臂壓背法）每分鐘速率約 12 次。

4. 口對口人工呼吸吹氣數，大人應每分鐘 12 次，小孩則為 20 次。

5. 心臟按摩法每分鐘約 60～70 次，反覆進行急救。

6. 心臟按摩法與口對口人工呼吸法合併使用，搶救人為一人時，每秒一次的速度先壓 15 次以後，再吹氣 2 次，反覆實施。

7. 心臟按摩法與口對口人工呼吸法合併使用，搶救人二人時，一人每壓 15 次，另一人則吹氣 2 次之速度，反覆實施。

8. 發現傷者有血自衣內滲出時應先將衣服剪開，不可剝脫衣服尋找傷口，以免剝脫時反覆搖動加重傷勢。

9. 動脈血鮮紅，呈波狀噴出，須以壓迫固定之止血點始能有效。

10. 靜脈血暗紫色，徐緩流出，因壓力小，大多可直接壓迫傷口而止血。

11. 止血帶每隔 15 分鐘緩解一次，以便血液循環周流患肢。

12. 僅有骨骼折斷，而未穿通皮肉，稱單純骨折。若穿通皮肉則稱複雜骨折。

13. 複雜骨折應將傷口蓋以消毒紗布，絕不可以未消毒物品接觸傷口。如醫生

不能到場，而須轉運傷者，應先將患肢加綁「副木」以後始可轉運。而且骨折處不得捆縛。

14. 面部蒼白、皮膚濕冷、呼吸急促、脈搏很快，為休克症狀。

15. 休克或昏厥患者以保持安靜最重要，患者清醒後常覺口渴，可予飲水，但是腹部受傷時不可飲用。

16. 紅斑性灼傷屬第一度灼傷，一兩天即不感疼痛。水泡性灼傷屬第二度灼傷，易遭細菌感染。壞死性灼傷屬第三度灼傷，皮膚腐爛。碳化性灼傷屬第四度灼傷，屬最嚴重之灼傷。

17. 成人第二度以上的灼傷超過全身表面積約 40 ％，小孩 30 ％時，即有生命的危險。第二度灼傷範圍在 10 ％以上時，即須住院治療。

18. 灼傷急救之第一件重要事情，即為防止細菌的感染。

19. 外傷急救，若傷口有泥土等髒物，可使用雙氧水先洗乾淨，盡快在六小時內送外科醫治以免細菌感染。

20. 除皮膚擦傷外，在一般的開放性外傷，不可塗敷油質膏藥，例如「盤尼西林」之類軟膏。

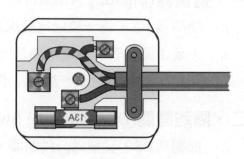

保護設備重點整理

一、避雷器(Lighting Arrester)

1. 簡稱為 LA，為一種過電壓保護設備。
2. 主要由瓷套管、放電間隙及閥元件所組成。
3. 正常狀態下多絕緣，當電路遭雷擊時，能將異常之高電壓導入大地。

二、隔離開關(Disconnecting Switch)

1. 簡稱為 DS，又稱為分段開關，只能在無載情況下，作啟斷操作，其主要功能為連絡或隔離線路之用，並無切斷線路電流能力。
2. 欲接通電線路送電時，須先關上隔離開關，再關上斷路器。
3. 欲切斷線路維修時，須先打開斷路器，再打開隔離開關。

三、電力熔絲(Power Fuse)

1. 簡稱為 PF，使用於 3.3kV 以上的線路，常做為變壓器的一次側保護。
2. 限流型電力熔絲：當系統發生短路，在短路電流達到最高值前，即自行熔斷，以限制短路電流。
3. 非限流型電力熔絲：當短路電流通過正弦 1/2 週期後，在電流等於零時，才啟斷線路。

四、熔絲鏈開關(Primary Cutout Switch)

1. 簡稱為 PCS，常用於變壓器一次側保護用。
2. 具有遮斷與自動脫離之隔離功能，有載下不得開啟。
3. 熔斷時會產生火花，所以僅能用於屋外或無爆炸性物質之地方。

五、斷路器(Circuit Breaker)

1. 簡稱為 CB，除能在正常送電情況下，作電路之開啟與關閉外；並能在過載或短路之故障發生時，迅速的打開電路，達到保護之作用。
2. 依消弧介質與方法之不同可分為：
   (1) 油斷路器(OCB)：採用絕緣油冷卻消弧，同時作為對地之絕緣介質。
   (2) 少油量斷路器(MCB)：採用絕緣油冷卻消弧，另外以礙子作為對地絕緣之介質，絕緣油用量約 OCB 的十分之一。
   (3) 磁吹式斷路器(MBB)：利用電磁力及去離子之方式消弧。
   (4) 氣衝式斷路器(ACB)：係利用壓縮空氣消弧。
   (5) 真空斷路器(VCB)：係利用真空消弧。

⑹ SF₆斷路器(GCB)：係利用六氟化硫消弧。

六、保護電驛

1. 過電流電驛(Over Current Relay)

⑴ 簡稱 CO，做為電力設備相間故障、接地故障或過載之保護用。

⑵ 當線路超過其電流設定值時，即動作。

2. 過電壓電驛(Over Voltager Rlay)

⑴ 簡稱 OV，做過電壓事故保護用。

⑵ 當系統電壓上升到 120 ％以上時，電驛即動作，將電路打開，使設備不會遭到破壞。

3. 低電壓電驛(Under-Voltage Relay)

⑴ 簡稱 UV，做停電及異常低電壓事故保護用。

⑵ 保護電動機，以免電機因電壓太低，無法正常運轉，以致引起大電流，燒燬電動機。

4. 小勢力過電流電驛(Low Energy Over Current Relay)

⑴ 簡稱 LCO，做為三相四線式多重接地系統之接地保護用。

⑵ 與 CO 之構造原理相同，其差異為始動電流值較小。

5. 欠相保護電驛(Open Phase Relay)

⑴ 簡稱 PH，可檢知電源端是否發生欠相情形。

⑵ 電源端有一線斷路時，即會使負載於單相電源下操作，因而造成過載燒燬，為防止此種現象，即須使用 PH。

⑶ 負載端之欠相檢測，須使用 3E 電驛 or SE 電驛才能達到保護作用。

6. 差動電驛(Differential Relay)

⑴ 簡稱 DR，主要用於發電機或變壓器內部故障之檢知。

⑵ 係利用二種或二種以上電氣量之向量差，大於設定值時，即可使電驛動作。

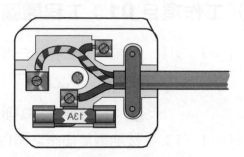

8

學科試題

工作項目 01：工程識圖繪製

(3) 1.　電工儀表上指示三相交流之符號為

　　　①⎓　②⎕　③≈　④∿。

　　　解：符號分別為①垂直放置、②水平放置、④交直流兩用。

(4) 2.　接地型雙插座之屋內配線設計圖符號為

　　　①⊖　②▲G　③⊖RG　④⊖G 。

　　　解：符號分別為①雙連插座、②接地型專用單插座、③接地型
　　　　　電爐插座。

(4) 3.　瓦時計之屋內配線設計圖符號為

　　　① (KWD)　② (W)　③ (KVAR)　④ (WH) 。

　　　解：符號分別為①瓩需量計、②瓦特計、③仟乏計。

(3) 4.　專用雙插座之屋內配線設計圖符號為

　　　①▲G　②⊖　③▲　④▲ 。

　　　解：符號分別為①接地型專用雙連插座、②雙連插座、④專用
　　　　　單插座。

(4) 5.　電鈴之屋內配線設計圖符號為

　　　①◁　②•　③▭⟋　④◖ 。

　　　解：符號分別為①電話端子台、②按鈕開關、③蜂鳴器。

(1) 6.　✐左圖所示符號為屋內配線設計圖之

　　　①線管下行　②線管上行　③電路至配電箱　④出線口。

(2) 7.　✂左圖所示符號為屋內配線設計圖之　①電力熔絲　②拉出型空

　　　氣斷路器　③拉出型電力斷路器　④負載啟斷開關。

(1) 8.　(51N)左圖所示符號為屋內配線設計圖之　①過流接地電驛

　　　②接地保護電驛　③方向性接地電驛　④差動電驛。

　　　解：接地保護電驛 (GR)、方向性接地電驛 (SG)、差動電驛 (DR)。

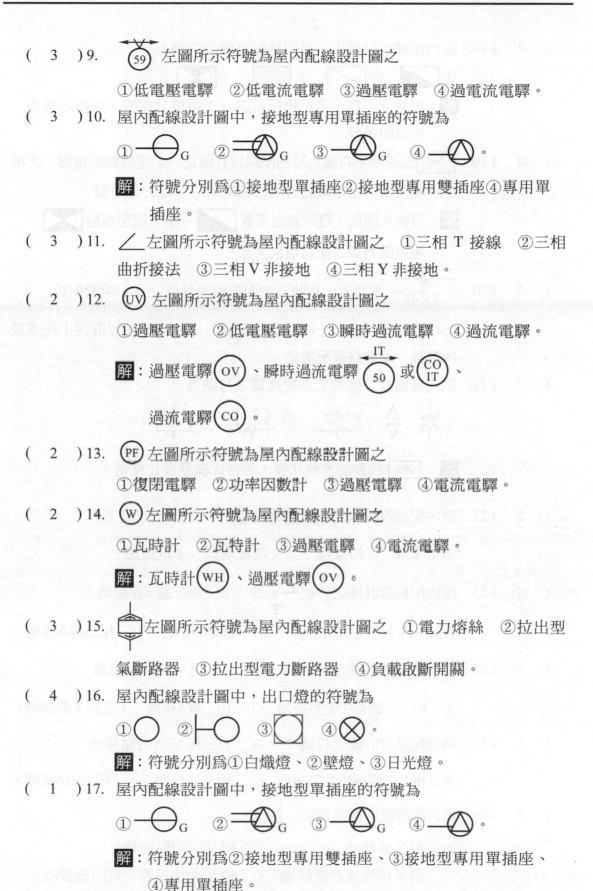

(3) 9. 左圖所示符號為屋內配線設計圖之

①低電壓電驛　②低電流電驛　③過壓電驛　④過電流電驛。

(3) 10. 屋內配線設計圖中，接地型專用單插座的符號為

①　②　③　④。

解：符號分別為①接地型單插座②接地型專用雙插座④專用單插座。

(3) 11. 左圖所示符號為屋內配線設計圖之　①三相 T 接線　②三相曲折接法　③三相 V 非接地　④三相 Y 非接地。

(2) 12. UV 左圖所示符號為屋內配線設計圖之

①過壓電驛　②低電壓電驛　③瞬時過流電驛　④過流電驛。

解：過壓電驛 (OV)、瞬時過流電驛 IT 50 或 CO IT、過流電驛 (CO)。

(2) 13. PF 左圖所示符號為屋內配線設計圖之

①復閉電驛　②功率因數計　③過壓電驛　④電流電驛。

(2) 14. W 左圖所示符號為屋內配線設計圖之

①瓦時計　②瓦特計　③過壓電驛　④電流電驛。

解：瓦時計 (WH)、過壓電驛 (OV)。

(3) 15. 左圖所示符號為屋內配線設計圖之　①電力熔絲　②拉出型氣斷路器　③拉出型電力斷路器　④負載啟斷開關。

(4) 16. 屋內配線設計圖中，出口燈的符號為

①　②　③　④。

解：符號分別為①白熾燈、②壁燈、③日光燈。

(1) 17. 屋內配線設計圖中，接地型單插座的符號為

①　②　③　④。

解：符號分別為②接地型專用雙插座、③接地型專用單插座、④專用單插座。

（　4　）18. 屋內配線設計圖中，電力總配電盤的符號為

①▨　②▱　③▩　④⊠　。

解：符號分別為①電燈總配電盤、②電燈分電盤、③電燈動力混合配電盤。

（　4　）19. ⊠左圖所示符號為屋內配線設計圖之　①電燈總配電盤　②電力總配電盤　③電燈動力混合配電盤　④電力分電盤。

解：符號分別為，電燈總配電盤▨、電力總配電盤⊠、電燈動力混合配電盤▩。

（　3　）20. $\overset{\text{///}}{\underset{5.5\ \square\ 16^{mm}}{---}}$ 左圖所示符號為屋內配線設計圖之　①明管配線　②埋設於平頂混泥土內或牆內管線　③埋設於地坪混泥土內或牆內管線　④電路至配電箱。

（　4　）21. 屋內線路設計圖整套型變比器之符號為

①　②　③　④ MOF 。

解：MOF 為整套型變比器，包含比流器及比壓器。

（　2　）22. 屋內配線設計圖之符號 $\frac{A}{C}$ 為

①電風扇　②冷氣機　③交流安培計　④電動機。

（　4　）23. 屋內配線設計圖之符號 為　①三相三線Δ非接地　②三相V共用點接地　③三相四線Δ非接地　④三相三線Δ接地。

（　2　）24. 屋內配線設計圖之符號 為　①三相 V 共用點接地　②三相V一線捲中性點接地　③三相三線Δ接地　④三相V非接地。

（　1　）25. 屋內配線設計圖之符號 為　①三相 V 共用點接地　②三相V一線捲中性點接地　③三相V非接地　④三相三線Δ接地。

（　3　）26. 屋內配線設計圖之符號 為

①三相 Y 非接地　　　②三相 V 共用點接地
③三相 Y 中性線直接接地　④三相 Y 中性線經一電阻器接地。

(2) 27. 屋內配線設計圖之符號 為　①電力熔絲　②熔斷開關　③負載啟斷開關　④負載啟斷開關附熔絲。

(4) 28. 屋內配線設計圖之符號 為　①接地　②避雷針　③電容器　④避雷器。

(3) 29. 屋內配線設計圖之符號 VS 為　①控制開關　②安全開關　③伏特計用切換開關　④安培計用切換開關。

(4) 30. 屋內配線設計圖之符號 AS 為　①控制開關　②安全開關　③伏特計用切換開關　④安培計用切換開關。
解：控制開關 CS 、伏特計用切換開關 VS 。

(4) 31. 屋內配線設計圖之符號 (VARH) 為　①瓦特計　②瓦時計　③頻率計　④乏時計。

(1) 32. 屋內配線設計圖之符號 為　①電燈總配電盤　②電力總配電盤　③電燈分電盤　④電力分電盤。
解：符號分別為②電力總配電盤 、③電燈分電盤 、④電力分電盤 。

(3) 33. 屋內配線設計圖之符號 為　①電燈總配電盤　②電力總配電盤　③電燈分電盤　④電力分電盤。
解：符號分別為①電燈總配電盤 、②電力總配電盤 、④電力分電盤 。

(13) 34. 下列哪些為屋內配線設計圖之開關類設計圖符號？
①　A.C.B　②(W)　③　④(M)。
解：①空氣斷路器、③隔離開關。

(234) 35. 下列哪些為屋內配線設計圖之開關類設計圖符號？
① M　②　N.F.B　③ VS　④。
解：②無熔絲開關、③伏特計用切換開關、④接觸器。

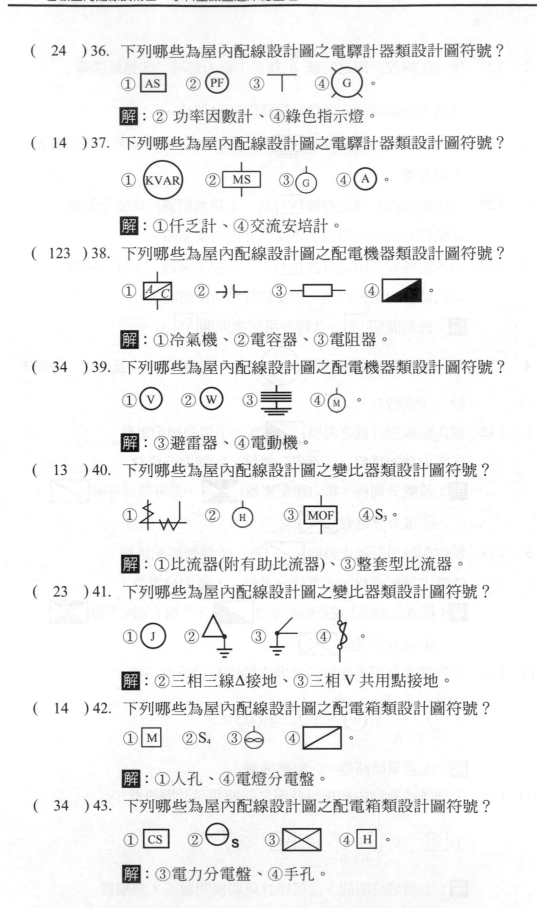

(24) 36. 下列哪些為屋內配線設計圖之電驛計器類設計圖符號？
① AS ② PF ③ ④ G 。

解：② 功率因數計、④ 綠色指示燈。

(14) 37. 下列哪些為屋內配線設計圖之電驛計器類設計圖符號？
① KVAR ② MS ③ G ④ A 。

解：① 仟乏計、④ 交流安培計。

(123) 38. 下列哪些為屋內配線設計圖之配電機器類設計圖符號？
① A/C ② ③ ④ 。

解：① 冷氣機、② 電容器、③ 電阻器。

(34) 39. 下列哪些為屋內配線設計圖之配電機器類設計圖符號？
① V ② W ③ ④ M 。

解：③ 避雷器、④ 電動機。

(13) 40. 下列哪些為屋內配線設計圖之變比器類設計圖符號？
① W ② H ③ MOF ④ S₃。

解：① 比流器(附有助比流器)、③ 整套型比流器。

(23) 41. 下列哪些為屋內配線設計圖之變比器類設計圖符號？
① J ② ③ ④ 。

解：② 三相三線Δ接地、③ 三相 V 共用點接地。

(14) 42. 下列哪些為屋內配線設計圖之配電箱類設計圖符號？
① M ② S₄ ③ ④ 。

解：① 人孔、④ 電燈分電盤。

(34) 43. 下列哪些為屋內配線設計圖之配電箱類設計圖符號？
① CS ② S ③ ④ H 。

解：③ 電力分電盤、④ 手孔。

(12) 44. 下列哪些為屋內配線設計圖之配線類設計圖符號？

①⏚　②—•—　③—◯$_G$　④ S。

解：①接地、②導線連接或線徑線類之變換。

(23) 45. 下列哪些為屋內配線設計圖之配線類設計圖符號？

①⊗　②⟋　③▽　④⊙。

解：②線管下行、③電纜頭。

(34) 46. 下列哪些為屋內配線設計圖之電燈、插座類設計圖符號？

①◯$_G$　②▱　③◯　④◬$_G$。

解：③為白熾燈、④接地型專用單插座。

(123) 47. 下列哪些為屋內配線設計圖之電燈、插座類設計圖符號？

①⊗　②◍　③▢　④◪。

解：①出口燈、②緊急照明燈、③日光燈。

(124) 48. 下列哪些為屋內配線設計圖之電話、對講機、電鈴設計圖符號？

①▭　②•　③▭　④⊤。

解：①蜂鳴器、②為按鈕開關、④電話或對講機管線。

(34) 49. 下列哪些為屋內配線設計圖之電話、對講機、電鈴設計圖符號？

①Ⓡ　②△　③◖　④◁。

解：③電鈴、④交換機出線口。

工作項目 02：電工儀表及工具使用

(3) 1. 單相二線式之低壓 110 伏瓦時計，其電源非接地導線應接於
①1L 端　②2L 端　③1S 端　④2S 端。
解：電源非接地導線應接於 1S 端，接地導線接於 2S 端。

(4) 2. 使用兩只單相瓦特表，測量三相電功率，若兩瓦特之指示分別為
正值 100 瓦及 200 瓦，則此三相電功率為多少瓦？
①100　②150　③$150\sqrt{3}$　④300。
解：總功率$P=W_1+W_2=120+180=300W$。

(4) 3. 使用兩只單相瓦特表測量三相電功率，若兩瓦特表指示正值且相
等時，則此三相負載之功率因數為
①0.5　②0.707　③0.866　④1。
解：$P_{3\phi}=W_1+W_2$，$Q_{3\phi}=\sqrt{3}(W_1-W_2)$，$\cos\theta=\dfrac{P_{3\phi}}{\sqrt{P_{3\phi}^2+Q_{3\phi}^2}}$

假設$W_1=W_2=1$時，$P_{3\phi}=W_1+W_2=2$，$Q_{3\phi}=\sqrt{3}(W_1-W_2)=0$

所以 $\cos\theta=\dfrac{2}{\sqrt{2^2+0}}=\dfrac{2}{\sqrt{4}}=\dfrac{2}{2}=1$。

(3) 4. 利用兩只單相瓦特計測量三相感應電動機之功率，其中一只瓦特
表之指示為另一只瓦特表之二倍時，則此電動機之功率因數為
①0.5　②0.707　③0.866　④1。
解：如題目 3，假設$W_1=2$，$W_2=1$時，

$P_{3\phi}=W_1+W_2=3$，$Q_{3\phi}=\sqrt{3}(W_1-W_2)=\sqrt{3}$

所以 $\cos\theta=\dfrac{3}{\sqrt{3^2+\sqrt{3}^2}}=\dfrac{3}{\sqrt{9+3}}=\dfrac{3}{\sqrt{12}}=\dfrac{\sqrt{3}}{2}=0.866$。

(3) 5. 在瓦時計的鋁質圓盤上鑽小圓孔，其主要的目的是
①幫助啟動　②減少阻尼作用　③防止圓盤之潛動　④增加轉矩。
解：鑽有小孔之目的是防止電表在無負載時發生潛動。

(4) 6.　如下圖所示，檢流計(G)指示值為零時，R_x 等於多少Ω？

　　　　①2　②3　③6　④8。

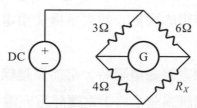

　　　　解：當檢流計(G)指示值為零時，$3 \times R_x = 6 \times 4$，所以$R_x = 8Ω$。

(4) 7.　使用零相比流器(ZCT)之目的是

　　　　①量測大電流　②量測大電壓　③量測功率　④檢出零相電流。

(1) 8.　某滿刻度為 100mA、內阻為 9Ω之直流電流表，現要測量 1A 之線

　　　　路電流，則需要並聯多少Ω之分流器？　①1　②9　③10　④99。

　　　　解：放大倍數(m)＝擬測之電流值/電流表滿刻度值

$$= \frac{1}{(100 \times 10^{-3})} = 10 \text{。}$$

　　　　電流表並聯電阻＝$\frac{內阻}{(m-1)} = \frac{9}{(10-1)} = 1Ω$。

(3) 9.　惠斯登電橋中之檢流計(G)其功用是

　　　　①記錄電流　②積算電流　③檢查電流　④遙測電流。

　　　　解：檢流計之功用是檢查電流，如電橋中之檢流計指示為零，

　　　　　　表示電橋平衡。

(4) 10.　使用電工刀剝除導線絕緣皮時，原則上應使刀口向

　　　　①內　②上　③下　④外。

　　　　解：原則上使刀口朝外。

(4) 11.　螺絲規格以「M10×1.5」表示，其中「1.5」表示螺紋的

　　　　①節徑　②外徑　③牙深　④節距。

　　　　解："M10" 表示螺紋外徑，"1.5" 表示螺紋節距。

(4) 12.　木螺絲釘之規格係以下列何者表示？

　　　　①材質與長度　②螺紋與直徑　③材質與直徑　④直徑與長度。

(1) 13.　游標卡尺在本尺上每刻劃的尺寸為多少公厘？

　　　　①1　②0.5　③0.05　④0.02。

(4) 14. 手提電鑽的規格一般表示為
①重量 ②電流 ③轉數 ④能夾持鑽頭之大小。
解：手提電鑽的規格一般表示為使用電壓大小及能夾持鑽頭之
大小。

(4) 15. 測量電纜線之絕緣電阻時，常加保護線，其目的在防止下列何種
現象引起測試誤差？ ①電纜靜電充電 ②儀表本身漏電
③儀表本身絕緣不良 ④電纜末端表面漏電流。

(3) 16. 量測裸銅線之低電阻值時最準確的方法為 ①惠斯登電橋法
②柯勞許電橋法 ③凱爾文電橋法 ④電壓降法。
解：凱爾文電橋法：量測低電阻值最準確的方法，惠斯登電橋
法：量測中電阻(0.1～100kΩ)。

(2) 17. 自計費電度表接至變比器之引線除以導線管密封外必須使用幾股
PVC 控制電纜？ ①5 ②7 ③9 ④10。

(2) 18. 比流器與比壓器原理皆依據
①高斯定律 ②法拉第定律 ③歐姆定律 ④焦耳定律。
解：且須耐壓 20kV 以上。

(1) 19. 電工安全帽須能耐壓多少仟伏以上？ ①20 ②10 ③5 ④3。
解：且須耐壓 20kV 以上。

(3) 20. 精密儀表所使用之電阻器必須用 ①電阻係數小 ②電阻係數大
③溫度係數小 ④溫度係數大 的材料製造。

(4) 21. 比壓器(PT)之二次線路阻抗為 10Ω，二次側線電壓為 110V，則此
比壓器(PT)之負擔為多少VA？ ①11 ②550 ③1100 ④1210。
解：比壓器之負擔 $= \dfrac{E^2}{Z} = \dfrac{110^2}{10} = 1210VA$。

(3) 22. 某電度表其電表常數為 2400Rev/kWH，當該表每分鐘轉 120 轉時，
則該回路負載為多少 kW？ ①5 ②4 ③3 ④2。
解：1 小時可轉120×60＝7200轉，7200÷2400＝3kW。

(1) 23. 利用二只單相瓦特表量測三相三線式負載之電功率,在正常接線情形下,其中一只瓦特表指示值為 0,則此負載之功率因數為
① 0.5　② 0.707　③ 0.866　④ 1。

解:如題目 3,當 $W_1 = 1$,$W_2 = 0$時,

$P_{3\phi} = W_1 + W_2 = 1$,$Q_{3\phi} = \sqrt{3}(W_1 - W_2) = \sqrt{3}$,$\cos\theta = \dfrac{P_{3\phi}}{\sqrt{P_{3\phi}^2 + Q_{3\phi}^2}}$

所以$\cos\theta = \dfrac{1}{\sqrt{1^2 + \sqrt{3}^2}} = \dfrac{1}{\sqrt{1+3}} = \dfrac{1}{\sqrt{4}} = \dfrac{1}{2} = 0.5$。

(4) 24. 指針型三用電表量度電阻時,作零歐姆歸零調整,其目的是在補償　①接觸電阻　②指針靈敏度　③測試棒電阻　④電池老化。

(4) 25. 鉤式(夾式)電流表係利用比流器的原理製成,其一次側線圈為多少匝?　① 100　② 10　③ 5　④ 1。

(1) 26. 250 伏電壓表,其靈敏度為 5kΩ/V,欲測量 500 伏電壓時,需串聯多少 kΩ 之倍增器?　① 1250　② 2500　③ 3750　④ 5000。

解:放大倍數 $m = \dfrac{500}{250} = 2$

倍增器$R_s = (250\text{V} \times 5\text{k}\Omega/\text{V}) \times (m-1)$

$= 1250 \times (2-1) = 1250 \times 1 = 1250\text{k}\Omega$。

(3) 27. 比流器之負擔表示為　①伏特　②安培　③伏安　④瓦特。

解:比流器的負擔,$S = I^2 \times Z$(伏安:VA)。

(3) 28. 線電流為 10A 之平衡三相三線式負載系統,以鉤式(夾式)電流表任鉤其中二線量測電流時,其值為多少 A?
① 30　② $10\sqrt{3}$　③ 10　④ 0。

解:三相平衡電路,三線電流向量和為零,所以其中兩線電流的和等於另一相電流值。

(3) 29. 一般螺絲攻之第一、二、三攻的主要區別是
①外徑　②牙深　③前端倒角螺紋數　④柄長。

解:第一、二、三攻的主要區別是前端倒角螺紋數為:

第一攻末端有 6~7 齒螺紋倒角成斜度。

第二攻末端有 3~4 齒螺紋倒角成斜度。

第三攻末端有 1~1.5 齒螺紋倒角成斜度。

(1) 30. 公制螺紋大小規格的標示是
①外徑與節距 ②外徑與牙數 ③節徑與牙數 ④節徑與節距。

解：螺紋大小規格標示是外徑與節距，如M10×1.5，之 M10：
表示螺紋外徑，1.5：表示螺紋節距。

(4) 31. 一只 300mA 電流表，其準確度為±2 %，當讀數為 120mA 時，其
誤差百分率為多少％？ ①±0.5 ②±1 ③±2 ④±5。

解：$\dfrac{(300\times0.02)}{120}=\dfrac{6}{120}=0.05$。

(3) 32. 以三用電表量測某電阻之指示值，以不同測試檔測試時，指針指
向何處所測得值較正確？ ①偏左 ②中間 ③偏右 ④不影響。

(1) 33. 某安培計滿刻度偏轉電流為 1 毫安，校正百分率為滿刻度電流之
±5 %，若該安培計讀數為 0.35 毫安時，其真實電流範圍為多少毫
安？ ① 0.3325~0.3675 ② 0.30~0.40 ③ 0~0.3675 ④ 0~0.40。

解：0.35±0.35×0.05 = 0.35±0.0175 = 0.3325~0.3675毫安。

(3) 34. 比流器(CT)二次側阻抗為 0.4Ω，二次側電流為 4A 時，則比流器
(CT)之負擔為多少 VA？ ① 16 ② 8 ③ 6.4 ④ 1.6。

解：比流器的負擔 $S=I^2\times Z=4^2\times0.4=16\times0.4=6.4(VA)$。

(3) 35. 兩只額定 200 伏之直流伏特計，V_1 及 V_2 靈敏度分別為 20kΩ/V、
40kΩ/V，當串聯於 240 伏直流電源時，伏特計V_1、V_2各分別指示
為多少V？ ① 160、80 ② 120、120 ③ 80、160 ④ 160、160。

解：$R_{V1}=200V\times20k\Omega/V=4000k\Omega$

$R_{V2}=200V\times40k\Omega/V=8000k\Omega$

運用分壓原理：

$V_1=\dfrac{240V\times4000k}{(4000k+8000k)}=80V$

$V_2=\dfrac{240V\times8000k}{(4000k+8000k)}=160V$。

(3) 36. 利用儀表進行負載之電流量測時，下列敘述何者正確？
①伏特計與負載串聯連接　②伏特計與負載並聯連接
③安培計與負載串聯連接　④安培計與負載並聯連接。
解：安培計應與電阻串聯。

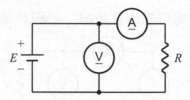

(2) 37. 利用儀表進行負載之電壓量測時，下列敘述何者正確？
①伏特計與負載串聯連接　②伏特計與負載並聯連接
③安培計與負載串聯連接　④安培計與負載並聯連接。
解：伏特計應與電阻並聯。

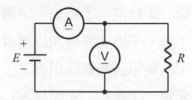

(2) 38. 一電流表並聯電阻為 1Ω 之分流器後，其量測電流範圍提高為原來
之 10 倍，則電流表之內阻應為多少Ω？　①1　②9　③10　④99。
解：放大倍數：m
電流表內阻 $= m - 1 = 10 - 1 = 9\Omega$。

(1) 39. 下圖所示之接線是以伏特計與安培計測量負載直流電功率，為防
止儀表之負載效應，減少誤差，下列敘述何者正確？
①為量測高電阻負載之電功率時，所採用之接線
②為量測低電阻負載之電功率時，所採用之接線
③不論量測負載電阻大小之電功率時，均可採用之接線
④與負載電阻高低無關。

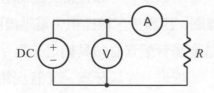

(2) 40. 下圖所示之接線是以伏特計與安培計測量負載直流電功率，為防止儀表之負載效應，減少誤差，下列敘述何者正確？
①為量測高電阻負載之電功率時，所採用之接線　②為量測低電阻負載之電功率時，所採用之接線　③不論量測負載電阻大小之電功率時，均可採用之接線　④與負載電阻高低無關。

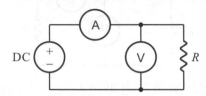

解：量測「低電阻」時，安培計應與電阻串聯，伏特計應與電阻並聯。

(134) 41. 對厚金屬之工作物加工時，下列哪些動作應加潤滑油以潤滑及散熱？　①絞牙　②銼削　③鋸削　④鑽孔。
解：銼削加工時，不應加潤滑油以潤滑及散熱。

(13) 42. 下列哪些是用以標示公制螺紋規格？
①外徑　②牙數　③節距　④節徑。
解：螺紋大小規格標示如M10×1.5，
"M10"：表示螺紋外徑，"1.5"：表示螺紋節距。

(234) 43. 手提電鑽鑽孔時，下列哪些是正確工作方法？　①戴綿紗手套　②固定工件　③做適當防護措施　④接地線要確實接地。
解：不得戴綿紗手套，以免被絞住。

(12) 44. 新設屋內配線之低壓電路的絕緣電阻測定，應量測　①導線間　②導線與大地間　③開關箱至大地間　④不同開關箱之間。
解：內規第 19 條，應量測導線間、導線與大地間之絕緣電阻。

(14) 45. 瓦特計之電流線圈，其匝數及線徑為？
①匝數少　②匝數多　③線徑細　④線徑粗。
解：電流線圈：匝數少、線徑粗；電壓線圈：匝數多、線徑細。

(34) 46. 下列哪些是金屬管配管必須具備之工具？
①擴管器　②噴燈　③絞牙器　④管虎鉗。
解：金屬管配管時，具備之工具有彎管器、絞牙器、管虎鉗及鋼鋸。

(123) 47. 有關指針型三用電表之敘述，下列敘述哪些正確？

①歐姆檔刻度為非線性　　②直流電壓檔刻度為線性

③不可測量交流電流　　　④直流電流檔刻度為非線性。

解：直流電流檔刻度為線性。

(123) 48. 有關電儀表之特性與應用，下列敘述哪些正確？　①電壓表與待測元件並聯　②電流表與待測元件串聯　③理想電流表內電阻為零　④不知待測元件電流大小時，須先採用較小的電流檔位測量。

解：不知待測元件電壓及電流大小時，須先採用較大的電壓(流)檔位測量。

(124) 49. 無熔線開關的框架容量(AF)、跳脫容量(AT)、啟斷容量(IC)，三者之間的大小關係，下列敘述哪些正確？

①啟斷容量大於框架容量　②啟斷容量大於跳脫容量

③框架容量小於跳脫容量　④框架容量大於或等於跳脫容量。

解：框架容量(AF)≧跳脫容量(AT)，啟斷容量(IC)大於框架容量(AF)。

(12) 50. 在交流電路中負載平均功率及電壓相同下，當功率因數PF($\cos\theta$)愈高時，下列敘述哪些正確？　①減少電費支出　②降低線路損失　③增加線路壓降　④增加線路電流。

解：功率因數 PF($\cos\theta$)越高之優點：

(1)可減少線路壓降。

(2)可降低線路損失。

(3)可減少供電設備容量。

(4)用戶功率因數值低於 80%，每低 1%加收電費千分之三。

(5)功率因數值超過 80%，每高 1%折扣電費千分之一‧五。

⬆ 工作項目 03：導線之選用及配置

(3) 1. 截面積 14 方公厘之銅絞線係由 7 股多少公厘之單芯銅線絞合而成？　① 1.0　② 1.2　③ 1.6　④ 2.0。

解：截面積 $= N \times (\frac{\pi}{4}) \times (d)^2 = 7 \times (\frac{3.14159}{4}) \times (1.6)^2$

$\doteqdot 14$ 平方公厘。

(4) 2. 導線的直徑如加倍時,在長度不變之下,則其電阻變成為原來電阻的多少倍?　①2　②4　③$\frac{1}{2}$　④$\frac{1}{4}$。

解:截面積$A_1 = \pi r^2$,截面積$A_2 = \pi(2r)^2 = 4\pi r^2 = 4$倍截面積$A_1$。

$$電阻 R = \rho(\frac{L}{A})\ ,\ \frac{R_2}{R_1} = \frac{\rho(\frac{L}{4A_1})}{\rho(\frac{L}{A_1})} = \frac{1}{4}\ 。$$

(1) 3. 在交流配電線路,其導線線徑超過 200 平方公厘時,因集膚作用會導致導線交流電阻較其直流電阻值

①略大　②略小　③相等　④不一定。

解:直流電時:

(1)無電感、電容之作用,就無電抗值。

(2)因無集膚效應,線路損失較小。

(3)可使用較小導體。

(3) 4. 由直徑為 0.26 公厘 37 根組成之 2.0 平方公厘PVC花線,在周圍溫度35℃以下及最高容許溫度60℃時其安培容量為多少A?

①7　②11　③15　④20。

解:其安培容量為 15A。

(4) 5. 下列電線之電阻係數最大者為

①鋁導線　②銀導線　③銅導線　④鎳鉻合金線。

解:銀之電阻係數為 1.629 微歐姆厘米,銅之電阻係數為 1.69 微歐姆釐米,鋁之電阻係數為 2.828 微歐姆厘米,鎳鉻合金之電阻係數為 100.00 微歐姆厘米。

(4) 6. 鋁線之導電率約為銅線之百分之

①三〇　②四〇　③五〇　④六〇。

解:金屬之導電率為:銀→105.8 %,銅→100.0 %,金→70.6 %,鋁→61.0 %,鋅→29.5 %。

(3) 7. 電燈及電熱工程,選擇分路導體線徑之大小,單線直徑不得小於多少公厘?　①1.0　②1.2　③1.6　④2.0。

解:其最小線徑除特別低壓另有規定外,單線直徑不得小於 1.6 公厘,絞線面積不得小於 3.5 平方公厘。

（　3　）8.　屋外電燈線路，其相鄰二支持點間之距離在 30 公尺以內時，使用之導線線徑不得小於

①2.0mm　②3.5mm²　③5.5mm²　④1.6mm。

解：使用之導線線徑不得小 5.5 平方公厘，距離在 30 至 50 公尺時，不得小於 8 平方公厘，距離超過 50 公尺時，使用 14 平方公厘以上之導線。

（　1　）9.　A、B 為同質材料之導線，A 之導線長度、截面積均為 B 導線之 2 倍，R_A 及 R_B 分別代表兩導線電阻，則 R_A 及 R_B 兩導線電阻之關係為

①$R_A = R_B$　②$R_A = \dfrac{R_B}{2}$　③$R_A = 2R_B$　④$R_A = 4R_B$。

解：導線長度：L，截面積：A，

$$R_A = \frac{L_1}{L_2} \times \frac{A_2}{A_1} \times R_B = \frac{2}{1} \times \frac{1}{2} \times R_B = R_B。$$

（　3　）10.　有三個相同電壓及容量之單相電熱器平均接在三相三線式或單相二線式之系統，如導線之材質、線徑及長度均相同時，則三相三線式之電壓降為單相二線式之多少倍？

①$\dfrac{2}{\sqrt{3}}$　②$\dfrac{\sqrt{3}}{2}$　③$\dfrac{1}{2}$　④2。

解：單相二線式之電壓降 $= 2I_L(R\cos\theta + X\sin\theta)$。

三相三線式之電壓降 $= \sqrt{3}I_L(R\cos\theta + X\sin\theta)$。

所以三相三線式之電壓降為單相二線式之 $\dfrac{\sqrt{3}}{2}$。

（　2　）11.　以 PVC 層作為導線的絕緣材料，再以 PVC 層作為外皮保護層之 PVC 電纜，其使用溫度不得高於多少℃？

①50　②60　③90　④120。

解：常用絕緣導線按絕緣容許溫度分為：

60℃(如 PVC)、75℃(如耐熱 PVC 線、PE 電線)、80℃(人造橡膠電線)、90℃(如交連 PE 電線或稱 XLPE 電線)。

（　2　）12.　電力工程，選擇分路導體線徑之大小，絞線截面積不得小於多少平方公厘？　①2.0　②3.5　③5.5　④8。

解：單線直徑不得小於 1.6 公厘，絞線面積不得小於 3.5 平方公厘。

(3) 13. 與銅線同一長度，相同電阻的鋁線，其截面積約為銅線之多少倍？
　　① 1.2　② 1.5　③ 1.6　④ 2。

解：鋁之電阻係數為 2.828 微歐姆厘米；銅之電阻係數為 1.69 微歐姆厘米。

由 $R=\rho\dfrac{L}{A}$　得 $2.828\times\dfrac{L}{A_{鋁}}=1.69\times\dfrac{L}{A_{鋁}}$

$\dfrac{A_{鋁}}{A_{銅}}=\dfrac{2.828}{1.69}=1.672$　約 1.6 倍。

(2) 14. 低壓耐熱 PVC 絕緣電線之最高容許溫度為多少℃？
　　① 60　② 75　③ 90　④ 120。

解：內規 16-1 條：75℃(如耐熱 PVC 線、PE 電線)。

(3) 15. 將一導線之截面積變為原來的 $\dfrac{1}{2}$ 倍，而長度變為原來的 3 倍時，其電阻為原來的多少倍？　① $\dfrac{2}{3}$　② $\dfrac{3}{2}$　③ 6　④ 9。

解：電阻 $R=\rho\left(\dfrac{L}{A}\right)$，

$\dfrac{R_2}{R_1}=\dfrac{\rho\left(\dfrac{3L}{0.5A}\right)}{\rho\left(\dfrac{L}{A}\right)}=6\dfrac{\rho\left(\dfrac{L}{A}\right)}{\rho\left(\dfrac{L}{A}\right)}=6$。

(4) 16. 影響導體電阻大小的因素，除了導體長度及截面積外，還有哪些因素？　①材料及電流　②溫度及電流　③電壓及電導係數　④溫度及電導係數。

解：電阻 $R=\rho\left(\dfrac{L}{A}\right)$，導體電阻與電阻係數及長度成正比，與截面積成反比，而電阻隨溫度增加而增加，$R_t=R_o\left(1+\alpha_0 t\right)$。

(3) 17. 交流電的頻率為 60Hz，則其角頻率約為多少弳度/秒？
　　① 60　② 220　③ 377　④ 480。

解：角頻率 $\omega=2\pi f=2\times 3.1416\times 60=376.99$ 弳度/秒。

(2) 18. 直徑為 1.6mm 單芯線的配線回路，其線路電壓降為 4％；若將導線換成相同材質、相同長度的 2.0mm 單芯線，其線路電壓降約為多少％？　① 2.0　② 2.6　③ 3.2　④ 5.0。

解：$R_{2.0}=\left(\dfrac{1.6}{2.0}\right)^2\times R_{1.6}=0.64R_{1.6}$

$E_{1.6}$：1.6mm 單芯線壓降，

$E_{2.0}$：2.0mm 單芯線壓降 $\dfrac{E_{1.6}}{E_{2.0}}=\dfrac{R_{1.6}}{0.64R_{1.6}}$

$E_{2.0}=0.64\times E_{1.6}=0.64\times 0.04=0.0256$　約 2.6％。

(1) 19. 單相二線($1\phi2W$)式之線間電壓降為　①$2I_L(R\cos\theta+X\sin\theta)$
②$I_L(R\cos\theta+X\sin\theta)$　③$\sqrt{2}I_L(R\cos\theta+X\sin\theta)$　④$\sqrt{3}I_L(R\cos\theta+X\sin\theta)$。

解：(1)單相二線式之電壓降 $=2I_L(R\cos\theta+X\sin\theta)$

(2)單相三線式邊線對中性線之電壓降 $=I_L(R\cos\theta+X\sin\theta)$

(3)三相三線($3\phi3W$)式電壓降 $=\sqrt{3}I_L(R\cos\theta+X\sin\theta)$。

(2) 20. 單相三線($1\phi3W$)式之線間電壓降為　①$2I_L(R\cos\theta+X\sin\theta)$
②$I_L(R\cos\theta+X\sin\theta)$　③$\sqrt{2}I_L(R\cos\theta+X\sin\theta)$　④$\sqrt{3}I_L(R\cos\theta+X\sin\theta)$。

解：參考第 19 題說明。

(4) 21. 三相三線($3\phi3W$)式之線間電壓降為　①$2I_L(R\cos\theta+X\sin\theta)$
②$I_L(R\cos\theta+X\sin\theta)$　③$\sqrt{2}I_L(R\cos\theta+X\sin\theta)$　④$\sqrt{3}I_L(R\cos\theta+X\sin\theta)$。

解：參考第 19 題說明。

(4) 22. 在相同之電壓及負載情形下，如導線之材質及長度均相同時，則
單相三線式之電力損失為單相二線式之多少倍？

①2　②1　③$\frac{1}{2}$　④$\frac{1}{4}$。

解：單相二線式之電壓降 $=2I_L(R\cos\theta+X\sin\theta)$

單相三線式邊線對中性線之電壓降 $=I_L(R\cos\theta+X\sin\theta)$

$=(\frac{1}{2})$單相二線式之電壓降

則單相三線式之電力損失/單相二線式之電力損失

$=(\frac{1}{2})^2=\frac{1}{4}$。

(4) 23. 有二個單相 110V 相同容量之電熱器負載平均接在單相三線式
110/220V 或單相二線式 110V 之系統，如導線之材質、線徑及長度
均相同時，則單相三線式之電力損失為單相二線式之多少倍？

①2　②1　③$\frac{1}{2}$　④$\frac{1}{4}$。

解：參考第 19 題說明。

(14) 24. 有關導線，下列敘述哪些正確？
①絕緣軟銅線適用於屋內配線　②絕緣軟銅線適用於屋外配線
③絕緣硬銅線適用於屋內配線　④絕緣硬銅線適用於屋外配線。

解：軟銅線適用於屋內配線，硬銅線適用於屋外配線。

（ 234 ）25. 選擇導線線徑大小之條件，下列敘述哪些正確？
　　①相序　②周溫　③電壓降　④安培容量。
　　解：應考慮安培容量(安全電流)、電壓降、機械強度、短路電流
　　　　容量、周圍溫度及管槽配線根數。

（ 123 ）26. 有關低壓電纜之安培容量，會隨下列哪些因素改變？
　　①絕緣物材質　②周溫　③線徑大小　④導線長短。
　　解：會隨周圍溫度、絕緣物材質、容許溫度、線徑大小及電纜
　　　　架設方式等因素改變。

（ 124 ）27. 下列哪些配線得用裸銅線？　①電氣爐所用之導線　②乾燥室所
　　用之導線　③屋內配線所用之導線　④電動起重機所用之滑接導
　　線或類似性質者。
　　解：屋內線應用絕緣導線，但有下列情形之一者得用裸銅線：
　　　　(1)乾燥室所用之導線。
　　　　(2)電動起重機所用之滑接導線或類似性質者。
　　　　(3)電氣爐所用之導線。

（ 234 ）28. 設施電氣醫療設備工程時，下列哪些導線不能使用？
　　①電纜線　②耐熱 PVC 電線　③花線　④ PVC 電線。
　　解：設施電氣醫療設備工程時，限用電纜線。

（ 1234 ）29. 導線在下列哪些情形下不得連接？　①導線管之內部　②磁管之
　　內部　③木槽板之內部　④被紮縛於磁珠或磁夾板之部分或其他
　　類似情形。
　　解：(1)導線管、磁管及木槽板之內部。
　　　　(2)被紮縛於磁珠或磁夾板 之部分或其他類似情形。

（ 124 ）30. 低壓絕緣電線之最高容許溫度為　① PVC 電線 60℃
　　②耐熱 PVC 電線 75℃　③ PE 電線 80℃　④交連 PE 電線 90℃。
　　解：參考第 11 題說明。

（ 124 ）31. PVC 管配線(導線絕緣物溫度 60℃)安培容量表之導線數選用，不
　　包括下列哪些導線？
　　①訊號線　②接地線　③非接地導線　④控制線。

解：本表所稱導線數不包括中性線、接地線、控制線及訊號線，
　　但單相三線式或三相四線式電路供應放電管燈者，因中性
　　線有第三諧波電流存在，仍應計入。

(234) 32. 導線管槽配線(導線絕緣物溫度 60℃)安培容量表適用於下列哪些
配線？
①非金屬管配線　②電纜　③金屬管配線　④可撓管配線。
解：本表用於金屬配線、電纜、可撓管配線及金屬線槽配線。

(13) 33. 14 平方公厘以下之絕緣導線欲作為電路中之識別導線者，其外皮
必須為下列哪些顏色以資識別？
①白色　②紅色　③灰色　④綠色。
解：被接地導線之絕緣皮應使用白色或灰色，以資識別。

(24) 34. 電路供應放電管燈者，因中性線有第三諧波電流存在，下列哪些
供電方式仍應計入？
①單相二線式　②單相三線式　③三相三線式　④三相四線式。
解：本表所稱導線數不包括中性線、接地線、控制線及訊號線，
　　但單相三線式或三相四線式電路供應放電管燈者，因中性
　　線有第三諧波電流存在，仍應計入。

(124) 35. 有關銅的特性，下列敘述哪些錯誤？
①半導體材料　②絕緣材料　③非磁性材料　④磁性材料。
解：銅之導電率僅次於銀，且為非磁性材料。

(124) 36. 有關電氣爐內配線，下列哪些導線不得選用？
① PVC 絞線　　② PVC 花線　③裸銅線　④電纜線。
解：內規 11 條：有下列情形之一者得用裸銅線：
　　(1)乾燥室所用之導線。
　　(2)電動起重機所用之滑接導線或類似性質者。
　　(3)電氣爐所用之導線。

(134) 37. 有關銅導線使用，下列敘述哪些正確？

①周溫愈高時，導線安培容量愈小　②溫度上升，電路的電壓降減少　③交流頻率愈高，集膚效應愈顯著　④於直流電情況下，無集膚效應。

解：(1)銅的電阻隨溫度增加而增加，當周溫愈高時，導線安培容量愈小，電路的電壓降增加。

(2)於直流電情況下，因無電抗，無集膚效應。但交流頻率愈高，集膚效應愈顯著。

工作項目 04：導線管槽之選用及裝修

(3) 1. 水平裝置之金屬導線槽應在相距多少公尺處加一固定支持裝置？

① 0.5　② 1　③ 1.5　④ 2。

(2) 2. 自匯流排槽引出之分岐匯流排槽如其長度不超過多少公尺時，其安培容量為其前面過電流保護額定值之三分之一以上，且不與可燃性物質接觸者得免在分岐點處另設過電流保護設備？

① 10　② 15　③ 20　④ 25。

(1) 3. 匯流排槽得整節水平穿越乾燥牆壁及垂直穿越乾燥地板，惟該部分及延至地板面上多少公尺處，應屬完全封閉型者？

① 1.8　② 2.8　③ 3.8　④ 4.8。

(4) 4. 在導線槽內接線或分岐時，該連接及分岐處各導線(包含接線及分接頭)所佔截面積不得超過該處導線槽內截面積之多少％？

① 40　② 50　③ 60　④ 75。

(4) 5. MI電纜彎曲時，其內側彎曲半徑應為電纜外徑之多少倍以上為原則？　① 2　② 3　③ 4　④ 5。

(3) 6. 非金屬管垂直配管，管內導線線徑為 100 平方公厘，其導線須每隔多少公尺做一支持？　① 15　② 20　③ 25　④ 30。

解：須隔 25 公尺。

(　2　) 7. 交連 PE 電纜其內部的交連 PE 是做
①導電用　②絕緣用　③複合用　④遮蔽用。

(　3　) 8. 5.5 平方公厘低壓電纜沿建物之側面水平裝設，以電纜固定夾支持
時，其最大間隔為多少公尺？　① 0.3　② 0.5　③ 1　④ 1.2。

(　3　) 9. 高壓電力電纜之外層遮蔽之主要用途為　①增強電纜扯斷強度
②電纜外傷保護　③保持絕緣體之零電位　④增加耐電壓強度。
解：非帶電金屬部份(遮蔽層)應加以接地，以保持絕緣體之零電
位，並抑制電波干擾。

(　3　) 10. 電纜若其通過電流無法保持電磁平衡時，應採用何種導線管？
①薄鋼導線管　②厚鋼導線管　③ PVC 管　④ EMT 管。

(　2　) 11. 埋入建築物混凝土之金屬管外徑，以不超過混凝土厚度的多少為
原則？　① $\frac{1}{2}$　② $\frac{1}{3}$　③ $\frac{2}{3}$　④ $\frac{3}{4}$。

(　2　) 12. 金屬導線槽不得裝於
①公共場所　②易燃性塵埃場所　③潮濕場所　④電梯之配線。

(　1　) 13. 除另有規定外，裝於導線槽內之有載導線數不得超過三十條，且
各導線截面積之和不得超過該導線槽內截面積之多少％？
① 20　② 25　③ 30　④ 50。

(　4　) 14. 垂直裝置之金屬導線槽，其支持點距離不得超過多少公尺？
① 2.5　② 3　③ 4　④ 4.5。

(　3　) 15. 由匯流排槽引接之分路得按何種方式配裝？
① PVC 管　②非金屬導線槽　③金屬外皮電纜　④燈用軌道。

(　4　) 16. 設計水平裝置之匯流排槽應每距 1.5 公尺處須加固定支持，如裝置
法確屬牢固者，則該項最大距離得放寬至多少公尺？
① 1.5　② 2　③ 2.5　④ 3。

(　2　) 17. 設計水平裝置之匯流排槽應每隔 1.5 公尺處須加固定支持，如為垂
直裝置者，應於各樓板處牢固支持之，但該項最大距離不得超過
多少公尺？　① 4　② 5　③ 6　④ 7。

(2) 18. 設計水平裝置之匯流排槽，每隔多少公尺處須加固定支持？
①1　②1.5　③2　④2.5。

(2) 19. 一般金屬可撓導線管其厚度須在多少公厘以上？
①0.6　②0.8　③1.0　④1.2。

(3) 20. 高壓接戶線之電力電纜如屬於25kV級者，其最小線徑應為多少平方公厘？　①14　②30　③38　④60。

(4) 21. 長度超過一公尺之金屬管配線中，導線直徑在多少公厘以上者，應使用絞線？　①1.6　②2.0　③2.6　④3.2。

(1) 22. 低壓屋內配線所使用之金屬管，其管徑不得小於多少公厘？
①13　②19　③25　④31。

(2) 23. 3φ220V 10HP 一般用電動機，若使用厚金屬管配線，若不含設備接地線時，應選用之最小管徑為多少公厘？
①16　②22　③28　④36。

解：3φ220V 10HP電動機，其全負載電流為27.5(安)，分路最小線徑應為8mm²。再查內規表222-1：三根88mm²導線，使用厚金屬管配線時，應選用之最小管徑為22mm。

(2) 24. 有一照明線路，使用2.0mmPVC導線6條，欲穿過一厚金屬管時，應選用最小管徑為多少公厘？　①16　②22　③28　④36。

(1) 25. 金屬管彎曲時，除管內導線為鉛皮包線者外，金屬管彎曲之內側半徑不得小於管子內徑之多少倍？　①6　②8　③10　④12。

(4) 26. 在金屬管配線中，兩出線盒間之轉彎不得超過
①90°　②180°　③270°　④360°。

(4) 27. 敷設明管時，薄金屬管距出線盒多少公尺以內應裝設護管鐵固定？
①0.1　②0.3　③0.5　④1。

(2) 28. 可撓金屬管以明管敷設時，每隔多少公尺內及距出線盒30公分以內裝設護管鐵固定？　①1　②1.5　③2　④3。

(2) 29. 電動機分路之導線安培容量應不低於電動機額定電流之多少倍？
①1.15　②1.25　③1.35　④1.5。

(2) 30. 5 條 2.0mm PVC 導線欲穿在 10 公尺長非金屬(PVC)管時，應選用最小管徑為多少公厘？　① 16　② 20　③ 28　④ 35。

(1) 31. 線徑不同之導線穿在同一非金屬管內時，其絞線與絕緣皮截面積之總和以不超過導線管截面積之多少％為原則？
① 40　② 50　③ 60　④ 70。

(1) 32. 非金屬管相互間相接長度，若使用粘劑時，須為管之管徑多少倍以上？　① 0.8　② 1　③ 1.2　④ 1.5。

(3) 33. PVC 管未使用粘劑時，其相互間及管與配件相接長度須為管之管徑多少倍以上？　① 0.8　② 1.0　③ 1.2　④ 1.5。

(3) 34. 電纜穿入金屬接線盒時，應使用下列何種裝置以防止損傷電纜？
①護管鐵　②電纜固定夾　③橡皮套圈　④分接頭。

(3) 35. 沿建築物內側或下面裝設電纜者，其支持點間隔應在多少公尺以下？　① 1　② 1.5　③ 2　④ 2.5。

(2) 36. 低壓電纜不沿建築物施工而利用吊線架設電纜時，其支持點間距離限多少公尺以下，且能承受該電纜重量？
① 10　② 15　③ 20　④ 25。

(4) 37. 彎曲鉛皮電纜不可損傷其絕緣，其彎曲處之內側半徑須為電纜外徑之多少倍以上？　① 6　② 8　③ 10　④ 12。

(3) 38. PVC 絕緣帶纏繞導線連接部分時，應掩護原導線之絕緣外皮多少公厘以上？　① 5　② 10　③ 15　④ 20。

(1) 39. 非金屬管與金屬管比較，前者具有何優點？
①耐腐蝕性　②耐熱性　③耐衝擊性　④耐壓性。

(4) 40. 長度 6 公尺以下之 18mmPVC管，無顯著彎曲及導線容易更換者，可放置 1.6 公厘 PVC 電線最多為多少條？
① 4　② 5　③ 7　④ 10。

(3) 41. 長度 6 公尺以下之 16mmPVC管，無顯著彎曲及導線容易更換者，可放置 2.0 公厘 PVC 電線最多為多少條？
① 10　② 5　③ 7　④ 4。

(124) 42. 有關金屬管配線之導線，應符合下列哪些規定？　①金屬管配線應使用絕緣線　②導線直徑在 3.2 公厘以上者應使用絞線，但長度在 1 公尺以下之金屬管不在此限　③導線直徑在 2.0 公厘以上者應使用絞線，但長度在 1 公尺以下之金屬管不在此限　④導線在金屬管內不得連接。

解：應符合下列規定：

　　(1)金屬管配線應使用絕緣線。

　　(2)導線直徑在 3.2 公厘以上者應使用絞線，但長度在一公尺以下之金屬管不在此限。

　　(3)導線在金屬管內不得接線。

(23) 43. 下列哪些有關 EMT 管的敘述正確？　①是屬於厚導線管之一種　②是屬於薄導線管之一種　③不得配裝於 600V 以上之高壓配管工程　④可配裝於 600V 以上之高壓配管工程。

解：EMT 管是屬於薄導線管之一種，不得配裝於 600V 以上之高壓配管工程。

(12) 44. 厚導線管不得配裝於下列哪些場所？

①發散腐蝕性物質之場所　　②含有酸性或鹼性之泥土中

③灌水泥或直埋之地下管路　④長度超過 1.8 公尺者。

解：厚金屬導線管不得配裝於有發散腐蝕性物質之場所及含有酸性或鹼性之泥土中。

(124) 45. EMT 管及薄導線管不得配裝於下列哪些場所？　①有危險物質存在場所　②有重機械碰傷場所　③灌水泥或直埋之地下管路　④ 600V 以上之高壓配管工程。

解：不得配裝於下列場所：

　　(1)有發散腐蝕性物質之場所及含有酸性或鹼性之泥土中。

　　(2)有危險物質存在場所。

　　(3)有重機械碰傷場所。

　　(4)600V 以上之高壓配管工程。

(123) 46. 可撓金屬管不得配裝於下列哪些場所？　①升降機　②蓄電池室
③灌水泥或直埋之地下管路　④電動機出口線。

解：不得配裝於下列場所：

(1)升降機。

(2)蓄電池室。

(3)有危險物質存在場所。

(4)灌水泥或直埋之地下管路。

(5)長度超出一‧八公尺者。

(134) 47. 有關交流電源在相同負載功率與距離條件下，下列敘述哪些正確？
①提高配電電壓可提高配電效率　②將$1\phi2\,W$電源配線改為$1\phi3\,W$
電源配線將增加線路損失　③將$1\phi2\,W$電源配線改為$1\phi3\,W$電源配
線可減少線路壓降　④改善負載端之功率因數可降低配電損失。

解：將$1\phi2\,W$配線改為$1\phi3\,W$配線可減少線路壓降，所已將會減
少線路損失。

(1234) 48. 金屬管可分為下列哪些種類？

①厚導線管　②薄導線管　③ EMT 管　④可撓金屬管。

(123) 49. 匯流排槽可做露出裝置，但不得裝於下列哪些場所？

①易受重機械碰損場所　　②易燃性塵埃場所

③升降機孔道內　　　　　④屋內場所。

解：不得裝於下列場所：

(1)易受重機械碰損及發散腐蝕性氣體場所。

(2)起重機或升降機孔道內。

(3)屬於爆發性氣體存在場所及易燃性塵埃場所。

(4)屋外或潮濕場所，但其構造適合屋外防水者不在此限。

(234) 50. 非金屬導線槽得使用於下列哪些場所？

①易受外力損傷之場所　　②無掩蔽之場所

③有腐蝕性氣體之場所　　④屬於潮濕性質之場所。

解：得使用於下列情形：

(1)無掩蔽之場所。

(2)有腐蝕性氣體之場所。

(3)屬於潮濕性質之場所。

(134) 51. 燈用軌道不得裝置在下列哪些場所？　①易受外力碰傷　②超過地面 1.5 公尺　③存放電池　④潮濕或有濕氣。

解：不得裝置在下列場所：

(1)易受外物碰傷。(2)潮濕或有濕氣。(3)有腐蝕性氣體。(4)存放電池。(5)屬危險場所。(6)屬隱蔽場所。(7)穿越牆壁。(8)距地面 1.5 公尺以下，但有保護使其不受外物碰傷者除外。

(14) 52. 金屬可撓導線管配線之銅導線，應符合下列哪些規定？　①導線直徑超過 3.2 公厘，應使用絞線　②銅導線直徑 3.2 公厘以下，應使用絞線　③鋁導線直徑 4.0 公厘以下，應使用絞線　④鋁導線直徑超過 4.0 公厘，應使用絞線。

解：應符合下列規定：。

(1)金屬可撓導線管應使用絕緣導線。

(2)銅導線直徑超過 3.2 公厘或鋁導線直徑超過 4.0 公厘，應使用絞線。

(3)金屬可撓導線管內導線不得接續。

(234) 53. 有關導線管，下列敘述哪些正確？　①非金屬管可作為燈具之支持物　②交流回路，同一回路之全部導線原則上應穿在同一金屬管內，以維持電磁平衡　③金屬管為鐵、銅、鋼、鋁及合金等製成品　④低壓屋內配線所用的金屬管，其最小管徑不得小於 13 公厘。

解：非金屬管不可供作燈具及其他設備之支持物。

(23) 54. 有關 EMT 導線管裝設，下列敘述哪些正確？　①屬於厚導線管　②屬於薄導線管　③不得配裝於超過 600 伏之配管工程　④得配裝於超過 600 伏之配管工程。

(124) 55. 有關電纜架之裝設，下列敘述哪些正確？　① 600 伏以下之電纜可裝於同一電纜架　②超過 600 伏之電纜可裝於同一電纜架　③超過 600 伏及 600 伏以下之電纜可裝於同一電纜架　④超過 600 伏及 600 伏以下之電纜，若以非易燃性之隔板隔離，可裝於同一電纜架。

(13) 56. 可能受重物壓力或顯著機械衝擊之場所　①不得使用電纜　②採用保護管保護電纜時，保護管內徑應大於電纜外徑 1.2 倍　③採用保護管保護電纜時，保護管內徑應大於電纜外徑 1.5 倍　④謹慎施工，亦可使用電纜。

解：可能受重物壓力或顯著之機械衝擊之場所，不得使用電纜，但其受力部分如依下列規定加適當保護者不在此限：

    (1)採用保護管保護時，其內徑應大於電纜外徑 1.5 倍，若保護管很短且無彎曲，電纜之更換施工容易者，其外徑可小於電纜外徑 1.5 倍。

    (2)電纜在屋外時，在用電場所範圍內由地面起至少 1.5 公尺應加保護，但在用電場所範圍外則自地面起至少 2 公尺應加保護。

 工作項目 05：配電線路工程裝修

(4)1. 11.4kV 配電線路跨越一般道路時，其離地面應有多少公尺以上？
①4.0　②4.5　③5.0　④5.6。
解：離地面應有 5.6 公尺以上。

(3)2. 9 公尺電桿埋入泥地之深度通常為電桿總長之
①$\frac{1}{3}$　②$\frac{1}{4}$　③$\frac{1}{6}$　④$\frac{1}{10}$。
解：電業供電配線裝置規則 46 條，通常為電桿總長之 $\frac{1}{6}$。

(3)3. 永久設置於支持物之腳踏釘，距地面或其他可踏觸之表面，不得小於多少公尺？　①1.5　②1.8　③2.45　④3.0。
解：電業供電配線裝置規則 65 條，不得小於 2.45 公尺。

(3)4. 高壓線路與低壓線路在屋內應隔離多少公厘以上？
①100　②200　③300　④400。

(4)5. 低壓連接接戶線之長度，自第一支持點起以多少公尺為限？
①20　②35　③40　④60。

(2)6. 低壓單獨接戶線電壓降不得超過標稱電壓之
①0.1　②0.01　③0.2　④0.02。

(　2　) 7.　低壓架空接戶線與鄰近樹木及其他線路之電桿間，其水平及垂直間隔應維持多少毫米以上？
　　①100　②200　③300　④400。

(　4　) 8.　低壓接戶線之接戶支持物離地高度不得小於多少公尺？
　　①1.5　②1.8　③2.0　④2.5。

(　3　) 9.　高壓架空進屋線其裸線線徑不得小於多少平方公厘？
　　①8　②14　③22　④30。

(　3　) 10.　依用戶用電設備裝置規則，高壓導線由地下引出地面時，如安裝於電桿並採用硬質 PVC 管保護，則該管路由地面算起至少應有多少公尺之高度？　①1.2　②2　③2.4　④3。

(　1　) 11.　特別低壓線路裝置於屋外時，若將各項電具均接入，導線相互間及導線與大地間之絕緣電阻不得低於多少 MΩ？
　　①0.05　②0.1　③0.5　④1。

(　3　) 12.　高壓線路距離電訊線路、水管、煤氣管等，以多少公厘以上為原則？　①150　②300　③500　④600。

(　2　) 13.　變電室內 11.4kV 線路，其兩裸導體相互間之最小間隔為多少公厘？　①100　②200　③300　④400。

(　3　) 14.　變電室內 22.8kV 線路，其兩裸導體相互間之最小間隔為多少公厘？　①100　②200　③300　④400。

(　2　) 15.　某 11.4kV 之屋內線路，其裸導體間與鄰近大地間之最小間隔為多少公厘？　①100　②110　③120　④150。

(　2　) 16.　某 22.8kV 之屋內線路，其裸導體與鄰近大地間之最小間隔為多少公厘？　①115　②215　③315　④415。

(　3　) 17.　高壓電氣設備有活電部分露出者，如以圍牆加以隔離，則圍牆高度應在多少公尺以上？　①1.5　②2.0　③2.5　④3.0。

(　3　) 18.　高壓交流電力電纜以直流電壓施行耐壓試驗十分鐘時，其試驗電壓應為最大使用電壓之多少倍？　①1　②2　③3　④4。

(　3　) 19.　製造貯藏危險物質之處所施設線路時，應採用下列何種管路方式裝配？　①薄金屬管　②EMT 管　③厚金屬管　④磁珠配線。

(4) 20. 與游泳池、跳水平台、高空跳水台、滑水道,或其他與游泳池有關固定體等之邊緣,其水平間隔在多少公尺內不得敷設低壓供電電纜? ① 1.5 ② 2.0 ③ 2.5 ④ 3.0。

解:3.0 公尺內不得敷設低壓供電電纜。

(4) 21. 沿建築物內側裝設低壓電纜者,其支持點間隔應在多少公尺以下? ① 0.5 ② 1 ③ 1.5 ④ 2。

(1) 22. 接戶線按地下低壓電纜方式裝置時,如壓降許可,其長度
① 不受限制　　　　　② 不得超過 20 公尺
③ 不得超過 35 公尺　　④ 不得超過 40 公尺。

(4) 23. 低壓配線裝置直埋電纜由地下引出地面時,應以適當之配電箱或導線管保護,保護範圍至少由地面起達 2.5 公尺及自地面以下多少公分? ① 15 ② 23 ③ 30 ④ 46。

解:自地面以下 46 公分。

(3) 24. 對地電壓 300 伏特以下之絕緣供電接戶線,跨越一般道路應離路面多少公尺以上? ① 4.0 ② 4.5 ③ 4.9 ④ 5.6。

解:應離路面 4.9 公尺。

(3) 25. 設施電氣醫療設備工程時,限用
① PVC 單線 ② PVC 絞線 ③ 電纜線 ④ 花線。

(4) 26. 屋內之低壓電燈及家庭用電器具採 PVC 管配線時,其裝置線路與電訊線路,應保持多少公厘以上之距離?
① 50 ② 80 ③ 100 ④ 150。

(4) 27. 屋內之低壓電燈及家庭用電器具之裝置線路與水管,應保持多少公厘以上之距離? ① 50 ② 80 ③ 100 ④ 150。

(4) 28. 屋內之低壓電燈及家庭用電器具之裝置線路與煤氣管,應保持多少公厘以上之距離? ① 50 ② 80 ③ 100 ④ 150。

(4) 29. 以手捺開關控制電感性負載(如日光燈、電扇等)時,其負載電流應不超過開關額定電流之多少%? ① 50 ② 60 ③ 70 ④ 80。

(4) 30. 敷設金屬管時,須與煙囪、熱水管及其他發散熱氣之物體,如未適當隔離者,應保持多少公厘以上之距離?
① 150 ② 250 ③ 300 ④ 500。

(3) 31. 在汽車修理廠之危險場所上方，固定裝置之燈具距地面高度不得低於多少公尺，以免車輛進出時碰損？
① 1.6　② 2.6　③ 3.6　④ 4.6。

(2) 32. 住宅場所陽台之插座及離廚房水槽多少公尺以內之插座分路應裝設漏電斷路器？　① 0.8　② 1.8　③ 2.8　④ 3.8。

(3) 33. 接於 15 安及 20 安低壓分路之插座應採用
①單插座　②雙插座　③接地型插座　④重責務型插座。

(4) 34. 在用戶用電範圍內，25kV電力電纜以硬質非金屬管裝置埋設於地下時，除另有規定外，其最小埋設深度為多少公厘？
① 160　② 300　③ 460　④ 610。

(2) 35. 低壓架空單獨及共同接戶線之長度以 35 公尺為限，但如架設配電線路有困難時，得延長至多少公尺？　① 40　② 45　③ 50　④ 55。

(3) 36. 除特殊長桿距外，通常一般線路桿距之導線終端裝置採用何種方式固定？　①活線線夾　②拉線環　③拉線夾板　④裝腳礙子。

(2) 37. 低壓屋內線路新設時，其絕緣電阻建議在多少 MΩ以上？
① 0.1　② 1　③ 5　④ 10。

(1) 38. 屋外架空配電線路，220V 低壓裸導線與房屋之水平間隔應保持在多少公尺以上？　① 1.2　② 1.5　③ 1.8　④ 2。
解：外規表 3。

(1) 39. 屋外架空配電線路，11.4kV 高壓裸導線與房屋之水平間隔應保持在多少公尺以上？　① 1.5　② 2　③ 2.5　④ 3。
解：外規表 3。

(2) 40. 在用戶用電範圍內，15kV電力電纜以硬質非金屬管裝置埋設於地下時，除另有規定外，其最小埋設深度為多少公厘？
① 300　② 460　③ 610　④ 760。

(2) 41. 電度表接線箱，其箱體若採用鋼板者，其厚度應在多少公厘以上？
① 1.2　② 1.6　③ 2.0　④ 2.6。

(2) 42. 已知幹線電壓降為標稱電壓之 3 %，則其分路電壓降不得超過標稱電壓多少％？　① 1　② 2　③ 3　④ 4。

(2) 43. 低壓電纜在屋外敷設於用電場所範圍內，由地面起至少多少公尺應加以保護？　① 1.0　② 1.5　③ 2　④ 3。

(3) 44. 高壓接戶線之架空長度以多少公尺為限且不可使用連接接戶線？
　　① 10　② 20　③ 30　④ 50。

(4) 45. 依用戶用電設備裝置規則，高壓配線彎曲電纜時，不可損傷其絕緣，其彎曲處內側半徑除廠家另有詳細規定者外，以電纜外徑之多少倍以上為原則？　① 6　② 8　③ 10　④ 12。

(4) 46. 電桿裝設支線時，其支線礙子應裝置在離地面多少公尺以上處所？
　　① 1　② 1.5　③ 2　④ 2.5。
　解：外規第 58-5 條。

(1) 47. 架空配電線路之支持物與消防栓之間隔應保持多少公尺以上之間隔？　① 1.2　② 2.0　③ 3.0　④ 3.5。
　解：外規第 28-1 條。

(2) 48. 導線壓接時宜選用符合各導線線徑之
　　①電工鉗　②壓接鉗　③斜口鉗　④鋼絲鉗。

(3) 49. 屋內配線所使用之絞線至少由多少股實心線組成？
　　① 3　② 5　③ 7　④ 19。
　解：絞線根數 $N = 3n(n+1)+1$　N：根數；n：層數。
　　$N = 3 \times 1 \times (1+1)+1 = 7$。

(3) 50. 七股絞線以不加紮線之分岐連接時，每股應紮多少圈以上？
　　① 4　② 5　③ 6　④ 7。
　解：依法規圖 15-6 示。

(1) 51. 從事電線接續壓接工作，偶因施工不良引起事故，主要是因為接續點何者增大的原故？　①電阻　②電感　③電壓　④電容。
　解：從事電線接續壓接工作時，在接續點會產生電阻。

(2) 52. 12 公尺之架空線路電桿在泥地埋設時，埋入地中之深度應為多少公尺？　① 1.5　② 1.8　③ 3　④ 6。
　解：外規第 46 條及表 15。

(4) 53. 下列何種導線適用於長距離高壓輸電線路？
　　①鋁導線　②軟銅線　③硬抽銅導線　④鋼心鋁導線。

(234) 54. 屋內線路與電訊線路、水管、煤氣管及其它金屬物間，若無法保持 150 公厘以上距離，可採用下列哪些措施？ ①磁珠配線 ②電纜配線 ③金屬管配線 ④加裝絕緣物隔離。

解：如無法保持規定距離，其間應加裝絕緣物隔離，或採用金屬管、電纜等配線方法。

(123) 55. 下列哪些項目不宜使用在發散腐蝕性物質的場所？ ①吊線盒 ②矮腳燈頭 ③花線 ④密封防腐蝕之燈頭。

解：在發散腐蝕性物質的場所，出線頭應裝用防腐蝕之金屬吊管或彎管，燈頭應為密封以防腐蝕。

(134) 56. 單相三線式 110V/220V 配電線路維持負載平衡之目的，下列敘述哪些錯誤？ ①防止異常電壓之發生 ②減少線路損失 ③改善功率因數 ④減輕負載。

解：單相三線式 110V/220V 配電線路負載維持平衡時：

(1)電壓降減為原來的 $\frac{1}{4}$。

(2)電路損失減為原來的 $\frac{1}{4}$。

(3)分路增加容量加大。

(4)可供單相 220V 負載。

(124) 57. 製造貯藏危險物質之處所施設線路時，不宜採用下列哪些配管線方式？ ①薄金屬管 ② EMT 管 ③厚金屬管 ④磁珠配線。

解：製造貯藏危險物質之處所配線應符合下列規定：

(1)配線應依金屬管、非金屬管或電纜裝置法配裝。

(2)金屬管可使用薄導線管或其同等機械強度以上者。

(3)以非金屬管配裝時管路及其配件應施設於不易碰損之處所。

(4)以電纜裝置時，除鎧裝電纜或MI電纜外電纜應裝入管路內保護之。

工作項目 06：變壓器工程裝修

（ 4 ）1.　下列何者不是單相變壓器並聯運轉時之必要條件？　①一次及二次額定電壓相等　②極性相同　③匝數比相同　④容量相同。

　　解：變壓器並聯使用條件：

　　　　(1)一次、二次額定電壓及匝數比要相同。

　　　　(2)極性要相同。

　　　　(3)頻率要相同。

　　　　(4)等效電阻電抗比要相同。

　　　　(5)電壓調整率要相等。

（ 4 ）2.　單相變壓器匝數比為 32，全載時二次側電壓為 102V，電壓調整率為 2％，則一次側電壓約為多少 V？

　　　　① 3300　② 3310　③ 3320　④ 3330。

　　解：一次側電壓＝102×32＝3264V。

$$電壓調整率＝\frac{(V_N - V_F)}{V_F}×100\%$$

$$＝\frac{(無載時電壓-滿載時電壓)}{滿載時電壓}×100\%$$

　　　　所以$0.02＝\frac{(V_N - 3264)}{3264}$　$V_N＝3329.28V$。

（ 3 ）3.　下列何者無法利用變壓器之開路試驗求得？

　　　　①鐵損　②激磁導納　③銅損　④無載電流。

　　解：變壓器開路試驗目的在測量變壓器之鐵損(磁滯損＋渦流損)。

（ 2 ）4.　測量變壓器鐵損的方法是

　　　　①溫升試驗　②開路試驗　③短路試驗　④耐壓試驗。

（ 1 ）5.　低壓變壓器一次側之過電流保護器，除另有規定外，應不超過變壓器一次側額定電流之多少倍？　① 1.25　② 1.5　③ 2　④ 2.5。

（ 2 ）6.　二具 10kVA 之單相變壓器接成 V-V 接線，增加一具相同容量之變壓器，將其接成△－△接線，則變壓器的輸出容量約可增加多少 kVA？　① 9.6　② 12.7　③ 16.8　④ 22.4。

　　解：V-V 三相輸出＝$\sqrt{3}V_PI_P$，△-△三相輸出＝$3V_PI_P$

　　　　∴$3V_PI_P - \sqrt{3}V_PI_P＝1.27$，10kVA×1.27＝12.7kVA。

(1) 7. 變壓器之一次線圈為 2400 匝，電壓為 3300 伏，二次線圈為 80 匝，則二次電壓為多少伏？　① 110　② 220　③ 330　④ 440。

解：$\dfrac{N_1}{N_2} = \dfrac{V_1}{V_2} = \dfrac{2400}{80} = 30$，$V_2 = \dfrac{1}{30} \times 3300 = 110V$。

(2) 8. 單相 50kVA 變壓器二台，接成 V 接線，供應功率因數為 0.8 之三相平衡負載，則可供之三相滿載容量(kVA)約為

① 100　② 86　③ 80　④ 57。

解：$(50+50) \times 0.866 = 86.6kVA$。

(2) 9. 3300/110V 之變壓器二次側實測電壓為 99V，欲調整為 107V 則分接頭應改在多少 V？　① 2850　② 3000　③ 3150　④ 3300。

解：$\dfrac{V_1}{99} = \dfrac{3300}{110}$，求得 $V_1 = 99 \times \dfrac{3300}{110} = 2970V$

$\dfrac{2970}{107} = \dfrac{\text{分接頭電壓}}{110}$，求得分接頭電壓 $= 110 \times \dfrac{2970}{107} = 3053V$

故選用 3000/110 之分接頭。

(2) 10. 某 V-V 接線一燈力併用變壓器組，如欲供應單相負載 75kVA，三相負載 40kVA，則該兩具變壓器之最小組合容量(kVA)為

① 75/40　② 100/25　③ 100/40　④ 100/75。

解：(1)V-V 連接之變壓器組其利用率= 0.866，為每台變壓器容量之 0.866 倍，負載率= 0.577，總負載為三台單相變壓器作△-△連接的 0.577 倍。

(2)三相負載 40kVA 需二台單相變壓器作 V-V 連接，其每台容量 $= 40 \div 2 \div 0.866 = 23.09 \fallingdotseq 25$ kVA。

(3)單相負載 75kVA 只需 1 台 25 kVA 及 1 台 100 kVA 作 V-V 連接。

(2) 11. V-V 連接與△－△連接之變壓器比較，每具發揮之容量百分比為多少％？　① 57.7　② 86.6　③ 95　④ 100。

(3) 12. V-V 連接之變壓器組，其輸出總容量為△-△連接之多少％？① 40 ② 50　③ 57.7　④ 86.6。

解：負載率 $= \dfrac{S_{\text{v-v}}}{S_{\triangle-\triangle}} = \dfrac{\sqrt{3}VI}{3VI} = 0.577 = 57.7$ ％

利用率 $= \dfrac{S_{\text{v-v}}}{S_1+S_1} = \dfrac{\sqrt{3}VI}{2VI} = 0.866 = 86.6$ ％。

(3) 13. 200/100V 2kVA 之單相變壓器，若改接成 200/300V 之升壓自耦變壓器，則其輸出容量為多少 kVA？　①2　②4　③6　④8。

解：輸出容量 $= S_A = S \times (1 + \dfrac{\text{共同繞組電壓}}{\text{非共同繞組電壓}})$

$\qquad =$ 感應容量 $S +$ 傳導容量 S_T

$\qquad = 2000 \times (1 + \dfrac{200}{100}) = 6000 = 6\text{kVA}$。

(1) 14. 50Hz 之變壓器，若用於相同電壓 60Hz 之電源時，磁化電流變為原來之多少倍？　①$\dfrac{5}{6}$　②$\dfrac{6}{5}$　③$\dfrac{36}{25}$　④$\dfrac{25}{36}$。

解：感應電動勢 $E = 4.44KNf\phi$；$4.44KN \times 50\phi_1 = 4.44KN \times 60\phi_2$

$\qquad \therefore \phi_2 = \dfrac{50\phi_1}{60} = \dfrac{5}{6}\phi_1$

所以頻率上升，二次電壓上升，則其激磁電流會稍減。

(3) 15. 發電廠內發電機之升壓變壓器組，通常採用下列何種連接？　①Y-Y　②Y-△　③△-Y　④△-△。

(4) 16. 在連接比流器(CT)時，必須注意

①應與電路並聯　②二次側不能接地　③二次側須與瓦特計電壓線圈串聯　④不可使二次側開路。

(2) 17. 二次電流為 5A 之 CT，二次側接有 0.4Ω 阻抗負載時，則其負擔(VA)為　①2.5　②10　③12.5　④25。

解：比流器的負擔$(S) = I^2 \times Z(\text{VA}) = 5^2 \times 0.4 = 25 \times 0.4 = 10(\text{VA})$。

(2) 18. 比流器(CT)二次側 ℓ 端接地之主要目的為

①防止二次諧波　②人員安全　③穩定電壓　④穩定電流。

(1) 19. 某變壓器無載時變壓比為 20.5:1，滿載時為 21:1 則其電壓調整率為多少％？　①2.43　②-2.38　③-2.43　④2.38。

解：電壓調整率(%) $= \dfrac{(V_N - V_F)}{V_F} = \dfrac{(\text{無載時電壓} - \text{滿載時電壓})}{\text{滿載時電壓}}$

$\qquad$ 電壓調整率(%) $= \dfrac{(\dfrac{1}{20.5}) - (\dfrac{1}{21})}{\dfrac{1}{21}} = 0.0243 = 2.43$ ％。

(1) 20. 變壓器的效率為　①輸出功率與輸入功率之比　②輸入電能與輸出電能之比　③輸入功率與損失之比　④輸出功率與損失之比。

解：變壓器的效率 $= \dfrac{\text{輸出功率}}{\text{輸入功率}} = \dfrac{\text{輸出功率}}{(\text{輸出功率} + \text{損失})}$。

(4) 21. 3300/110V單相變壓器,當分接頭置於3450V位置時,二次側電壓為105V,則此時一次側電源電壓約為多少V?

① 3615　② 3555　③ 3450　④ 3295。

解:二次側新電壓 = $\dfrac{\text{目前電源(一次)電壓}}{\text{新匝數比}}$

一次側電源電壓 = $105 \times \dfrac{3450}{110} = 3293.18\text{V}$。

(4) 22. 單相變壓器,一次與二次匝數比為4:1,滿載時二次側之電壓為105V,已知電壓調整率為5%,則一次側端電壓約為多少 V?

① 399　② 400　③ 420　④ 441。

解:電壓調整率(%) = $\dfrac{(V_N - V_F)}{V_F} = \dfrac{(\text{無載時電壓} - \text{滿載時電壓})}{\text{滿載時電壓}}$

一次電壓 = $105 \times 4 = 420\text{V}$,

電壓調整率 = $0.05 = \dfrac{V_N - 420}{420} \Rightarrow V_N = 441\ \text{V}$

(1) 23. 比流器(CT)若二次側短路時,則一次側電流

①不變　②增加　③減少　④先增加後減小。

解:比流器(CT)二次側不可開路,開路會燒毀;比流器二次側短路,一次電流不受影響。

(1) 24. 配電系統配電變壓器之二次側中性線接地,係屬於　①低壓電源系統接地　②設備接地　③內線系統接地　④高壓電源系統接地。

(4) 25. 變壓器負載增加時,下列敘述何者錯誤?

①一次電流增加　②匝數比不變　③變壓比會增加　④鐵損增加。

解:變壓器之外加電壓及頻率皆固定時,則其一次電流增加、匝數比不變、變壓比會增加,其鐵損不隨負載增減而改變。

(4) 26. 變壓器滿載銅損為半載銅損之多少倍?　①$\dfrac{1}{4}$ ②$\dfrac{1}{2}$ ③2 ④4。

解:銅損大小與負載平方成正比,所以半載時銅損 = $(\dfrac{1}{2})^2 = \dfrac{1}{4}$倍。

(1) 27. 變壓器若一次側繞組之匝數減少20%,則二次繞組之感應電勢將

①升高25%　②降低25%　③升高20%　④降低20%。

解:$V_2 = V_1(\dfrac{N_2}{N_1}) = V_1(\dfrac{N_2}{0.8N_1}) = 1.25V_1(\dfrac{N_2}{N_1})$。

(3) 28. 額定 600V、30A、阻抗為 1.2Ω之變壓器，則其百分比阻抗為多少
%？　①4　②5　③6　④20。

解：$Z_b = \dfrac{600\text{V}}{30\text{A}} = 20\Omega$，

百分比阻抗 $= (\dfrac{1.2}{20}) \times 100\% = 6\%$。

(4) 29. 電源電壓維持不變時，變壓器之渦流損失與頻率之關係為
①成正比　②平方成正比　③成反比　④無關。

解：渦流損失 $P_e = K_e \times t^2 \times B_m^2 \times f^2 (\text{W})$。

(3) 30. 在變壓器中，鐵損是由下列何者所構成？
①磁滯損　②渦流損③磁滯損與渦流損　④線圈電阻功率損失。

(3) 31. 若變壓器一次側外加純正弦波，主磁通及反電勢皆須為正弦波，
激磁電流必為　①方波　②正弦波　③含有高奇數諧波
④餘弦波。

解：正弦波加於變壓器一次側時，由鐵心的磁滯影響造成激磁
電流成為含有第三次諧波之變形正弦波。

(2) 32. 變壓器無載時，磁化電流為 6A，鐵損電流為 8A，則其無載電流
為多少 A？　①2　②10　③14　④48。

解：$I_0 = \sqrt{I_e^2 + I_m^2} = \sqrt{6^2 + 8^2} = 10$安培。

(1) 33. 假設電源不變，則三相 Y-Y 連接之變壓器改為△-Y 連接時，二次
側電壓變為原來的多少倍？　①$\sqrt{3}$　②$\dfrac{1}{3}$　③$\sqrt{2}$　④1。

解：Y 接：線電壓 $= \sqrt{3}$相電壓，△接：線電壓 = 相電壓。

(3) 34. 下列何種三相變壓器之連接，會產生變壓器內部環流？
①V-V　②Y-Y　③△-△　④T-T。

(2) 35. 下列三相變壓器組何者不可並聯運用？　①Y-Y 與△-△
②Y-△ 與 Y-Y　③△-Y 與 Y-△　④△-△與△-△。

解：Y-Y 位移角：0°，△-△位移角：0°，Y-△位移角：30°，△-Y
位移角：30°，故位移角不相同者不可並聯。

(3) 36. 量測變壓器銅損的方法是
①溫昇試驗　②開路試驗　③短路試驗　④耐壓試驗。

(2) 37. 欲求變壓器之阻抗電壓應作下列何種試驗？
①溫升試驗　②短路試驗　③變壓比試驗　④無載試驗。

(1) 38. 變壓器接成 Y 接時，下列敘述何者為正確？　①線電流=相電流　②線電壓=相電壓　③相電壓=$\sqrt{3}$線電壓　④相電流=$\sqrt{3}$線電流。

解：Y 接：線電壓=$\sqrt{3}$相電壓，線電流 = 相電流。

(1) 39. 變壓器一次側電壓維持不變，而二次側接線由 Y 接改成△接，則二次側電壓為原來的多少倍？　①$\frac{1}{\sqrt{3}}$　②$\sqrt{3}$　③$\frac{1}{\sqrt{2}}$　④$\sqrt{2}$。

解：(1)Y 接：線電壓＝$\sqrt{3}$相電壓，△接：線電壓 = 相電壓。

(2)Y 接改成△接，則二次側電壓＝$\frac{1}{\sqrt{3}}$Y 接線電壓。

(1) 40. 三具均為 10kVA、11400/220V、60Hz 的單相變壓器，擬接成 11400/380V 以供給三相負載使用，請問其連接方法應為　①△-Y　②Y-△　③△-△　④Y-Y。

解：Y 接：線電壓＝$\sqrt{3}$相電壓，△接之線電壓 = 相電壓。

Y 接：線電壓＝$\sqrt{3}\times220$＝381V。

(1) 41. 10kVA 單相變壓器三具以 Y-△連接時，可供三相容量為多少kVA？　① 30　② 26　③ 17.3　④ 8.66。

解：三相供電容量＝10+10+10＝30kVA。

(2) 42. 若兩具單相變壓器額定均為 10kVA，採 V-V 連接，則其三相總輸出容量為多少 kVA？　① 10　② 17.32　③ 20　④ 30。

解：V-V 接線變壓器的輸出容量

＝10kVA×0.866+10kVA×0.866＝17.32kVA。

(3) 43. 三具單相變壓器，每具容量為 10kVA，接成△-△接線供給 20kVA 三相平衡負載，今若其中一具故障，其餘二具繼續負擔全部負載時，則此兩變壓器之總過載量為多少 kVA？　① 10　② 8.66　③ 2.68　④ 1.34。

解：V-V 接線輸出＝10×0.866+10×0.866＝17.32kVA。

總過載量＝20－17.32＝2.68kVA。

(1) 44. 將電阻與電抗之比不相等的兩具變壓器作並聯運轉時，則此兩具變壓器所分擔的電流大小之和　①大於兩具單獨運轉之電流和　②等於兩具單獨運轉之電流和　③小於兩具單獨運轉之電流和　④可大於也可小於兩具單獨運轉之電流和。

解：單相變壓器並聯運用時，各變壓器等值阻抗與其容量成反比，即容量大，分擔較多負擔。

(3) 45. 將匝數比為 a 之雙繞組變壓器，改接成升壓自耦變壓器，則自耦變壓器與原雙繞組變壓組之負載容量比為多少倍？
①$\frac{1}{(1+a)}$　②$\frac{1}{(1-a)}$　③$1+a$　④$1-a$。

(2) 46. 關於變壓器銅損之敘述，下列何者較正確？
①與頻率平方成正比　　②與負載電流平方成正比
③與負載電流成正比　　④與頻率成正比。

(1) 47. 有一 50kVA、6600/220V 之單相變壓器經由開路及短路試驗測得其鐵損及銅損分別為 300W 及 500W，若變壓器在滿載時功率因數為 0.8，則滿載效率為多少％？　①98　②90　③85　④80。
解：效率＝$\frac{輸出}{輸入}$＝$\frac{輸出}{(輸出＋損失)}$＝$\frac{50000\times0.8}{50000\times0.8+300+500}$＝$0.98$。

(3) 48. 變壓器若為 220/110V，則高壓繞組之等值電阻約為低壓繞組之等值電阻的幾倍？　①2　②$\frac{1}{2}$　③4　④$\frac{1}{4}$。
解：匝數比＝$\frac{220}{110}$＝2＝a。
$\frac{一次側之等值電阻}{二次側之等值電阻}$＝$a^2$＝$4$。

(2) 49. 變壓器的激磁電流中，含諧波振幅最大者為
①二次諧波　②三次諧波　③四次諧波　④五次諧波。
解：正弦波加於變壓器一次側時，由鐵心的磁滯影響造成激磁電流成為含有第三次諧波之變形正弦波。

(3) 50. 正弦波加於變壓器一次側時，由鐵心的磁滯影響造成激磁電流成為　①正弦波　②含偶次諧波　③含奇次諧波　④鋸齒波。

(3) 51. 下列何者試驗主要在量測變壓器之效率及電壓調整率？
①短路試驗　②開路試驗　③負載試驗　④溫升試驗。

(3) 52. 變壓器於二次側接有負載時，其鐵心內之公共磁通 ϕm 係由
①一次安匝單獨產生　　②二次安匝單獨產生
③一次及二次安匝聯合產生　④無法判定。

(1) 53. 比流器(CT)其額定為 50/5A，15VA，則二次電路之最大阻抗為多少Ω？　①0.6　②1　③2　④2.5。
解：比流器的負擔(S)＝$I^2\times Z$(VA)，$15=5^2\times Z$
$\therefore Z=\frac{15}{5^2}=0.6\Omega$。

(　2　) 54. 配電盤上之 CT，標示為 0.5 級係表示
①絕緣等級　②準確度　③耐壓　④形狀大小。

解：準確度(Accuracy)。

(　1　) 55. 變壓器之額定容量常以下列何種單位表示之？
① kVA　② kW　③ kVAR　④ kWH。

(　3　) 56. 變壓器之一次側係指
①高壓側　②低壓側　③電源側　④負載側。

解：一次側：電源側，二次側：負載側。

(　3　) 57. 變壓器感應電勢 $E=4.44N\phi f$，式中 E 表示電壓之
①瞬時值　②最大值　③有效值　④平均值。

(　4　) 58. 220/110V，10kVA 之變壓器，若改接成 110/330V 之自耦變壓器，
則可供給之容量為多少 kVA？　① 5　② 8.6　③ 10　④ 15。

解：輸出容量 $=S_A=S\times(1+\dfrac{共同繞組電壓}{非共同繞組電壓})$

$=$ 感應容量 $S+$ 傳導容量 S_T

$=10000\times(1+110/220)=15000=15\text{kVA}$。

(　2　) 59. 匝數比為 2：1 之單相變壓器三具，連接成△-Y 時，當二次側線
電流為 10A 時，則一次側線電流約為多少 A？
① 5　②$5\sqrt{3}$　③ $10\sqrt{3}$　④ 20。

解：因二次側 Y 接，相電流 = 線電流 = 10A，$\dfrac{I_1}{I_2}=\dfrac{N_2}{N_1}$，

$I_1=\dfrac{10}{2}=5\text{A}$(相電流)。

所以一次側△接線電流 $=\sqrt{3}\times$相電流$=\sqrt{3}\times5\text{A}=5\sqrt{3}\text{A}$。

(　2　) 60. 變壓器施行絕緣耐壓時，各繞組之間，應能耐壓 1.5 倍最大使用電
壓之試驗電壓多少分鐘？　① 5　② 10　③ 15　④ 20。

(　1　) 61. 用戶自備電源變壓器，其二次側對地電壓超過多少伏時，應採用
設備與系統共同接地？　① 150　② 300　③ 600　④ 750。

(　3　) 62. 某單相 200kVA 變壓器於滿載時，其功率因數為 0.85 落後，則輸
出為多少 kW？　① 85　② 100　③ 170　④ 200。

解：$P=S\times\cos\theta=200\text{kVA}\times0.85=170\text{kW}$。

(4) 63. 使用三台 11.4kV/220V 之單相變壓器,若一次側電源電壓為三相三線式 11.4kV,欲供給三相 380V 電動機,則變壓器應使用何種接線法? ① Y-Y ②△-△ ③ Y-△ ④△-Y。

解:$220 \times \sqrt{3} = 381$,所以二次側用 Y 接線,一次側用△接線。

(2) 64. 維修某變壓器,於繞紮線圈時,不慎將其一次線圈匝數增加,則二次線圈端之電壓將何變化? ①升高 ②降低 ③不變 ④負載增加則電壓升高,反之降低。

解:電壓與線圈匝數成正比,一次線圈匝數增加則二次線圈端之電壓將降低。

(2) 65. 變壓比為 30:1 之理想單相變壓器,若二次側伏特表指示為 110 伏特,則一次側之電壓為多少伏特? ① 2200 ② 3300 ③ 6600 ④ 11400。

解:$\dfrac{N_1}{N_2} = \dfrac{V_1}{V_2} = 30$,$V_1 = 30 \times 110 = 3300V$。

(1) 66. 有一變壓器,滿載時銅損為 180W,則 $\dfrac{1}{3}$ 負載時銅損為多少 W?

① 20 ② 30 ③ 60 ④ 90。

解:變壓器銅損大小與負載平方成正比,故 $\dfrac{1}{3}$ 負載時,

銅損 $= (\dfrac{1}{3})^2 \times 180 = 20W$。

(2) 67. 一電感性負載消耗之有效功率為 600W,無效功率為 800VAR,則此負載之功率因數為何?

① 0.6 超前 ② 0.6 落後 ③ 0.8 超前 ④ 0.8 落後。

解:功率因數 $= \dfrac{\text{有效功率}}{\text{視在功率}} = \dfrac{\text{有效功率}}{\sqrt{\text{有效功率}^2 + \text{無效功率}^2}}$

$= \dfrac{600}{\sqrt{600^2 + 800^2}} = 0.6$

負載為電感性,所以功率因數為落後。

(4) 68. 有甲和乙兩台容量皆為 80kVA 之單相變壓器作並聯運轉，供給 100kVA 負載。甲和乙之百分比阻抗壓降分別為 4% 與 6%，則甲、乙分擔之負載分別為多少 kVA？

① 30、70　② 70、30　③ 40、60　④ 60、40。

解：S_L：kVA 負載。

$$甲變壓器分擔容量 = S_L \times \frac{6\%}{4\%+6\%} = 100 \times \frac{6}{10} = 60kVA。$$

$$乙變壓器分擔容量 = S_L \times \frac{4\%}{4\%+6\%} = 100 \times \frac{4}{10} = 40kVA。$$

(2) 69. 一般電力變壓器在最高效率運轉時，其條件為下列何者？

①銅損小於鐵損　　②銅損等於鐵損

③銅損大於鐵損　　④效率與銅損及鐵損無關。

(4) 70. 下列何者不是變壓器的試驗項目之一？

①溫升試驗　②開路試驗　③衝擊電壓試驗　④衝擊電流試驗。

解：變壓器試驗項目有：開路試驗、短路試驗、溫升試驗、絕緣耐壓試驗(含絕緣油耐壓試驗、絕緣耐壓試驗、衝擊電壓試驗、層間耐壓試驗)。

(1234) 71. 內鐵式與外鐵式變壓器比較，則內鐵式　①磁路略長　②易拆裝，修理簡便　③絕緣特性佳　④散熱能力較佳。

(24) 72. 有關變壓器之銅損，下列敘述哪些正確？

①與電壓平方成正比　　②與電流平方成正比

③可由開路試驗求得　　④可由短路試驗求得。

(124) 73. 漏磁電抗在變壓器中，將使變壓器　①功率因數降低　②體積變大　③功率因數升高　④電壓調整率變差。

(123) 74. 下列哪些是變壓器鐵心應具備之的條件？

①導磁性良好　②成本低　③鐵損小　④激磁電流大。

解：變壓器鐵心的條件：飽和磁通密度高、導磁係數高、鐵損小、機械強度佳、加工容易、電阻高。

(12) 75. 變壓器無載損失包括下列哪些項目？

①鐵損　②介質損　③銅損　④機械磨擦損。

解：變壓器無載損失包括：

(1)鐵損：發生於鐵心，包括磁滯損及渦流損。

(2)介質損：發生於絕緣物質，無載電流流過介質所生損失。

(14) 76. 一般變壓器均將一次繞組與二次繞組分別作若干小繞組交互疊置，下列哪些是其目的？

①減少漏磁　②減少渦流　③工作容易　④改善電壓調整率。

解：其目的為減少漏磁及電抗壓降，改善電壓調整率。

(13) 77. 兩台變壓器在施行並聯運用時，必須滿足下列哪些條件？

①極性相同　②容量相同　③變壓比相同　④阻抗相同。

解：變壓器並聯使用條件：

(1)一次、二次額定電壓及匝數比要相同。

(2)極性要相同。

(3)頻率要相同。

(4)等效電阻電抗比要相同。

(5)電壓調整率要相等。

(23) 78. 下列哪些變壓器接線，其二次側可施行中性點接地？

① Y-Δ　② Y-Y　③Δ-Y　④Δ-Δ。

(124) 79. 下列哪些是自耦變壓器之優點？

①漏電抗可減少　②成本較低　③電壓比甚低　④構造簡單。

解：自耦變壓器之優缺點：

優點：(1)以較小的固有容量，得到較大的輸出容量。

(2)節省材料，體積小，製造成本較普通變壓器為低。

(3)減少漏磁電抗，降低電壓變動率。

(4)激磁電流小，減少損失，提高效率。

缺點：(1)高低壓在同繞組，沒有分開，致使絕緣困難。

(2)由於絕緣困難，導致電壓比很低。

(234) 80. 下列哪些是變壓器絕緣油應具備之條件？

①粘度高　②介質強度高　③比熱高　④不碳化。

(123) 81. 三具匝數比 $\dfrac{N_1}{N_2} = 20$ 之單相變壓器，接成 Y-Y 接線，供應

220V、10 kW、功率因數為 0.8 之負載，則下列敘述哪些正確？

①一次側相電壓為 2540 V　②二次側線電流為 32.8 A

③一次側線電流為 1.64 A　④一次側相電流為 2.84 A。

解：$P = \sqrt{3}VI\cos\theta = 10\text{kW}$，Y 接線：線電流 = 相電流，

線電壓 $= \sqrt{3}$ 相電壓

二次側線電流 = 二次側相電流 $= \dfrac{10000}{(\sqrt{3}\times 0.8 \times 220)} = 32.8\text{A}$

一次側線電流 = 一次側相電流 $= \dfrac{32.8}{20} = 1.64\text{A}$

一次側相電壓 $= (\dfrac{220}{\sqrt{3}}) \times 20 = 2540\text{V}$

一次側線電壓 $= \sqrt{3} \times 2540\text{V}$。

(234) 82. 利用三具單相變壓器連接成三相變壓器常用的接線方式中，哪些接線方式一次側不會產生三次諧波電流而干擾通訊線路？

① Y-Y 接線　② Y-△ 接線　③ △-△ 接線　④ △-Y 接線。

(124) 83. 下列哪些是變壓器鐵心採用矽鋼片之原因？

①鐵損小　②電阻係數大　③磁性穩定　④激磁電流小。

(124) 84. 下列哪些是變壓器作極性試驗的目的？　①並聯運轉

②三相連接　③耐壓試驗　④試驗用變壓器串聯運用。

⬆ 工作項目 07：電容器工程裝修

(2) 1. 電容器之配線，其安培容量應不低於電容器額定電流之多少倍？

① 1.25　② 1.35　③ 1.5　④ 2.5。

(3) 2. 兩具相同額定之電容器串聯，其合成電容值為單具電容器的多少

倍？　① 4　② 2　③ $\dfrac{1}{2}$　④ $\dfrac{1}{4}$。

解：$\dfrac{1}{C_T} = \dfrac{1}{C_1} + \dfrac{1}{C_2} = \dfrac{1}{C_1} + \dfrac{1}{C_1} = \dfrac{2}{C_1}$　　$\therefore C_T = \dfrac{1}{2}C_1$。

(3) 3. 低壓電容器之容量(kVAR)，以改善功率因數至百分之多少為原則？

①八五　②九○　③九五　④一○○。

(4) 4. 3φ440V、60Hz、100kVAR 之電容器，使用在 3φ380V、60Hz 之供電系統中，其電容器容量約變為多少 kVAR？
① 37.3　② 43.2　③ 50　④ 74.6。

解：$\dfrac{E_2}{E_1}=\dfrac{380\text{V}}{440\text{V}}=0.864$　　∴$E_2=0.864E_1$。

電容器容量$\text{kVAR}=\dfrac{E^2}{X_C}$。

與外加電壓平方成正比，

所以$(0.864E_1)^2=0.746\times100=74.6\text{kVAR}$。

(2) 5. 某工廠負載為 1000kVA，功率因數為 0.8 滯後，若欲改善功率因數至 1.0，則需裝置多少 kVAR 之電容器？
① 800　② 600　③ 400　④ 200。

解：有效功率$\text{P}=\text{kVA}_1\times$原來功率因數

$=\text{kVA}_1\times\cos\theta_1=1000\times0.8=800\text{kW}$。

$\text{kVAR}_1=\sqrt{(\text{kVA}_1^2-\text{kW}^2)}=\sqrt{(1000^2-800^2)}=600\text{kVAR}$。

$\text{kVA}_2=\dfrac{\text{有效功率}}{\text{擬提高功因}}=\dfrac{\text{kW}}{\cos\theta_2}=\dfrac{800}{1.0}=800\text{kVA}$。

$\text{kVAR}_2=\sqrt{(\text{kVA}_2^2-\text{kW}^2)}=\sqrt{(800^2-800^2)}=0$。

應並聯電容器$=\text{kVAR}_1-\text{kVAR}_2=600-0=600\text{kVAR}$。

(1) 6. 電容器額定電壓超過 600 伏者，其放電設備應能於線路開放後五分鐘內，將殘餘電荷降至多少伏以下？
① 50　② 60　③ 70　④ 80。

(4) 7. 高壓電容器之開關設備，其連續載流量不得低於電容器額定電流之多少倍？　① 1.05　② 1.15　③ 1.25　④ 1.35。

(2) 8. 含有多少公升以上可燃性液體之低壓電容器，應封閉於變電室內或隔離於屋外處？　① 5　② 10　③ 15　④ 20。

(3) 9. 低壓電容器分段設備之連續負載容量值不得低於電容器額定電流之多少倍？　① 1.1　② 1.25　③ 1.35　④ 1.5。

(2) 10. 電容器如個別配裝於電動機之分路，以改善功率因數時，導線之安培容量，不得低於電動機分路容量之
①$\dfrac{1}{4}$　②$\dfrac{1}{3}$　③$\dfrac{1}{2}$　④$\dfrac{2}{3}$。

(3) 11. 三相 11.4kV 之受電用戶，未裝電容器改善功率因數時，電源側供應之負載電流為 100 安，功率因數 0.8 滯後，如將功率因數改善至 1.0 時，則由電源側供應之負載電流變為多少安？
① 60　② 70 ③ 80　④ 100。

解：$100 \times 0.8 = I \times 1.0$　∴$I = 80A$。

(4) 12. 相同的電容器 n 個，其並聯時的電容量為串聯時的多少倍？
①$\dfrac{1}{n^2}$　②$\dfrac{1}{n}$　③ n　④ n^2。

解：n 個相同電容器串聯，總電容量$C_T = \dfrac{C}{n}$。

n 個相同電容器並聯，總電容量$C_T = n \times C$。

$\dfrac{並聯總容量}{串聯總電容量} = \dfrac{nC}{\dfrac{C}{n}} = n^2$。

(3) 13. $3\phi 380V$ $60Hz$ $50kVAR$ 之電容器，使用在 $3\phi 380V$ $50Hz$ 之供電系統時，其電容器容量(kVAR)
①不變　②增加　③減少　④隨負載變動。

解：電容器容量$Q = \dfrac{E^2}{X_C} = 2\pi f c E^2$，與頻率成正比。

所以頻率變為 50Hz，電容器容量會減少。

(2) 14. 電容器串聯之目的在於使各電容器分擔
①電流　②電壓　③電阻　④電抗。

解：電容器可儲存電荷，在串聯時，可分擔電壓；並聯時，可用來改善線路功率因數。

(4) 15. 電力系統並接電容器之主要目的為　①保護線路　②增加絕緣強度　③增加機械強度　④改善功率因數。

解：電力系統並接電容器之主要目的為改善功率因數，並可提高線路電壓及減少線路損失。

(1) 16. 純電容性之負載　①電流超前電壓相位 90°　②電壓超前電流相位 90°　③電流與電壓同相　④電壓與電流相差 30°。

解：純電容性負載：電流超前電壓相位 90°。

純電感性負載：電壓超前電流相位 90°。

(2) 17. 某工廠主變壓器之容量為 1000kVA，漏磁電抗 X_ℓ 為 5%，激磁電抗 X_m 為 1%，在滿載時其消耗之無效電力為多少 kVAR？
① 70　② 60　③ 50　④ 40。

解：漏磁電抗 X_ℓ 及激磁電抗 X_m 都是屬於消耗無效電力。

所以無效電力＝1000×(0.05+0.01)＝60kVAR。

(2) 18. 高壓電容器之開關設備，其連續載流量，不得低於電容器額定電流多少倍？　① 1.25　② 1.35　③ 1.5　④ 2.5。

(1) 19. 兩只電容器電容值與耐壓規格分別為 50μF/50V、100μF/150V，若將其並聯後，則此並聯電路的總電容值與總耐壓規格為何？
① 150μF/50V　② 150μF/150V　③ 75μF/50V　④ 75μF/150V。

解：(1)總電容量：$C_T = C_1 + C_2 = 50+100 = 150μF$。

(2)總耐壓：並聯之各電容器端電壓相同，但是應選兩者較小者為耐壓標準，否則較小耐壓者將會燒毀，故此處總耐壓應為 50V。

(4) 20. 三只電力電容器接成 Y 接，並聯連接於三相感應電動機的電源側，主要目的為何？　①增加電動機輸出轉矩　②增加電動機轉軸轉速　③使電源側的有效功率增加　④使電源側的無效功率減少。

解：並接電容器之主要目的：

(1)為改善功率因數，並可提高線路電壓及減少線路損失。

(2)交流電流 I 分成有效 I_R 及無效 I_x 兩部分，並接電容器的主要目在減少無效部分，電流 I 會減少，功率因數 θ 角亦減少，無效功率減少。

(1) 21. 相同的電容器 n 個，其串聯時的電容量為並聯時的多少倍？
①$\frac{1}{n^2}$　②$\frac{1}{n}$　③n　④n^2。

解：n 個相同電容器串聯總電容量 $C_T = \frac{C}{n}$。

n 個相同電容器並聯總電容量 $C_T = nC$。

$\dfrac{串聯總電容量}{並聯總電容量} = \dfrac{\frac{C}{n}}{nC} = \dfrac{1}{n^2}$

(4) 22. 電容量為 100μF 的電容器，其兩端電壓差穩定於 100V 時，該電容器所儲存的能量為多少焦耳？　① 2.0　② 1.5　③ 1.0　④ 0.5。

解：$\frac{1}{2}CV^2 = \frac{1}{2} \times 100 \times 10^{-6} \times 100^2 = 0.5$焦耳。

(2) 23. 有一電容器的電容值為 10μF，其中英文字母μ代表的數值是
①$10^{-3}$　②$10^{-6}$　③$10^{-9}$　④$10^{-12}$。

(1) 24. 有一電容器之容量為 50kVAR，其中英文字母k代表的數值是
①$10^{3}$　②$10^{6}$　③$10^{9}$　④$10^{12}$。

(1) 25. 在純電容電路中，電壓與電流相位關係為何？
①電壓落後電流 90 度　　②電壓落後電流 45 度
③電壓超前電流 90 度　　④電壓與電流同相位。
解：純電容性：負載電流超前電壓相位 90°。純電感性：負載電壓超前電流相位 90°。

(134) 26. 高壓電容器隔離開關應符合下列哪些規定？
①作為隔離電容器或電容器組之電源
②具有自動跳脫且有適當容量的隔離開關
③應於啟斷位置時有明顯易見之間隙
④隔離或分段開關(未具啟斷額定電流能力者)應與負載啟斷開關有連鎖裝置或附有「有載之下不得開啟」等明顯之警告標識。

(14) 27. 電力電容器之容量Q_c與下列哪些之關係為正確？
①與頻率f成正比　　②與頻率f成反比
③與電壓V成正比　　④與電壓平方V^2成正比。
解：電容器容量$Q_{SC}=\dfrac{E^2}{X_C}=2\pi f\,C\times E^2$，所以電容器之容量與頻率f、電壓平方成正比。

(13) 28. 低壓電容器容量之決定應符合下列哪些規定？　①電容器之容量(kVAR)以改善功率因數至百分之九五為原則　②電容器之容量(kVAR)以改善功率因數至百分之一百為原則　③電容器以個別裝置於電動機操作器負載側為原則　④電容器以個別裝置於電動機操作器電源側為原則。
解：電容器之容量(kVAR)以改善功率因數至百分之九五為原則。電容器以個別裝置於電動機操作器負載側為原則，且須能與該電機同時啟閉電源。

(234) 29. 有關低壓電容器分段設備，應符合下列哪些規定？
①電容器之分段設備須能啟斷接地導線
②電容器之分段設備須能啟斷各非接地導線
③低壓電容器之分段設備得採用斷路器
④低壓電容器之分段設備得採用安全開關。
解：電容器之分段設備須能啟斷各非接地導線。
低壓電容器之分段設備得採用斷路器或安全開關。

(134) 30. 有關低壓電容器過電流保護，應符合下列哪些規定？　①額定值或標置應以電容器額定電流之 1.35 倍為原則　②額定值或標置應以電容器額定電流之 1.5 倍為原則　③應採用斷路器配裝熔絲
④應採用安全開關配裝熔絲。
解：低壓電容器過電流保護之額定值或標置應以電容器額定電流之 1.35 倍為原則。
低壓電容器過電流保護應採用斷路器或安全開關配裝熔絲。

(23) 31. 高壓電容器開關設備作為電容器或電容器組啟閉功能之開關，應符合下列哪些規定？　①具有啟斷電容器或電容器組之最小連續負載電流能力　②連續載流量不得低於電容器額定電流之 1.35 倍
③應能承受最大衝擊電流　④電容器側開關等故障所產生之長時間載流能力。

(1234) 32. 下列哪些為裝設電力電容器改善功率因數之效益？
①減少線路電流　　　　②減少線路電力損失
③系統供電容量增大　　④節省電力費用。

(1234) 33. 下列哪些是串聯電容器的主要應用？　①補償系統之電抗，以改善電壓調整率　②對特定負載作功率因數改善　③對於小型電力系統之起動大型電動機有助益　④減低電焊機的 kVA 需量。

(123) 34. 下列哪種電容器用於電路上，其兩個接腳能任意反接？
①陶質電容器　②紙質電容器　③雲母電容器　④電解質電容器。
解：電解質電容器因有極性，其兩個接腳不能任意反接。

(124) 35. 電力電容器串聯電抗器主要目的，下列敘述哪些錯誤？
①減少電流　　　　　　②加速充電
③抑制投入時之突波(突入電流)　④限制啟斷電流。

(34) 36. 台灣地區 22.8kV 之一般高壓用?，以斷路器保護時，總開關除裝置低電壓電驛(27)、過壓電驛(59)外，通常再配合下列哪些電驛保護？　①測距電驛(21)　②頻率電驛(81)　③過流電驛附瞬時過流元件(51/50)　④接地過流電驛(51N)。

(234) 37. 保護電驛之工作電源應由下列哪些電源供電，以確保斷電時電驛尚能運作？　①交流電源　②交流電源並聯專用之電容跳脫裝置(CTD)　③不斷電系統(UPS)　④直流電源系統。

(1234) 38. 下列哪些高壓設備必須由指定之試驗單位，依有關標準試驗合格且附有試驗報告始得裝用？
①電力及配電變壓器　②比壓器　③比流器　④熔絲。

(123) 39. 用戶電力電容器最理想的裝置位置，下列敘述哪些錯誤？
①主幹線匯流排上　　　　②各分路線上
③受電設備幹線上　　　　④接近各用電設備處。
解：安裝電容器以提高功率因數時，其裝設位置宜儘量靠近負載端，以增大效益。

(24) 40. 功率因數 100%時，如再增加電力電容器時，則
①功率因數變得更高　　　②功率因數變得更差
③變成電感性電路　　　　④線路電壓落後電流。

 工作項目 08：避雷器工程裝修

(4) 1. 3φ4W 接線 11.4kV 非有效接地系統之避雷器額定電壓宜採用多少kV？　①3　②4.5　③9　④12。
解：(1)避雷器依絕緣等級分為下列三種：
4.5kV 級：適用配電系統，3.3kV 三線式及 3.3/5.7kV 三相四線式。
9kV 級：適用配電系統 6.6/11.4kV 三相四線式。
18kV 級：適用配電系統 13.2/22.8kV 三相四線式。
(2)所以3φ4W 66/11.4kV 非有效接地系統，其每相電壓為11.4kV，故採用 12kV。

(2) 2. 下列何者為避雷器之特性？　①放電時間長　②放電電流大
③放電阻抗值高　④不放電時阻抗低。

(3) 3.　$3\phi4W11.4kV$ 中性點直接接地系統之避雷器額定電壓應採用多少 kV？　① 3　② 4.5　③ 9　④ 12。

解：$\dfrac{11.4kV}{\sqrt{3}}=6.6kV$，所以額定電壓應採用 9kV。

(1) 4.　台電公司供應 11.4kV 供電之高壓用戶，其裝設之避雷器規格應選用多少 kV？　① 9　② 12　③ 18　④ 24。

解：$\dfrac{11.4kV}{\sqrt{3}}=6.6kV$，所以額定電壓應採用 9kV。

(1) 5.　依用戶用電設備裝置規則規定，避雷器之接地電阻應在多少Ω以下？　① 10　② 25　③ 50　④ 100。

(2) 6.　避雷器與大地間之引接線應使用銅線或銅電纜線，且應不小於多少平方公厘？　① 8　② 14　③ 22　④ 38。

(3) 7.　避雷器之瓷管外觀為波浪狀，其主要目的為增加　①放電電流　②耐熱強度　③洩漏距離　④耐熱及放電電流。

(2) 8.　避雷器開始放電時之電壓稱為避雷器之臨界崩潰電壓，其值約為正常電壓之多少倍？　① 1　② 1.5　③ 2　④ 2.5。

(4) 9.　避雷器其主要功能作為下列何種事故之保護？
①防止接地故障　②防止短路　③防止過載　④抑制線路異常電壓。

解：避雷器簡稱為 LA：
(1)為保護電器及線路設備因雷擊或線路開關開閉所引起之異常過電壓、過電流等突波時，其能瞬時斷開總電源開關，使電機設備受到保護。
(2)亦即在不擾亂電力系統的極短時間內，能夠迅速將雷擊所產生突波或開關突波等異常電壓引到大地中，防止系統上的電壓上升。

(3) 10.　架空線路防止直接雷擊最有效的辦法是裝置
①熔絲鏈開關　②電力熔絲　③架空地線　④空斷開關。

(3) 11.　台電公司 22.8kV 之配電系統，所選用之避雷器額定電壓為多少 kV？　① 9　② 12　③ 18　④ 24。

解：$\dfrac{22.8kV}{\sqrt{3}}=13.2kV$，所以額定電壓應採用 18kV。

(4) 12.　避雷器之接地引接線如裝於電桿表面上，其離地面上多少公尺以下部位應以 PVC 管掩蔽？　① 0.9　② 1.2　③ 1.5　④ 2.5。

(1) 13. 裝設避雷器時可不考慮
①相序　②接地電阻　③裝設地點　　④引接線長短。

(2) 14. 避雷器截止放電時之電壓稱為避雷器臨界截止電壓，其值通常為線路正常電壓之多少倍？　①1.2　②1.4　③2　④2.5。

(234) 15. 下列哪些用戶的變電站應裝置避雷器以保護其設備？
① 3ϕ4W 220/380V 供電　　② 3ϕ3W 11kV 供電
③ 3ϕ3W 69kV 供電　　④ 3ϕ3W 161kV 供電。

(14) 16. 避雷器與電源線間之導線及避雷器與大地間之接地導線，下列敘述哪些正確？
①儘量縮短　②儘量彎曲　③預留伸縮空間　④避免彎曲。

(23) 17. 三相系統之避雷器額定電壓選擇與下列哪些項目有關？
①系統短路容量　　②系統公稱電壓
③系統接地方式　　④系統電壓變動率。
解：避雷器額定電壓選擇應考慮供電系統之電壓及接地方式。

(134) 18. 下列哪些是引起過電壓的原因？　①雷擊　②短路故障　③電流在其波形未達零點時的強制切斷　④接地故障時中性點的移位。
解：電力系統過電壓有三種來源：雷擊、開關切換、接地故障，其中配電系統中雷擊造成之過電壓影響最大。

(123) 19. 下列哪些設備可使用避雷器防止雷擊造成傷害？
①變壓器　②交流迴轉機　③架空電線　④建築物。
解：1.避雷器的作用主要功能為：
(1)防止雷突波導致設備破壞(高電壓，時間短)；(2)防止開關突波(低電壓，時間長)。依不同需求之應用下可將避雷器區分下列三種等級：廠用級(Station)、中間級(Intermediate)及配電級(Distribution)。
2.建築物由避雷針防止雷擊造成傷害。

(34) 20. 避雷器額定電壓為 72kV 者，可供下列哪些避雷器型式選用？
①低壓級　②配電級　③中間級(中極)　④變電所級(電廠級)。
解：避雷器額定電壓為 72kV 者，可供特高壓中間級(中極)或變電所級(電廠級)選用。

(1234) 21. 要使系統對雷擊有適當的保護，下列哪些基本因素是應加以考慮的？　①被保護的配電設備對突波的基本耐壓基準(BIL)　②保護突波耐壓基準所要的安全界限　③雷擊電流的嚴重程度　④雷擊保護與供電連續性間的關係。

(123) 22. 下列哪些項目是避雷器應具有之特性？　①構造牢固　②動作可靠　③可多次重複使用　④動作後需立刻更換動作元件。

(1234) 23. 接地故障時中性點電壓的移位與下列哪些項目有關？　①中性點接地狀況　　　　　②電源至故障點的系統阻抗　③大地的電阻係數　　　　　④系統接地方式。

(13) 24. 避雷器裝於屋內者，其位置應符合下列哪些條件？　①遠離通道　　　　　　　　②靠近通道　③遠離建築物之可燃部份　④遠離建築物之非可燃部份。

工作項目 09：配電盤、儀表工程裝修

(4) 1. 某 11.4kV 供電之用戶，其電度表經由 12kV/120V 之 PT 及 20/5A 之 CT 配裝後，其電度表讀數為 6 度，該用戶實際用電度數應為多少度？　① 500　② 1000　③ 1500　④ 2400。

解：需乘上 PT 及 CT 之倍數，
所以實際用電度數 = 6×(12000/120)×(20/5) = 2400 度。

(4) 2. 配電箱之分路額定值如為 30 安以下者，其主過電流保護器應不超過多少安？　① 30　② 60　③ 100　④ 200。

(1) 3. 配電箱之分路額定值如為多少安以下者，其主過電流保護器應不超過 200 安？　① 30　② 50　③ 75　④ 90。

(2) 4. 電度表容量在多少安以上者，其電源側非接地導線應加裝隔離開關，且須裝於封印之箱內？　① 50　② 60　③ 70　④ 80。

(2) 5. 高壓電力斷路器"VCB"係指　①油斷路器　②真空斷路器　③六氟化硫斷路器　④少油量斷路器。

解：OCB：油斷路器；VCB：真空斷路器；GCB：瓦斯斷路器-六氟化硫斷路器；MOCB：少油量斷路器。

(1)6. 額定值為 220V、50Hz 之電磁開關線圈，若使用於 220V、60Hz 之電源時，則其線圈激磁電流約較 50Hz 時
①減少 17% ②減少 31% ③增加 17% ④增加 31%。

解：激磁電流與頻率成反比，$\dfrac{(\frac{1}{50}-\frac{1}{60})}{(\frac{1}{50})}$=0.17=17%

激磁電流約較 50Hz 時減少 17%。

(3) 7. 如下圖所示之線路，CT 之變流比為 $\dfrac{200}{5}$，當 I_R、I_S、I_T 均為 $40\sqrt{3}$ 安時，則電流表 A 之讀數為多少安？ ① 2 ② $\dfrac{\sqrt{3}}{2}$ ③ 3 ④ $\sqrt{3}$。

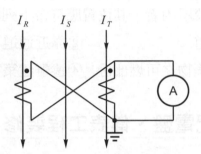

解：比流器二次電流 $=40\sqrt{3}\div(\dfrac{200}{5})=\sqrt{3}$

電流表 A 讀值 $=\sqrt{3}\times$ 比流器二次電流 $=\sqrt{3}\times\sqrt{3}=3$

(2) 8. 接地比壓器(GPT)可檢出下列何種事故？
①過電流 ②接地 ③逆相 ④過電壓。

解：接地比壓器(GPT)：
使用於三相三線，接於非接地之供電系統中之接地警報電路中，配合接地指示燈，能夠檢出接地故障之接地相，亦能與保護電驛零相比流器(ZCT)、方向性接地電驛(SG)配合協調斷路器，達到保護線路之功能。

(3) 9. 配電盤之儀表、訊號燈、比壓器及其他所有附有電壓線圈之設備，應由另一電路供電之，該電路過電流保護裝置之額定值應不得超過多少安？ ① 30 ② 20 ③ 15 ④ 10。

解：配電盤之儀表、訊號燈、比壓器及其他附有電壓線圈之設備，應由另一電路供應之，該電路過電流保護裝置之額定值不超過 15 安培。

(3) 10. 配電盤之整套型變比器(MOF)中包含
①比壓器　②比流器　③比流器及比壓器　④電容器。

(3) 11. 中華民國國家標準(CNS)規定屋內閉鎖型配電盤之箱體如以鋼板製
成，其厚度應在多少公厘以上？　①1.0　②1.2　③1.6　④2.0。

(1) 12. 供裝置開關或斷路器之金屬配(分)電箱，如電路對地電壓超過多少
伏應加接地？　①150　②300　③450　④600。

(2) 13. 高壓以上用戶，合計設備容量一次額定電流超過多少安者，其受
電配電盤原則上應裝有電流表及電壓表？
①25　②50　③75　④100。

(1) 14. 分路用配電箱，係指其過電流保護設備中30安以下額定者占百分
之多少以上者？　①一〇　②二〇　③三〇　④五〇。

(2) 15. 高壓電力開關設備"GIS"係指　①氣體斷路器　②氣體絕緣開關
設備　③電力熔絲　④雙投空斷開關。

(2) 16. 3E電驛在做三相感應電動機保護時，需與比流器及下列何種器具
配合使用？　①伏特計用切換開關　②電流轉換器　③安培計用
切換開關　④比壓器。

解：目前逆向保護電驛有 3E 電驛、SE 電驛二種，具有：
(1)欠相、過載、逆向保護的功能。
(2)做為三相感應電動機保護時，需與比流器及電流轉換器(變
流器及電儀表)配合使用。

(4) 17. 高壓電路過電流保護器為斷路器者，其標置之最大始動電流值不
得超過所保護導線載流量之幾倍？　①1.25　②1.5　③3　④6。

(2) 18. 配電盤、配電箱之箱體若採用鋼板，其厚度應在多少公厘以上？
①1.0　②1.2　③1.6　④2.0。

(4) 19. 分路用配電箱，其過電流保護器極數，主斷路器不計入，兩極斷
路器以兩個過電流保護器計，三極斷路器以三個過電流保護器計，
則過電流保護器極數不得超過幾個？　①24　②30　③36　④42。

(2) 20. 電度表之裝設，離地面高度應在 1.8 公尺以上，2.0 公尺以下為最
適宜。如現場場地受限制，施工確有困難時得予增減之，惟最高
不得超過多少公尺？　①2.0　②2.5　③3.0　④3.5。

(3) 21. 電度表接線箱，其箱體若採用鋼板其厚度應在多少公厘以上？
①1.0　②1.2　③1.6　④2.0。

(　3　) 22. 高壓配電盤內裝置有CO、LCO、UV、OV等保護電驛，如電源停電時，則何種電驛會動作？　①CO　②LCO　③UV　④OV。

　　　　　解：停電時電壓等於0，故低電壓電驛(UV)視同低電壓而動作。

(　1　) 23. 從事600伏交連PE纜線之絕緣電阻測試工作，使用多少伏級規格之絕緣電阻計最佳？　①500　②1,000　③1,500　④2,000。

(124) 24. 下列哪些是配電盤送電前應檢查之項目？

　　　　　①檢查控制線、電力電纜、匯流排之連接是否正確、端子台是否鎖緊

　　　　　②檢查各熔線座是否均裝有熔線

　　　　　③檢查是否有異常噪音產生

　　　　　④檢查斷路器及操作開關是否置於OFF位置。

(123) 25. 下列哪些開關得用於屋內及地下室？

　　　　　①電力熔絲　②負載啟斷開關　③高壓啟斷器　④熔絲鏈開關。

　　　　　解：熔絲鏈開關：使用於高壓架空配電線路，作桿上變壓器、電容器及高壓分支線等啟斷負載電流或遮斷故障電流用。

(124) 26. 用戶之電力系統中，下列哪些為故障電流之來源？

　　　　　①電動機　②發電機　③電熱器　④供電系統。

　　　　　解：(1)電力系統中之故障可分為單相對地短路、二相對地短路、三相對地短路、二相間短路、三相間短路等。

　　　　　　　(2)其來源有電動機、發電機、供電系統等。

(　13　) 27. 一般高壓受配電盤計器用變比器，下列敘述哪些正確？

　　　　　①CT二次側額定電流為5A或1A　②CT二次側不得短路

　　　　　③PT二次側額定電壓為110V　　　④PT二次側不得開路。

　　　　　解：1.使用PT注意事項：

　　　　　　　(1)一次側要串聯電力熔絲；(2)二次側不得短路；(3)二次側要接地，以防靜電作用；(4)二次側迴路要用2.0mm²紅色線；(5)二次側額定電壓為110V。

　　　　　　　2.使用CT注意事項：

　　　　　　　(1)二次側不得開路；(2)二次側要接地，以防靜電作用；(3)二次側迴路要用2.0mm²黑色線；(4)二次額定電流為5A。

(123) 28. 有關 3E 電驛用於三相感應電動機之保護作用時，下列哪些正確？
①過載　②逆相　③欠相　④接地。

(13) 29. 有關貫穿型 CT，下列哪些項目是可變的？
①一次側匝數　②二次側匝數　③變流比　④一次側電流。

解：貫穿型 CT：

(1)二次側電流一定為 5A。

(2)一次側電流通常為 15A、30A、50A、75A、100A 等。

(3)二次側匝數固定。

(4)一次側匝數隨負載及基本貫穿匝數而變。

(123) 30. 下列哪些電驛不宜在3φ4W 11.4kV 多重接地配電系統中作為接地保護？　①CO　②OV　③UV　④LCO。

解：(1)LCO：小勢力過電流電驛，其構造原理與過電流電驛(CO)相同，阻抗較小，而感應電流較大；在相同之二次電流下，LCO 之轉矩較 CO 為大，所以 LCO 之始動電流值較小，一般使用在三相四線式多重接地受電系統上，作為接地漏電保護之用。

(2)OV：過電壓電驛，UV：低電壓電驛。

(234) 31. 下列哪些開關具有啟斷故障電流能力，且可在有載情形下操作？
①隔離開關(DS)　　　②負載啟斷開關(LBS)
③真空斷路器(VCB)　④六氟化硫斷路器(GCB)。

解：分斷開關(DS)：一般在無負載電流下操作，作為線路隔絕。

(234) 32. 下列哪些不是使用零相比流器(ZCT)之目的？
①檢出接地電流　②量測高電壓　③量測功率　④量測大電流。

⬆ 工作項目 10：照明工程裝修

(3) 1. 放電管燈之附屬變壓器或安定器，其二次開路電壓超過多少伏時，不得使用於住宅處所？　①300　②600　③1000　④1500。

(2) 2. 放電管燈之附屬變壓器或安定器，其二次短路電流不得超過多少毫安？　①30　②60　③100　④150。

(3) 3. 手捻開關控制下列何種燈具時，其負載電流應不超過手捻開關額定電流值之百分之八○？
①白熾燈　②聖誕燈　③日光燈　④真珠燈。

(3) 4. 電路供應工業用紅外線燈電熱裝置，其對地電壓超過 150 伏，且在多少伏以下時，其燈具應不附裝以手操作之開關？
① 200　② 250　③ 300　④ 400。

(2) 5. 分路額定容量超過多少安培之重責務型燈用軌道，其電器應有個別之過電流保護？　① 15　② 20　③ 30　④ 40。

(4) 6. 40 瓦以上之管燈應使用功率因數在百分之多少以上之高功因安定器？　①七五　②八○　③八五　④九○。

(4) 7. 學校之一般課桌照度標準為多少Lx？
① 1200～1500　② 1000～1200　③ 500～1000　④ 300～500。

(4) 8. 屋外電燈線路距地面應保持多少公尺以上？
①2　②3　③4　④5。

(4) 9. 燈用軌道分路負載依每30 公分軌道長度以多少伏安計算？
① 30　② 50　③ 60　④ 90。

(2) 10. 燈用軌道之銅導體最小應在多少平方公厘以上？
① 3.5　② 5.5　③ 8　④ 14。

(3) 11. 燈具、燈座、吊線盒及插座應確實固定，但重量超過多少公斤之燈具不得利用燈座支持之？　① 1.7　② 2　③ 2.7　④ 3.5。

(4) 12. 燈具裝置於易燃物附近時，不得使易燃物遭受超過攝氏多少度之溫度？　① 60　② 70　③ 80　④ 90。

(1) 13. 櫥窗電燈應以每 30 公分水平距離不小於多少瓦，作為負載之計算？　① 200　② 150　③ 120　④ 100。

(1) 14. 臨時燈設施，設備容量每滿多少安即應設置分路，並應裝設分路過電流保護？　① 15　② 20　③ 30　④ 40。

(3) 15. 住宅之一般照明負載，其每平方公尺單位負載以多少伏安計算？
①5　② 10　③ 20　④ 30。

(4) 16. 學校之黑板一般照度標準以多少Lx計算？
① 150~200　② 300~500　③ 300~750　④ 500~1000。

(4) 17. 將 100 燭光的燈泡垂直於桌子正上方 2 公尺處，該 2 公尺水平面照度為多少 Lx？　① 200　② 100　③ 50　④ 25。

解：照度：為被照體單位面績所受的光通量，其單位為勒克斯巴(Lux)。

$$照度(Lx) = \frac{F(光源之全光束輸出燭光)}{S(視光源方向的投影面積平方公尺)} = \frac{100}{2 \times 2} = 25。$$

(2) 18. 一住宅樓板面積為 150 平方公尺，若其照明負載以每平方公尺 20 伏安計算，如以 110 伏 15 安的過電流保護開關配置，則照明負載需要多少個分路？　① 1　② 2　③ 3　④ 4。

解：$\dfrac{(150\text{m}^2 \times 20\text{VA/m}^2)}{110} = 27.27\text{A}$，選用 15A 二分路。

(4) 19. 照度與光源距離　①成正比　②成反比　③平方成正比　④平方成反比。

解：受光表面的照度和光源的燭光數成正比，而和距離的平方成反比。

(2) 20. 有一間教室面積為 80 平方公尺，裝置 40W 日光燈 20 支，每支日光燈為 2800 流明，若所有光通量全部照射到教室桌面上，其平均照度為多少 Lx？　① 500　② 700　③ 1200　④ 1400。

解：$照度 = \dfrac{F}{S} = \dfrac{2800 \times 20}{80\text{m}^2} = 700\text{(Lx)}。$

(2) 21. 路燈線路工程，對地電壓超過多少伏時，其專用分路以裝置漏電斷路器為原則？　① 110　② 150　③ 220　④ 300。

(4) 22. 線路電壓 300V 以下之人行道，路燈離地最小高度應不低於多少 m？　① 2　② 2.5　③ 3　④ 3.5。

(3) 23. 線路電壓 300V 以下之車行道，路燈離地最小高度應不低於多少 m？　① 2　② 3　③ 4　④ 5。

(13) 24. 分路供應有安定器、變壓器或自耦變壓器之電感性照明負載，其負載計算，下列敘述哪些正確？　①應以各負載額定電流之總和計算　②應以各負載額定電壓之總和計算　③不以燈泡之總瓦特數計算　④應以燈泡之個別瓦特數計算。

(24) 25. 花線應符合下列哪些規定？　①適用於 600 伏以下之電壓　②適用於 300 伏以下之電壓　③花線得使用於新設場所　④花線原則使用於既設更換場所，新設場所不得使用。

(124) 26. 花線得使用於下列哪些場所？　①照明器具內之配線
②吊線盒配線　③永久性分路配線　④移動式電燈之配線。

(34) 27. 花線不得使用於下列哪些場所？　①移動式電燈及小型電器之配線
②固定小型電器經常改接之配線　③沿建築物表面配線
④貫穿於牆壁、天花板或地板。

(123) 28. 有關螢光燈的動作原理，下列敘述哪些正確？　①安定器的主要
功能為限制燈管電流　②起動器短路後，恢復開路的瞬間燈管開
始點亮　③弧光放電期間燈管電流會越來越高　④點亮後燈管呈
現高阻抗。

(124) 29. 下列敘述哪些為日光燈安定器之功能？　①產生日光燈起動時所
需之高壓電　②發光後抑制電流變化，保護燈管　③在電極間並
聯一電容，以抑制輝光放電之高諧波　④發光後使啟動器中的電
壓降低，不會再啟動。

　　　解：(1)安定器或叫抗流圈：其構造是用漆包線繞在漏磁非常大
的矽鋼片鐵心上，由於漏磁感抗之原因，通過之電流愈
大，那麼感抗壓降就愈大，如此端電壓就減少。而當通
過之電流愈小時，感抗壓降就小，於是端電壓就增加，
所以通過線圈之電流可保持在某一定值，把它和燈管串
聯後，就可以使流過燈管之電流得到控制，而趨於穩定。

　　　　　(2)安定器是一種高漏磁的自耦變壓器，使在開燈時，提高
電壓，起動容易，而在起動後，降低電壓，使電流不致
過大而燒毀日光燈。

(124) 30. 如下圖所示，兩電燈泡 A 與 B 之規格。若該兩電燈泡之材質相同，串聯時，下列敘述哪些正確？　①A 較亮　②流經 A 的電流為 0.2 A　③B 較亮　④流經 B 的電流為 0.2 A。

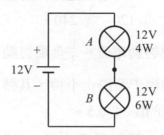

解 : $R_A = \dfrac{V^2}{P} = \dfrac{12^2}{4} = 36\Omega$，$R_B = \dfrac{V}{P} = \dfrac{12^2}{6} = 24\Omega$。

$$I = \dfrac{12}{36+24} = 0.2\text{A}$$

$$W_A = (0.2)^2 \times 36 = 1.44\text{(J)}，W_B = (0.2)^2 \times 24 = 0.96\text{(J)}$$

(123) 31. 燈具導線應依下列哪些條件選用適當絕緣物之導線？
①電壓　②電流　③溫度　④體積。

(123) 32. 燈用軌道不得裝置於下列哪些地方？　①潮濕處所　②穿越牆壁
③危險場所　④超過地面 1.5 公尺之乾燥場所。

(234) 33. 分路供應有安定器、變壓器或自耦變壓器之電感性照明負載，其負載計算，下列敘述哪些錯誤？　①各負載額定電流之總和計算
②各負載額定電壓之總和計算　③燈泡之總瓦特數計算
④燈泡之個別瓦特數計算。

 工作項目 11：電動機工程裝修

(1) 1. 三相 220V、60Hz、6P、20HP 感應電動機，在額定電流及頻率下，滿載轉差率為 5%，則其滿載轉子速度為多少 rpm？
① 1140　② 1152　③ 1164　④ 1200。

解 : $N_S = \dfrac{120f}{P} = \dfrac{120 \times 60}{6} = 1200\text{rpm}$。

實際轉速 $N_r = N_S(1-S) = 1200(1-0.05) = 1140\text{rpm}$。

(2) 2. 有一△接線之三相感應電動機，滿載運轉時線電流為 40 安，若以額定電壓起動，則起動電流為滿載之 6 倍，今改接為 Y 接線，仍以額定電壓起動，則起動電流為多少安？

① 40　② 80　③ 120　④ 240。

解：Y－Δ降壓啟動電流 $=\frac{1}{3}$ 全壓啟動電流 $=\frac{1}{3}×40×6=80A$。

(1) 3. 感應電動機的轉子若停止不轉，其轉差為

① 1　②-1　③ 0　④ 0.5。

解：(1)同步時：轉差率 S 為 0，三相感應電動機之機械輸出功率及電磁轉矩為零。

　　(2)起動時：S為 1，三相感應電動機之機械輸出功率為零，但電磁轉矩不為零。

(3) 4. 一般鼠籠型感應電動機之特性為　①低起動電流，高起動轉矩　②低起動電流，低起動轉矩　③高起動電流，低起動轉矩　④高起動電流，高起動轉矩。

解：高啟動電流：約 6～8 倍額定電流，低啟動轉矩：約 3 倍額定轉矩。

(3) 5. 三相感應電動機欲改變旋轉方向，可用下列何種方法？

①改變電壓大小　　　②改變頻率大小

③對調三條電源線之任意兩條　④改變磁極大小。

(4) 6. 有關三相感應電動機在定電壓時之敘述，下列何者不正確？

① S 為 0 時機械輸出功率為零　② S 為 0 時電磁轉矩為零

③ S 為 1 時機械輸出功率為零　④ S 為 1 時電磁轉矩為零。

解：(1)同步時：轉差率 S 為 0，三相感應電動機之機械輸出功率及電磁轉矩為零。

　　(2)起動時：S為 1，三相感應電動機之機械輸出功率為零，但電磁轉矩不為零。

(3) 7.　三相感應電動機採 Y-△降壓起動開關，於起動時，下列敘述何者為錯誤？　①繞組為 Y 接　②繞組所加的電壓小於額定電壓　③可提高起動轉矩　④可降低起動電流。

解：採用Y-△起動：

電動機起動時，電壓降為額定時$\frac{1}{\sqrt{3}}$，轉矩降為額定時$\frac{1}{3}$及起動電流約為額定電流的 2 倍。

(3) 8.　單相 110V、1HP 之電動機，其效率為 0.75，功率因數為 0.75，則其滿載電流約為多少安？　① 24　② 20　③ 12　④ 7。

解：1HP＝746W，$P_o＝\eta \times VI\cos\theta$

$$I＝\frac{746}{(110 \times 0.75 \times 0.75)}＝12.05A$$

(1) 9.　一部 110V、60Hz 感應電動機，極數為 4，測得轉速為 1710rpm，則其轉差率為多少%？　① 5　② 8　③ 10　④ 15。

解：$N_s＝\frac{120f}{P}＝\frac{120 \times 60}{4}＝1800$rpm。

實際轉速$N_r＝N_s(1-S)＝1800(1-S)＝1710$rpm

轉差率$S＝\frac{(1800-1710)}{1800}＝0.05＝5\%$

(3) 10.　三相六極感應電動機當電源為 60Hz，轉差為 0.05 時，則其轉子轉速為多少 rpm？　① 1200　② 1160　③ 1140　④ 1800。

解：$N_s＝\frac{120f}{P}＝\frac{120 \times 60}{6}＝1200$rpm

實際轉速$N_r＝N_s(1-S)＝1200(1-0.05)＝1140$rpm

(1) 11.　一部 6 極、60Hz 三相感應電動機，轉差率為 4%，轉子銅損為 80W，則電動機內部之電磁轉矩約為多少 N-m？

① 15.9　② 22.6　③ 12.7　④ 21.4。

解：$N_s＝\frac{120f}{P}＝\frac{120 \times 60}{6}＝1200$rpm

$N_r＝N_s(1-S)＝1200(1-0.04)＝1152$rpm

轉差速率＝1200-1152＝48rpm

三相感應電動機銅損與轉差率成正比

$\because P_o＝\frac{2\pi \times N \times T}{60}$　　$\therefore 80＝\frac{2 \times 3.1416 \times 48 \times T}{60}$

$$T＝\frac{80 \times 60}{2 \times 3.1416 \times 48}＝15.91N-m。$$

(1) 12. 某 1 馬力單相交流電動機，電源電壓為 220V，若滿載電流為 7A，
功率因數為 0.7 滯後，則滿載效率約為多少％？
① 69.2 ② 75.4 ③ 84.6 ④ 94.4。

解：$P_o = \eta \times VI\cos\theta$ ∴$\eta = \dfrac{746}{(220 \times 7 \times 0.7)} = 0.692 = 69.2\%$。

(3) 13. 採用感應電動機之電風扇，欲增加其轉速時，可以用下列何種方
法達成？ ①增加磁極數 ②減小電源頻率 ③調高繞組電壓
④增大轉子電阻。

解：串聯變速線圈，就能調高繞組電壓，即可增加轉速。

(2) 14. 三相 220V、4P、20HP 感應電動機，滿載時轉速 1760rpm，若此時
負載減半，則其轉速約為多少 rpm？
① 1800 ② 1780 ③ 1760 ④ 1740。

解：如果電源頻率為 60Hz，負載減半時：
    (1)其轉速比滿載時轉速 1760rpm 為大。
    (2)比同部轉速(N_S) 1800rpm 小。

(3) 15. 三相感應電動機運轉中，若電源線其中一條斷路時，電動機的情
形為 ①繼續原速運轉 ②速度變快且發出噪音 ③負載電流增
大 ④立即停止。

解：三相感應電動機運轉中欠相，其電流增加約$\sqrt{3}$倍。

(2) 16. 三相感應電動機使用動力計作負載實驗時，若電動機之電源保持
在定電壓及定頻率下，當所加負載變大時，其轉差率
①變小 ②變大 ③不變 ④不一定。

解：當所加負載變大時，負載愈重，造成轉子速率愈慢，則同
    步速率與轉子速率之差愈大，所以轉差率變大。

(3) 17. 必須用分相法產生旋轉磁場以起動之電動機為 ①三相感應電動
機 ②同步電動機 ③單相感應電動機 ④伺服電動機。

解：單相感應電動機啟動方式有電阻分相式、電容分相式、蔽
    極式等。

(3) 18. 感應電動機的轉矩與電源電壓
①成正比 ②成反比 ③平方成正比 ④平方成反比。

(　4　) 19. 永久電容式單相感應電動機的故障為「無法起動，但用手轉動轉
軸時，便可使其起動」，試問下列何者最不可能故障之原因？
①起動繞阻斷線　　　　　②行駛繞組斷線
③電容器損壞　　　　　　④離心開關之接線脫落。

解：永久電容式單相感應電動機不論在啓動或運轉中，啓動繞
組皆串聯電容器，啓動繞組並未串接離心開關。

(　1　) 20. 三相感應電動機的無載試驗可以得知感應電動機之　①無載電流
及相角　②銅損　③堵住時之定子電流及其相角　④極數。

(　2　) 21. 六極 60Hz 三相感應電動機，滿載時之轉差率為 5%，則其轉差速
率為多少 rpm？　① 36　② 60　③ 18　④ 1200。

解：$N_s = \dfrac{120f}{P} = \dfrac{(120 \times 60)}{6} = 1200\text{rpm}$。

$N_r = N_s(1-S) = 1200(1-0.05) = 1140\text{rpm}$。

轉差速率 $= 1200 - 1140 = 60\text{rpm}$。

(　4　) 22. 一部 6P、60Hz、5HP 之三相感應電動機，已知其滿載轉子銅損為
120W，無載旋轉損為 150W，試問該電動機在滿載時，其轉子的
速度約為多少 rpm？　① 1193　② 1182　③ 1178　④ 1164。

解：$N_s = \dfrac{120f}{P} = \dfrac{(120 \times 60)}{6} = 1200\text{rpm}$。

轉子輸出功率 $P_o = 5\text{HP} = 5 \times 746\text{W} = 3730\text{W}$。

轉子輸入功率 $P_i = P_c + P_o = 120\text{W} + 3730\text{W} = 3850\text{W}$。

轉子效率 $\eta = \dfrac{P_o}{P_i} = \dfrac{3730}{3850} = 0.97 = 1-S$。

轉子速率 $= N_s(1-S) = 1200 \times 0.97 = 1164\text{rpm}$。

(　3　) 23. 一部 6 極三相感應電動機以變頻器驅動，當轉速為 280rpm，其轉
差率為 4%，則變頻器輸出頻率約為多少 Hz？
① 11.6　② 12.3 ③ 14.6　④ 18.7。

解：$N_r = N_s(1-S)$，$N_s = \dfrac{N_r}{(1-S)} = \dfrac{280}{(1-0.04)} = 291.7$。

$N_s = \dfrac{120f}{P}$，所以 $f = \dfrac{(N_s \times P)}{120} = \dfrac{291.7 \times 6}{120} = 14.58\text{Hz}$。

(3) 24. 下列對單相感應電動機之敘述何者正確？ ①雙值電容式電動機常用於需變速低功因之場合 ②雙值電容式電動機之永久電容器容量較起動電容器大 ③蔽極電動機中蔽極部分之磁通較主磁通滯後 ④蔽極電動機起動轉矩比電容起動式電動機大。

解：(1)雙值電容式電動機：

有二只電容器，一只專門作為啓動用，另一只則永遠串聯於啓動繞組上，依外接電壓及轉向之改變方式，可分為 110V 及 220V 兩種。通常啓動使用電解質電容器(容量較大)，而行駛使用充油式(或油紙質式)電容器(容量較小)，常用於需變速高功因之場合。

(2)單相蔽極式感應電動機：

利用電流變化磁通也跟著改變的原理，產生移動磁場的現象，使電動機旋轉。其轉向係自無蔽極(主磁極)至蔽極旋轉，構造簡單，啓動轉矩小，效率低，功因低。

(4) 25. 下列何項試驗可求得三相感應電動機之全部銅損？

①電阻測定 ②溫度試驗 ③無載試驗 ④堵住試驗。

解：三相感應電動機之堵住試驗，可測出三相感應電動機之銅損與漏磁電抗。

(2) 26. 蔽極式單相感應電動機的蔽極線圈之作用是

①減少起動電流 ②幫助起動 ③提高功率因數 ④提高效率。

(3) 27. 單相感應電動機輕載時，雖接上電源而不能起動，若以手轉動轉子，則可轉動並正常運動，其原因為 ①主線圈燒燬 ②主線圈短路 ③起動線圈開路 ④轉軸彎曲並卡住。

解：其原因為啓動線圈開路，造成無起動轉矩，無法轉動。

(4) 28. 下列何種單相感應電動機之起動和運轉特性最佳？ ①分相式 ②電容起動式 ③永久電容分相式 ④起動和運轉雙值電容式。

(3) 29. 三相感應電動機全壓起動時起動電流為 200 安，若經自耦變壓器 50%抽頭降壓起動，則線路之起動電流為多少安？

① 100 ② 75 ③ 50 ④ 40。

解：(1)感應電動機起動轉矩與外加電壓的平方成正比。

(2)電源電壓降低 50%，則起動轉矩為全壓起起動時之 1/4。

(3)起動電流 $= 200 安 \times (\frac{1}{4}) = 50 安$。

(1) 30. 一部三相 220V、7.5HP、$\cos\theta$ 為 0.82、效率為 0.9 之感應電動機，其滿載電流約為多少安？　① 20　② 30　③ 40　④ 50。

解：$P = \sqrt{3} \times V \times I \times \cos\theta \times \eta$，1HP = 746W。

$$I = \frac{P}{\sqrt{3} \times V \times \cos\theta \times \eta} = \frac{7.5 \times 746}{1.732 \times 220 \times 0.82 \times 0.9} = 19.89A。$$

(3) 31. 三相感應電動機，端子電壓 220V 電流 27A，功率因數 85%，效率 86%，則此電動機之輸出約為多少 kW？

① 15　② 11　③ 7.5 ④ 5.5。

解：$P = \sqrt{3} \times V \times I \times \cos\theta \times \eta = 1.732 \times 220 \times 27 \times 0.85 \times 0.86$
$= 7520W \doteqdot 7.5kW。$

(4) 32. 繞線轉子型感應電動機之轉部電路電阻變為 2 倍，則最大轉矩將變為原來的幾倍？　① $\frac{1}{4}$　② $\frac{1}{2}$　③ 2　④ 1。

解：最大電磁轉矩 T_m 與轉子電阻大小無關。

(2) 33. 60Hz 的三相感應電動機使用於 50Hz 同一電壓的電源時，則下列敘述何項錯誤？

①溫度增大　②無載電流減小　③轉速降低　④最大轉矩將增大。

解：(1) $N_S = \frac{120f}{P}$，頻率變為 50Hz 則轉速會降低。

(2) $X_L = 2\pi f L$，頻率變為壓 50Hz，感抗 X_L 減小、無載電流增加、溫度增大、最大轉矩將增大。

(4) 34. 三相感應電動機同步轉速為 N_s，轉子轉速為 N_r，則其轉差率為

① $S = \frac{N_s + N_r}{N_r}$　② $S = \frac{N_s - N_r}{N_r}$　③ $S = \frac{N_s}{N_s - N_r}$　④ $S = \frac{N_s - N_r}{N_s}$。

解：同步轉速 $N_s = \frac{120f}{P}$ rpm，轉差率 $S = \frac{(N_s - N_r)}{N_s}$。

(3) 35. 要使感應電動機變成感應發電機，須使其轉差率

①大於 1　②大於 2　③小於 0　④介於 1 至 0 之間。

解：轉差率 $S = \frac{(N_s - N_r)}{N_s}$。

當轉子轉速大於同步轉速時轉差率 S 小於 0，有發電機作用。

(3) 36. 三相電動機之名牌標明額定功率為 5.5kW 時，則該電動機輸出約為多少 HP？　① 3　② 5　③ 7.5　④ 10。

解：1HP = 746W，$P = \frac{5500}{746} = 7.37HP$。

(2) 37. 一般用感應電動機之起動電流 ①等於滿載電流
②數倍於滿載電流 ③小於滿載電流 ④等於無載電流。
解：(1)使用全壓起動方式：起動電流約為滿載電流之 6~8 倍。
(2)使用 Y－Δ 降壓起動方式：起動電流約為滿載電流之 2 倍。

(4) 38. 額定不超過－馬力之低壓電動機，如每臺之全載額定電流不超過
多少安者，得數具共接於一分路？ ①1 ②2 ③3 ④6。

(2) 39. 低壓電動機其分路導線之安培容量不得低於電動機額定電流之多
少倍？ ①1.15 ②1.25 ③1.35 ④1.5。

(2) 40. 額定電壓在 300V 以下，容量在 2 馬力以下之固定裝置電動機，其
操作器採用一般開關者，其額定值不得低於電動機全載電流之多
少倍？ ①1 ②2 ③3 ④4。

(2) 41. 供應二具以上電動機之幹線，其安培容量應不低於所供應電動機
額定電流之和加最大電動機額定電流之百分之多少？
①一五 ②二五 ③五〇 ④一〇〇。

(1) 42. 一部 10HP 之三相同步電動機，原接於 50Hz 電源，當改接於 60Hz
電源時，其轉速
①增加 20% ②減少 20% ③不變 ④無法轉動。
解：$N_s = \dfrac{120f}{P}$，$\dfrac{N_{60}}{N_{50}} = \dfrac{(120 \times 60)}{(120 \times 50)} = \dfrac{6}{5} = 1.2$。

(3) 43. 鼠籠式感應電動機之優點為
①起動轉距大，起動電流小 ②改善功率因數，轉速容易變更
③便宜，耐用 ④起動電流小，起動容易。

(2) 44. 單相蔽極式感應電動機係靠下列何種原理來旋轉？
①旋轉磁場 ②移動磁場 ③排斥作用 ④吸引作用。

(1) 45. 繞線轉子型感應電動機，若轉部開路時，其轉速
①接近於零 ②增加 ③降低 ④無關。
解：轉部開路會造成轉部無電流，就無法配合定部之磁場而產
生轉矩，造成轉動。

(3) 46. 三相感應電動機若轉子達到同步速率時，將　①產生最大轉矩
②產生最大電流　③無法感應電勢　④感應最大電勢。

解：(1)同步時：轉差率 S 為 0，三相感應電動機之機械輸出功
率及電磁轉矩為零。

(2)起動時：S 為 1，三相感應電動機之機械輸出功率為零，
但電磁轉矩不為零。

(3) 47. 額定為 220V、10HP、50Hz 之感應電動機，使用於 220V、60Hz 電
源時，若負載及轉差率皆不變，則轉速為原轉速之多少倍？
① 0.833　② 1　③ 1.2　④ 1.414。

解：$N_S = \dfrac{120f}{P}$，$\dfrac{N_{60}}{N_{50}} = \dfrac{(120 \times 60)}{(120 \times 50)} = \dfrac{6}{5} = 1.2$。

(1) 48. 10HP 之電磁接觸器，其 10HP 一般指下列何者之容量？
①主接點　②輔助接點　③線圈　④鐵心。

解：電磁接觸器以「主接點」表示其規格，通常以 KW 或(HP)
表示。

(2) 49. 三相感應電動機各相繞組間之相位差為多少電工角度？
① 90　② 120　③ 150　④ 180。

解：三相感應電動機各相繞組間之相位差為 120 電工角度。

(2) 50. 11kV 級高壓供電用戶之高壓電動機，每台容量不超過多少馬力，
不限制其起動電流？　① 200　② 400　③ 600　④ 800。

(4) 51. 高壓用戶之低壓電動機，每台容量不超過多少馬力者，起動電流
不加限制？　① 15　② 50　③ 150　④ 200。

(3) 52. 凡連續運轉之低壓電動機其容量在多少馬力以上者，應有低電壓
保護？　① 7.5　② 10　③ 15　④ 50。

(2) 53. 單相四極分相式感應電動機，其行駛繞組與起動繞組置於定部槽
內時，應相間隔多少機械角度？　① 30　② 45　③ 60　④ 90。

解：四極分相式感應電動機之電工角 = 90 度。

電工角 $\theta_E = (\dfrac{P}{2})\theta_M$，$P$：極數。

$90 = (\dfrac{4}{2}) \times \theta_M$，機械角度 $= \theta_M = \dfrac{90}{2} = 45$ 度。

(2) 54. 三相 220V△接線之感應電動機，如接到三相 380V 之電源時，應改為下列何種接線？ ① V ② Y ③雙△ ④雙 Y。

解：(1)△接線時：相電壓＝線電壓＝220V。

(2)當電源＝380V 時，需改為 Y 接線，

相電壓＝$\dfrac{線電壓}{\sqrt{3}}=\dfrac{380}{\sqrt{3}}=220V$。

此時各相線圈之相電壓仍維持不變＝220V。

(3) 55. 22kV 級高壓供電用戶之高壓電動機，每台容量不超過多少馬力時，不限制起動電流？ ① 200 ② 400 ③ 600 ④ 800。

(1) 56. 三相交流繞線轉子型感應電動機於轉子電路附加二次電阻起動之目的是 ①增加起動轉矩，減少起動電流 ②增加起動電流，減少起動轉矩 ③增加起動電流，增加起動轉矩 ④減少起動電流，減少起動轉矩。

解：三相交流繞線轉子型感應電動機起動時轉子串聯電阻，目的為：(1)減少起動電流。(2)增加起動轉矩。(3)運轉時可控制速率。(4)提高起動時之功率因數。

(3) 57. 三相感應電動機之起動轉矩與下列何者成正比？

①電流 ②定子繞組電阻 ③外加電壓平方 ④功率因數。

(3) 58. 工廠內裝有交流低壓感應電動機共五台，並接在同一幹線，其中最大容量的一台額定電流 40 安，其餘 4 台額定電流合計為 60 安，則該幹線之安培容量應為多少安？

① 90 ② 100 ③ 110 ④ 150。

解：幹線之安培容量＝40×1.25+60＝110A。

(2) 59. 一部三相四極 60Hz 感應電動機，其轉子轉速為 1728rpm，則該電動機的轉差率多少%？ ① 3 ② 4 ③ 5 ④ 6。

解：$N_S=\dfrac{120f}{P}=\dfrac{(120\times 60)}{4}=1800rpm$。

轉差率$S=\dfrac{(N_S-N_r)}{N_S}=\dfrac{(1800-1728)}{1800}=\dfrac{72}{1800}=0.04=4\%$。

(　2　) 60. 若三相電源之三接線端為 R、S、T，而三相感應電動機之三接線
端為U、V、W，當電動機正轉時，接法為R-U、S-V、T-W，則下
列何種接法可使電動機仍保持正轉？　① R-V、S-U、T-W
② R-V、S-W、T-U　③ R-W、S-V、T-U　④ R-U、S-W、T-V。

解：(1)任意對調電源兩條線，電動機就會反轉。

　　(2)若電動機原接線不變，只將電源相序改為 T-R-S 時，電
動機仍保持正轉。

(　4　) 61. 三相感應電動機定子繞組為△接線時，測得任意兩線間的電阻為
0.4Ω，若將其改接為Y連接時，則任意兩線間的電阻應為多少Ω？
① 9　② 4　③ 1.5　④ 1.2。

解：R_Y接線＝3 倍 $R_\triangle$接線＝3×0.4＝1.2Ω。

(　2　) 62. 某工廠有一般用電動機3φ220V、3HP(9A)、5HP(15A)及 15HP(40A)
各一台之配電系統，採用 PVC 管配線，若各電動機不同時起動
時，則幹線過電流保護器額定值最小應選擇多少 A？
① 75　② 100　③ 125　④ 150。

解：幹線過電流保護器以能承擔各分路之最大負載電流及部份
起動電流，如各電動機不同時起動時，其電流額定應為各
分路中最大額定電動機之全載電流 1.5 倍再與其他各電動機
額定電流之和。

　　幹線過電流保護器額定值＝40×1.5+15+9＝84A。

　　所以選用 3P 100 AT 之 NFB。

(　3　) 63. 某工廠有一般用電動機3φ220V、3HP(9A)、5HP(15A)及 15HP(40A)
各一台之配電系統，採用PVC 管配線，若依表(一)之 PVC 管配線
同一導線管內之導線數 3 根以下之安培容量表，則幹線之最小線
徑應選擇多少mm²？　① 14　② 22　③ 30　④ 38。

表(一)　PVC 管配線之安培容量表(週溫35°以下，同一導線管內之導線數 3 以下)

14mm²	22mm²	30mm²	38mm²
50A	60A	75A	85A

解：幹線之安培容量＝40×1.25+15+9＝74A。

　　依所附表(一)之規定，幹線之最小線徑應選擇30mm²。

(4) 64. 380V 供電之用戶，三相感應電動機每台容量超過 50 馬力者，應限制該電動機起動電流不超過額定電流之多少倍？
① 1.25　② 1.5　③ 2.5　④ 3.5。

(1) 65. 連續性負載之繞線轉子型電動機自轉子至二次操作器間之二次線，其載流量應不低於二次全載電流之多少倍？
① 1.25　② 1.35　③ 1.5　④ 2.5。

(3) 66. 感應電動機電源電壓降低 5%，其起動轉矩減少約多少%？
① 20　② 15　③ 10　④ 50。
解：起動轉矩與外加電壓的平方成正比。
所以 $V^2 = (0.95)^2 = 0.9025 = 90.25\%$，其啓動轉矩減少約 10%。

(2) 67. 三相 220V 四極 50Hz 應電動機，若接上三相 220V、60Hz 源使用，則磁通變為原來的多少倍？　① 0.577　② 0.83　③ 0.866　④ 1.2。
解：感應電動勢 $E = 4.44KNf\phi = 4.44KN \times 50\phi_1 = 4.44KN \times 60\phi_2$。
$\therefore \phi_2 = \dfrac{50\phi_1}{60} \doteqdot 0.83\phi_1$。

(3) 68. 三相感應電動機之端電壓固定，將一次的定子線圈由△接改為 Y 接，則電動機最大轉矩變成多少倍？　① 3　② $\sqrt{3}$　③ $\dfrac{1}{3}$　④ $\dfrac{1}{\sqrt{3}}$。
解：Y－Δ降壓起動時：
(1)電壓為全電壓之 $\dfrac{1}{\sqrt{3}}$ 倍。
(2)起動電流為全電壓起動時之 $\dfrac{1}{3}$ 倍。
(3)起動轉矩為全電壓起動時之 $\dfrac{1}{3}$ 倍。

(3) 69. 三相感應電動機採用 Y-△降壓起動開關起動的目的為　①增加起動轉矩　②增加起動電流　③減少起動電流　④減少起動時間。
解：採用 Y-△起動方式起動時：電壓降為額定時 $\dfrac{1}{\sqrt{3}}$、轉矩降為額定時 $\dfrac{1}{3}$、起動電流約為額定電流的 2 倍。

(3) 70. 三相感應電動機作堵轉試驗可求得　①鐵損與銅損　②鐵損與激磁電流　③銅損與漏磁電抗　④鐵損與漏磁電抗。
解：堵住試驗，如同變壓器短路試驗，可測出三相感應電動機之銅損與漏磁電抗。

(4) 71. 三相感應電動機之無載試驗中，以兩瓦特計測量功率時，會造成
瓦特計反轉的原因，乃是由於
①電流小　②電壓低　③功率因數高於 0.5　④功率因數低於 0.5。

解：以例題說明如下：

有一平衡之三相(Y 接或Δ接)負載，利用二只瓦特表量測三
相功率，$P_1 = 400W$，$P_2 = -10W$，求出三相負載之功率、無
效功率及功因數各為多少？。

$P = P_1 + P_2 = 400 + (-10) = 390W$。

$Q = \sqrt{3}(P_1 - P_2) = \sqrt{3}(400 - (-10)) = 710VAR$。

$\tan\theta = \dfrac{710}{390} = 1.82$

$\cos\theta = \dfrac{1}{\sqrt{(1 + \tan^2\theta)}} = \dfrac{1}{\sqrt{1 + (1.82)^2}} = 0.48 < 0.5$。

所以功率因數會低於 0.5。

(4) 72. 電動機操作器負載側個別裝設電容器時，其容量以能提高該電動
機之無負載功率因數達百分之多少為最大值？
① 85　② 90　③ 95　④ 100。

(3) 73. 三相四極 220 伏 5 馬力之電動機，其額定電流約為多少安培？
① 25　② 20　③ 15　④ 10。

解：三相 220V 10 馬力電動機，依據 CNS 規定功率因數 0.83、
機械效率 0.86。

其額定電流$I = \dfrac{P}{\sqrt{3} \times V \times \cos\theta \times \eta}$

$= \dfrac{5 \times 746}{1.732 \times 220 \times 0.83 \times 0.86} = 13.75A$，

選 15 安培。

(1) 74. 某電動機分路過電流保護為 20 安培，其控制線線徑在多少平方公
厘以上者，控制回路得免加裝過電流保護？
① 0.75　② 0.85　③ 1.25　④ 2.0。

(4) 75. 能將電能轉換為機械能之電工機械稱為
①變壓器　②變頻器　③發電機　④電動機。

(4) 76. 相同容量下，若以高效率、體積小、保養容易等因素為主要考量時，下列電動機何者最適宜？ ①直流無刷電動機 ②直流串激電動機 ③直流分激電動機 ④感應電動機。

解：感應電動機之轉子繞組電壓由感應而來，因轉子不必外接電源，故構造簡單、故障率低、價廉等為其優點。

(4) 77. 有一台抽水馬達輸入功率為 500 瓦特，若其效率為 80%，其損失為多少瓦特？ ① 400 ② 300 ③ 200 ④ 100。

解：效率 $= \dfrac{\text{輸出功率}}{\text{輸入功率}} = \dfrac{(\text{輸入功率}-\text{損失})}{\text{輸入功率}} = \dfrac{(500-\text{損失})}{500} = 0.8$。

所以損失 $= 500 - 400 = 100$ 瓦特。

(1) 78. 有關單相電容起動式感應電動機之電容器，下列敘述何者正確？ ①電容器串接於起動繞組 ②電容器串接於運轉繞組 ③電容器並接於起動繞組 ④電容器並接於運轉繞組。

(4) 79. 三相感應電動機在運轉時，若在電源側並接電力電容器，其主要目的為何？ ①降低電動機轉軸之轉速 ②增加起動電阻 ③減少電動機電磁轉矩 ④改善電源側之功率因數。

(1) 80. 關於三相感應電動機之定子與轉子分別所產生之旋轉磁場，下列敘述何者正確？ ①兩者同步 ②兩者不同步，會隨電源頻率而變 ③兩者不同步，會隨負載而變 ④兩者不同步，會隨起動方式而變。

(1) 81. 三相感應電動機無載運轉時，如欲增加其轉速，可選用下列何種方法？ ①增加電源頻率 ②減少電源頻率 ③減少電源電壓 ④增加電動機極數。

解：$N_s = \dfrac{120f}{P}$，增加電源頻率即可增加三相感應電動機無載運轉時之轉速。

(4) 82. 如要使單相電容式感應電動機之旋轉方向改變，可選用下列何種方法？ ①調換電容器兩端的接線即可 ②運轉繞組兩端的接線相互對調，而且起動繞組兩端的接線也要相互對調 ③運轉繞組與起動繞組的接線不變，由電源線兩端接線相互對調 ④運轉繞組兩端的接線維持不變，起動繞組兩端的接線相互對調。

(2) 83. 一台 3ϕ、220V、15HP、60Hz感應電動機，若滿載線電流為 40A，以 Y-Δ降壓起動，並於線電流線路上裝置一積熱電驛(TH-RY)，若安全係數為 1.15，積熱電驛(TH-RY)跳脫值應設於多少 A？
　　① 40　② 46　③ 50　④ 60。
　　解：滿載相電流 ＝40A，其跳脫線路電流應為40×1.15＝46A。

(2) 84. 一台 3ϕ、220V、15HP、60Hz感應電動機，若滿載線電流為 40A，以 Y-Δ降壓起動，並於相電流線路上裝置一積熱電驛(TH-RY)，若安全係數為 1.15，積熱電驛(TH-RY)跳脫值應設於多少 A？
　　① 23　② 27　③ 40　④ 46。
　　解：滿載相電流 $＝\dfrac{40A}{\sqrt{3}}=23.1A$。
　　　　積熱電驛功能係在保護電路過載，
　　　　其跳脫電流應為23.1×1.15＝26.56A。

(12) 85. 感應電動機負載增加時
　　①轉差率增大　②運轉電流增大　③轉矩減小　④轉速增加。
　　解：負載增加時：轉子速率降低，轉差率增大，運轉電流增大。

(34) 86. 感應電動機之運轉公式 $n=2\dfrac{f}{p}$ rps 中　①n 係指轉動轉速　②f 係指轉動頻率　③p 係指該機極數　④ rps 係指每秒鐘轉速。
　　解：n：指同步轉速，f：電源頻率，p：極數，rps：每秒鐘轉速。

(234) 87. 繪製三相感應電動機之圓線圖，須藉下列哪些試驗之數據始可完成？
　　①極性試驗　②無載試驗　③堵住試驗　④定部繞組電阻測定。
　　解：須作定部繞組電阻測定，無載試驗及堵住試驗。

(234) 88. 有關三相感應電動機之最大轉矩，下列敘述哪些正確？
　　①與轉子電阻成反比　　　　②與定子電阻、電抗成反比
　　③與轉子電抗成反比　　　　④與線路電壓平方成正比。

(13) 89. 繞線式感應電動機起動時，下列哪些是轉部加入起動電阻之目的？
　　①降低起動電流，增加起動轉矩　②增加起動電流，增加起動轉距　③提高起動時之功率因數　④提高電動機之效率。
　　解：(1)減少起動電流。(2)增加起動轉矩。(3)運轉時可控制速率。(4)提高起動時之功率因數。

(　23　) 90. 三相感應電動機以滿載來和無載運轉比較，則滿載
①轉差率小　②功率因數高　③效率高　④轉速高。
解：滿載時，轉矩、功率因數及效率較高。

(1234) 91. 感應電動機負載增加，則
①轉差率增加　②轉速降低　③轉矩增加　④轉子銅損增加。
解：感應電動機負載增加時，轉子速率變慢，轉差率變大，因為轉矩及轉子銅損與轉差率成正比，導致轉矩、轉子銅損增加。

(123) 92. 設計為 50Hz 之感應電動機，使用於 60Hz 電源，下列敘述哪些正確？
①同步轉速增加　②容量略為增加　③鐵損減少　④阻抗減少。
解：(1)$E = 4.44Nf\phi_m K_W$，ϕ_m 與 f 成反比。
(2)$N_s = \dfrac{120f}{P}$，所以當電源變為 60Hz 時轉速增加。
(3)$X_L = 2\pi fL$，當電源變為 60Hz 時感抗 X_L 增大，無載電流減少、溫度減少、最大轉矩將減少、鐵損減少、容量略為增加。

(234) 93. 繞線式感應電動機，轉部電阻增加，則下列敘述哪些正確？
①轉速增加　②起動電流降低　③起動轉矩增加　④轉差率增加。

(124) 94. 電動機 Y-△起動時，下列敘述哪些正確？
① Y 起動電流較小　　　② Y 起動轉矩較小
③△起動轉矩為 Y 的 $\dfrac{1}{3}$ 倍　④ Y 起動電流為△起動的 $\dfrac{1}{3}$ 倍。
解：Y(降壓起動)－△(全壓運轉)時：
(1)電壓＝全壓起動之 $\dfrac{1}{\sqrt{3}}$ 倍。
(2 每相繞組電流＝全壓起動之 $\dfrac{1}{\sqrt{3}}$ 倍。
(3)起動電流＝全壓起動電流的 $\dfrac{1}{3}$ 倍。
(4)起動轉矩＝全壓起動轉矩的 $\dfrac{1}{3}$ 倍。

(234) 95. 有關轉差率 S，下列敘述哪些正確？

　　　①$S=1$ 表示起動狀態　　　②$S=0$ 表示同步狀態

　　　③$S>1$ 表示反轉制動　　　④$S<1$ 表示運轉狀態。

　　解：(1)起動瞬間，轉子靜止($N_r=0$)，轉差率 $S=1$。

　　　　(2)轉子轉速等於同步轉速($N_r=N_s$)時，轉差率 $S=0$，

　　　　　輸出功率及電磁轉矩為零。

　　　　(3)轉子正常運轉($N_s>N_r>0$)時，轉差率 $0 \leqq S<1$。

　　　　(4)三條電源線之任意兩條對調，則轉子反會轉，

　　　　　$S = \dfrac{(N_s-(-N_r))}{N_s} > 1$。

(124) 96. 下列哪些是單相感應電動機主繞組的特點？

　　　①匝數多、線徑粗　　　②電阻小、電感大

　　　③電阻大、電感小　　　④通過電流較起動繞組滯後。

　　解：特點：置於內槽、匝數多、線徑粗，電阻小、電感大，通

　　　　過電流較起動繞組滯後。

(134) 97. 下列哪些是單相感應電動機起動繞組的特點？　①導線繞於槽的

　　　外層　②導線繞於槽的內槽　③圈數少　④電感小、電阻大。

　　解：特點：

　　　　(1)置於定部外槽、匝數少、線徑細，電阻大、電感小。

　　　　(2)不能永遠接於電路，須在轉速達到同步轉速的 75%時，

　　　　　利用離心開關切離電路，確保繞組不燒燬。

(123) 98. 下列有關蔽極式電動機的述敘哪些正確？　①採用移動磁場

　　　②起動轉矩小　③構造簡單、價格廉　④效率及功率因數高。

　　解：蔽極式電動機：

　　　　(1)移動磁場方向為自未蔽極處向蔽極處來移動，即為轉子

　　　　　的轉向。

　　　　(2)特性為構造簡單、價格低廉，但運轉噪音大、起動轉矩

　　　　　小、功率因數低、效率差。

(24) 99. 有關單相電動機，下列敘述哪些正確？
①蔽極式效率最佳　　　　②推斥式起動轉矩最大
③電容起動式之起動電流最小　④分相式之起動電流最大。
解：(1)蔽極式電動機：構造簡單、價格低廉，但運轉噪音大、起動轉矩最小、功率因數低、效率差。
　　(2)單相推斥式電動機：為單相電動機中，構造最複雜，起動轉矩最大的電動機。
　　(3)電容起動式電動機：起動轉矩大(起動轉矩約為額定轉矩的 3.5～4.5 倍)、起動電流小、起動功因佳。
　　(4)分相式單相電動機：起動時為不完全兩相旋轉磁場，故起動電流大、起動轉矩小。

(123) 100. 有起動線圈的單相電動機為
①分相式　②永久電容式　③電容起動式　④推斥式。
解：(1)單相電動機沒有起動能力，須加起動線圈使之起動。
　　(2)依起動法可分為：分相式、電容式(永久電容式及電容起動式)、蔽極式。

(12) 101. 具有換向器與電刷之單相電動機為
①串激式　②推斥式　③電容式　④蔽極式。
解：具有換向器與電刷之直流機轉子，由起動法可分為串激式、推斥式。

(123) 102. 下列哪些是交流單相串激電動機之特性？　①轉矩與電流平方成正比　②高起動轉矩　③重載時效率高　④轉矩與電壓平方成正比。
解：轉矩約與電樞電流平方成正比。

(124) 103. 電動機有載運轉時，下列哪些是保險絲燒斷之可能原因？
①欠相　②短路　③滿載使用過久　④電壓降低。

(123) 104. 電動機繞組短路故障時，則有
①噪音發生　②增加電流　③溫度升高　④速度變快。

(24) 105. 三相感應電動機在輕載運轉中，若有一相電源線斷路，則該電動機會有下列哪些情形？
①立即停止　②負載電流變大　③負載電流變小　④繼續轉動。

(123) 106. 電動機無載起動後、加負載時,下列哪些是產生轉速降低或停止的可能原因?　①漏電　②配電容量不足或電壓降過大　③線圈發生不完全之層間短路　④定子或轉子繞組斷線。

(34) 107. 感應電動機之功率因數很差,下列哪些是可能的原因?　①軸承不良　②通風不良　③氣隙大小不均勻　④磁路容易飽和。

(234) 108. 感應電動機之電氣制動有　①電磁制動　②再生制動　③逆向電壓動力制動　④單相制動。

(123) 109. 電風扇轉部轉動,但有嗡嗡聲,下列哪些是其原因?　①電容器短路或開路　②起動繞組短路或開路　③軸承太緊　④主線圈開路。

(234) 110. 下列哪些電動機可自行起動?　①單繞組單相感應電動機　②單相串激電動機　③蔽極式感應電動機　④三相感應電動機。

(123) 111. 下列哪些為步進電動機之特性?　①旋轉總角度與輸入脈波總數成正比　②轉速與輸入脈波頻率成正比　③靜止時有較高之保持轉矩　④需要碳刷,不易維護。

(234) 112. 下列敘述哪些正確?　①欲使三相感應電動機反轉,必須考慮電動機接線為 Y 接或△接,Y 接時變換電源任兩相,△接時必須三相換位方可反轉　②欲使三相感應電動機反轉,只須變換三相電源的任兩條線即可　③欲使單相感應電動機反轉,可將起動繞組的兩端點對調,運轉繞組保持不變　④欲使單相感應電動機反轉,可將運轉繞組的兩端點對調,起動繞組保持不變。

(124) 113. 在低壓三相感應電動機正反轉控制配線中,若三相電源之接線端為 R、S、T,電動機之接線端為 U、V、W,當電動機正轉時接法為 R-U、S-V、T-W,下列敘述哪些正確?　①接法改為 R-W、S-U、T-V 仍保持電動機正轉　②接法改為 R-W、S-V、T-U 可使電動機反轉　③接法改為 R-V、S-U、T-W 仍保持電動機正轉　④接法改為 R-U、S-W、T-V 可使電動機反轉。

(124) 114. 下列哪些起動方法適用於三相鼠籠式感應電動機?　① Y－△降壓起動法　②一次電抗降壓起動法　③轉子加入電阻法　④補償器降壓起動法。

工作項目 12：可程式控制器工程運用

(2) 1. 電極式液面控制器不適用於下列何種場所？
①儲水槽 ②絕緣油槽 ③地下水池 ④水塔。
解：電極式液面控制器是靠電極棒透過液體導電而達到控制作用。

(3) 2. 下圖控制電路若用布林代數(Boolean Algebra)式表示，則可寫成
①$F=(AB+CD)+E$ ②$F=(A+B)(C+D)E$
③$F=(AB+CD)E$ ④$F=(A+B)(C+D)+E$。

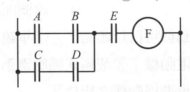

解：可寫成$F=(AB+CD)E$；即接點串聯為相乘；並聯為相加。

(2) 3. 可程式控制器之高速計數輸入模組通常與下列何項輸入元件連接，以達到精密定位控制之要求？
①熱電偶 ②編碼器 ③液面控制器接點 ④按鈕開關。

(1) 4. 當輸入信號從 OFF(0)到 ON(1)觸發時，能使可程式控制器內部邏輯信號作動，則該輸入信號係屬何種觸發？
①正緣(Lead) ②負緣(Trailing) ③脈動 ④殘留。
解：當輸入信號從 OFF(0)到 ON(1)觸發時，指令才會有動作的稱之為上緣(正緣)觸發。

(4) 5. 下列哪一項週邊裝置可與可程式控制器 ASCII 輸入/輸出模組連結使用？ ①接點式溫度感測器 ②接點式壓力開關 ③按鈕開關 ④印表機。

(2) 6. 在十六進位數字系統中之數值A5，若轉換為十進位，則其數值為
① 155 ② 165 ③ 205 ④ 215。
解：A＝十進位的 10，所以其數值＝$10\times16+5=165$。

(1) 7. 設 00100101 為 BCD 碼，若將其轉換為十進位數值表示，則其值為 ① 25 ② 45 ③ 111 ④ 211。

(　3　) 8. 一個位元(bit)，若以鮑率(Baud Rate)為 9600 的傳送速率連續傳送
10 秒的資料，則共可傳送多少位元組(Bytes)的資料？
① 1200　② 2400　③ 12000　④ 24000。
解：1Byte = 8bits。
9600(bit/sec)×10sec÷8(bit/Bytes)= 12000Bytes。

(　4　) 9. 可程式控制器與電腦利用 RS232C 作非同步傳輸連線時，下列何
項非為設定參數之一？　①資料位元(Data Bits)　②結束位元(Stop
Bits)　③通訊埠(COM Port)　④緩衝器(Buffer)。

(　3　) 10. 電磁開關所用之積熱電驛(TH-RY)，其主要過載動作元件是
①電磁線圈　②彈簧　③雙金屬片　④熱敏電阻。
解：其主要過載動作元件是雙金屬片，有兩素子及三素子。

(　1　) 11. 二進位數目系統中的每一位數稱為位元(Bit)，而 8 個位元等於多
少個位元組(Byte)？　①1　②2　③3　④4。
解：1Byte = 8 bits。

(　3　) 12. 二進位的 1011 相當於十進位的　①9　②10　③11　④12。
解：$1×2^3+0×2^2+1×2^1+1×2^0 = 8+0+2+1 = 11$。

(　4　) 13. 下列何種開關，能不接觸物體即可檢測出位置？
①浮球開關　②極限開關　③按鈕開關　④光電開關。
解：光電開關是將光的信號轉成為電信號的檢出開關，不需與
被檢出物體直接接觸，即能檢出信號。

(　2　) 14. 當輸入信號從 ON(1)到 OFF(0)觸發時，能使可程式控制器內部邏
輯信號作動，則該輸入信號屬於何種觸發？
①正緣(Lead)　②負緣(Trailing)　③脈動　④殘留。

(　2　) 15. 有關 D/A 轉換器的敘述，下列何者正確？
①類比信號轉換為數位信號　②數位信號轉換為類比信號
③電流信號轉換為電壓信號　④電壓信號轉換為電流信號。
解：D：數位(Digital)信號，A：類比(Analog)信號。

(　1　) 16. 有關 A/D 轉換器的敘述，下列何者正確？
①類比信號轉換為數位信號　②數位信號轉換為類比信號
③電壓信號轉換為電流信號　④電流信號轉換為電壓信號。

(124) 17. 在 RS-232C 通訊標準中，它規範了資料通訊設備(DCE)以及資料終端設備(DTE)，下列哪些是屬於 DTE 設備？
①個人電腦　②印表機　③數據機(Modem)　④掃描器。

(124) 18. 下列哪些不是無線電傳輸特性？
① 1 Duplex　② 2 Full Duplex　③ 3 Half Duplex　④ 4 Simplex。
解：無線電以半雙工(Half Duplex)傳輸。

(13) 19. 可程式控制器與電腦間利用 RS232C 作非同步傳輸連線時，下列哪些是設定參數之一？　①資料位元(Data Bits)　②通訊線徑大小　③通訊埠(COM Port)　④緩衝器(Buffer)。
解：資料位元（Data Bits）、結束位元(Stop Bits)與通訊埠(COM Port)須設定參數。

(13) 20. 工業控制中，下列哪些場所之特性適合使用電極式液位控制器？
①地下水池　②絕緣油槽　③家庭用儲水塔　④工業用污水池。

(123) 21. 下列哪些是使用可程式控制器(PLC)的主要特點？
①高可靠性　　　　　　②採用模組化結構
③安裝簡單，維修方便　④佔空間、不易學習。

(123) 22. 下列哪些是使用可程式控制器(PLC)的主要應用範圍？
①邏輯控制　②計數控制　③ PID 控制　④通訊流量控制。

(12) 23. 下列哪些裝置(元件)可連接於可程式控制器(PLC)的繼電器輸出模組？　①電磁接觸器　②指示燈　③熱電偶　④近接開關。
解：1.電磁接觸器、指示燈：可連接於 PLC 的繼電器輸出模組。
　　2.熱電偶、近接開關：可連接於 PLC 的輸入模組。

(1234) 24. 為了滿足工業控制的需求，可程式控制器廠商開發了下列哪些專門用途 I/O 模組？　①高速計數器模組　②定位控制模組　③網路模組　④ PID 模組。

(124) 25. 可程式控制器所用之 PID 介面模組，通常應用於任何需要連續性閉路控制的程序控制系統中，其提供下列哪些控制的作動？
①積分　②比例　③溫度　④微分。
解：P：比例控制，I：積分控制，D：微分控制。

(234) 26. 下列哪些是無線電的特點？　①無法穿透物體　②容易製造安裝　③容易互相干擾　④發訊端無須對準收訊端。

(14) 27. 為了增強可程式控制器(PLC)抗干擾能力，提高其可靠性，PLC在輸入端電路都採用下列哪些技術？
①光電隔離　②運算放大電路　③正反器　④ R-C 濾波。
解：經由光耦合二極體與 R-C 濾波電路以抗干擾。

(23) 28. 在電力監控系統中，若進行變壓器油溫信號監控傳遞，為正確傳輸資料至電腦，必須經過下列哪些感測與轉換技術？
① DAC　② ADC　③溫度感測器　④濾波器。
解：必須經過溫度感測器及 A/D 轉換器將類比(Analog)信號轉換為數位(Digital)信號。

(123) 29. 國際電工協會(National Electrical Manufacturers Association)為整合各廠家可程式控制器(PLC)語法與硬體架構，在 1993 年制訂了 IEC1131 的標準，而第三部分IEC1131-3 為語法規範，下列哪些是其定義的規範？　①階梯圖(LD)　②功能方塊圖(FBD)　③順序功能圖(SFC)　④ C 語言。
解：功能方塊圖：Function Block Diagram，結構化文字：Structured Text。
指令列：Instruction List，階梯圖：Ladder Diagram。
順序功能圖：Sequential Function Chart。

(123) 30. 下列哪些週邊裝置不可與可程式控制器 ASCII 輸入/輸出模組連結使用？　①溫度感測器　②壓力開關　③變頻器　④印表機。

(134) 31. 為讀取並計算輸入脈波信號，下列哪些輸入裝置不可以與可程式控制器之高速計數輸入模組連接？　①熱電偶　②編碼器　③極限開關　④按鈕開關。

（　13　）32. 可程式控制器掃描一週的時間(scan time)為 15ms，現有兩個輸入信號，其中一個輸入信號的動作時間為 10ms，另一個是 30ms，若依照下列輸入信號與掃描時間的關係圖所示，下列敘述哪些正確？
①A點輸入信號不能正確被PLC讀取　②A點輸入信號可以正確被 PLC 讀取　③B、C點輸入信號可以正確被 PLC 讀取
④B、C點輸入信號不能正確被 PLC 讀取。

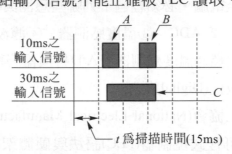

解：PLC輸入訊號之時間若小於此反應時間，則有誤讀的可能性。

（　124　）33. 如下圖所示，若用邏輯式表示，下列敘述哪些錯誤？
①$F = (AB + CD) + E$　　　　②$F = (A+B)(C+D)E$
③$F = (AB + CD)E$　　　　④$F = (A+B)(C+D) + E$。

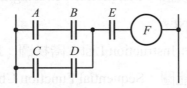

解：可寫成$F = (AB+CD)E$。

（　134　）34. 有關唯讀記憶體(Read Only Memory，ROM)，下列敘述哪些錯誤？
①能隨時讀寫或更改記憶內容　②內部資料經設定儲存後，即無法更改　③可以用紫外線消除記憶體內容　④供應電源斷電後，內部資料會消失。

（　124　）35. 可程式控制器通訊模組與區域網路連接時，使用雙絞線 RJ-45 接頭連接，下列敘述哪些正確？　① UTP 線的接頭有八個腳位(凹槽)，其金屬接點有 8 個　②用在 10-BaseT 與 100-Base 系列網路，只使用 1、2、3、6 腳位　③必須加裝終端電阻　④必要時可施作網路線跳線(cross-over)。

解：RJ-45 接頭是非屏蔽雙絞線(UTP)的接頭，有八個腳位（凹槽）、有 8 個金屬接點，用在 10-BaseT 與 100-Base 系列網路，只使用 橙色(1、2)及綠色(3、6)腳位，無須加裝終端電阻，必要時可施作網路線跳線(cross-over)。

（　134　）36. Modbus 通信規約基本上是遵循 Master and Slave 的通信步驟，有一方扮演 Master 角色採取主動詢問方式，送出 Query Message 給 Slave 方，然後由 Slave 方依據接到的 Query Message 內容準備 Response Message 回傳給 Master。下列哪些裝置可當作 Slave 方？　①量測用儀表　②人機介面(監控系統HMI)　③熱電偶　④可程式控制器。

（　134　）37. 可程式控制器與Modbus裝置做連接通訊時，通信傳送資料因考慮信號可能受外界干擾，下列哪些不是通訊協定所採取措施？　①必須加上 Device Address　②必須做 Error Check　③必須考慮 Function Code　④資料長度(Bit)必須正確。

（ 1234 ）38. 下列哪些項目是可程式控制器可以處理之信號控制資料型態？
　　① DI:Digital Input　　　　② DO:Digital Output
　　③ AI:Analog Input　　　　④ AO:Analog Output。
　　解：DI：數位輸入，DO：數位輸出，AI：類比輸入，
　　　　AO：類比輸出。

（　123　）39. 下列哪些控制信號數值型態屬於AO:Analog Output？
　　①溫度　②流量　③轉速　④啟動電動機。

（　23　）40. 下列哪些控制信號數值型態屬於DI:Digital Input？
　　①溫度　②開關　③接觸點　④流量。

（　12　）41. 下列哪些控制信號數值型態屬於AI:Analog Input？
　　①液位　②重量　③極限開關點　④警鈴。

（　14　）42. 下列哪些控制信號數值型態屬於DO:Digital Output？
　　①電動機啟動或停止　②污水混濁度　③轉速　④警鈴。

（　124　）43. 在工廠自動化控制通訊協定中，使用乙太網路(Ethernet)與Modbus，下列敘述哪些正確？　①於同一Ethernet 網路系統上 IP Address 必須是唯一的　②串列式通信上只有一個Modbus Master 設備　③串列式通信上不可以連上多台Modbus Slave 設備　④Modbus Address 是由通信規約內所制定的。

工作項目 13：變頻器運用

(4) 1. 電度表配合比壓器(PT)及比流器(CT)使用時，已知PT的電壓比為
　　3300/110V，CT 之電流比為 100/5A，則該電度表實際量測值應乘
　　以多少倍？　①20　②100　③300　④600。
　　解：實際量測值＝電壓比×電流比 $=(\frac{3300}{110})\times(\frac{100}{5})=600$。

(3) 2. 電源頻率若從 60Hz 變為 50Hz 時，阻抗不受影響之裝置為
　　①日光燈　②變壓器　③電阻式電熱器　④感應電動機。
　　解：電阻式電熱器其阻抗僅有電阻，電抗為零，所以不受電源
　　頻率的影響。

(4) 3. 低壓變頻器外殼應採何種接地施工？
　　①特種　②第一種　③第二種　④第三種。

(3) 4. 三相感應電動機使用變頻器作減速控制時，為了避免電動機因產
　　生再生電壓而造成變頻器過電壓失速，除了設定加長減速時間外，
　　還可在變頻器中加裝
　　①交流電抗器　②電磁接觸器　③煞車電阻器　④雜訊濾波器。

(1) 5. 為改善變頻器因連接交流電動機所產生的金屬噪音，通常需要
　　①外加交流電抗器　　②在變頻器電源端加電磁接觸器
　　③加煞車電阻器　　　④降低變頻器內部電力元件切換的速度。
　　解：交流電抗器(ACL)，其目的是為了減少高次諧波干擾。

(3) 6. V/f 轉換器可將輸入電壓轉換為
　　①電流　②時間　③頻率　④電阻。
　　解：V：電壓，f：頻率，V/f：電壓/頻率轉換器。

(2) 7. 當安培計用切換開關(AS)切至 OFF 時，其所連接的比流器(CT)二
　　次側應該　①全部開路　②全部短路　③部分開路　④部分短路。
　　解：比流器(CT)二次側應該全部短路，以免CT二次測成開路狀
　　態，造成器具燒燬或人員觸電事故。

(2) 8. 控制系統中，輸出信號與輸入信號之比率稱為
　　①倍率函數　　②轉移函數　③位移函數　④負載函數。
　　解：轉移函數$=\dfrac{輸出信號}{輸入信號}$。

(2) 9. 交流同步電動機在起動時，其主磁場繞組　①應加交流電激磁　②不可加直流電激磁且應短路　③應開路　④應降低電源電壓。

解：交流同步電動機啓動時，轉子繞組不得加入直流電源，而以外加電阻短路之，避免瞬間感應高壓而破壞激磁繞組絕緣。

(1) 10. 單相蔽極式感應電動機係靠下列何種原理來旋轉？
①移動磁場②旋轉磁場　③推斥磁場　④固定磁場。

解：靠移動磁場原理來旋轉。其轉向係自無蔽極(主磁極)至蔽極旋轉。

(4) 11. 電動機銘牌上所註明的電流係指
①半載電流　②無載電流　③$\frac{1}{2}$滿載電流　④滿載電流。

(2) 12. 三相 5HP 交流感應電動機，原接於頻率為 50Hz 之電源，若改接於 60Hz，則其轉速將　①減少百分之二〇　②增加百分之二〇　③轉速保持不變　④無法起動。

解：轉速＝$N=\frac{120f}{P}$

$\frac{N_{60}}{N_{50}}=\frac{(120\times60)}{(120\times50)}=\frac{6}{5}=1.2$。

(3) 13. 有一低壓三相鼠籠式感應電動機，如採全壓起動時，起動電流為 120安，若採用 Y-△降壓起動開關起動，則起動電流約為多少安？
① 120　② 100　③ 40　④ 20。

解：Y-Δ降壓啓動電流＝$\frac{1}{3}$全壓啓動電流＝$\frac{1}{3}\times120=40A$。

(3) 14. 比流器(CT)的主要作用可　①減少線路損失　②增加線路壓降　③擴大交流安培計測定範圍　④改變線路功率因數。

(2) 15. 貫穿型比流器規格為 150/50，基本貫穿匝數 1 匝，若與刻度為 50A，表頭滿刻度電流為 5A 之電流表連接使用時，該比流器一次側應貫穿幾匝？　① 2　② 3　③ 4　④ 10。

解：比流器貫穿匝數＝$\frac{比流器一次側電流\times基本貫穿匝數}{安培表一次側電流}$
$=\frac{150\times1}{50}=3$匝。

(3) 16. 絕緣電阻計可用來測量感應電動機的
①輸出功率　②滿載電流　③絕緣電阻　④運轉轉速。

(1) 17. 若交流電動機的轉速由變頻器來作控制，則電動機轉速與變頻器輸出頻率的關係為下列何者？
①正比 ②反比 ③平方正比 ④平方反比。

解：由 $N = \dfrac{120f}{p}$，轉速與變頻器輸出頻率成正比。

(124) 18. 在目前的節能設備中，「變頻器(Inverter)為最直接之節能控制方法之一，下列哪些是其應用案例？
①空調冷卻風扇 ②家電洗衣機 ③家電電熱器 ④抽排煙機。

(12) 19. 下列哪些項目是變頻器相關的周邊控制工程施工應裝設備？
①迴路斷路器裝置 ②煞車電阻裝置
③濾波控制裝置 ④轉速控制器。

(134) 20. 變頻器與相關的周邊設備配線時，下列哪些項目是正確作法？
①嚴禁電源輸入線直接接在變頻器的電動機接線端子(U-V-W)
②可以直接使用電源線上的「無熔線開關」來啟動與停止電動機
③變頻器及電動機請確實實施機殼接地，以避免人員感電
④變頻器電源側與負載側的接線需使用「絕緣套筒壓接端子」。

(1234) 21. 下列哪些項目是變頻器本身事故防止機能？ ①過電流保護
②回生過電壓保護 ③電動機過熱保護 ④漏電或低電壓保護。

(1234) 22. 下列哪些項目是目前市售變頻器驅動控制方法之一？
①電壓/頻率控制(V/F Control)技術 ②向量控制(Vector Control)技術 ③直接轉矩控制 (Direct Torque Control， DTC) ④無轉軸量測器控制(Sensorless Control)。

(1234) 23. 下列哪些是一般變頻器故障的原因？
①參數設置類故障 ②溫度過高 ③過電流故障 ④過電壓故障。

(34) 24. 下列哪些不是變頻器日常維護保養與點檢項目？ ①絕緣電阻
②冷卻系統 ③電動機極性 ④配線線徑大小與負載容量。

(124) 25. 下列哪些不是三相感應電動機使用變頻器作減速控制時，為了避免電動機因產生再生電壓而造成變頻器過電壓失速，除了設定加長減速時間外，還可在變頻器中加裝的裝置？
①交流電抗器 ②電磁接觸器 ③煞車電阻器 ④雜訊濾波器。

(12) 26. 一般變頻器所採用的通訊協定 Modbus，指的是下列哪些通訊標準？ ① RS-422 ② RS-485 ③ Ethernet ④ ProfiBus。

(123) 27. 下列哪些是一般變頻器上的轉速控制？　①直接從變頻器面板上的可變電阻調整　②外接類比電壓或電流信號來調整　③變頻器支援 Modbus 通訊，可利用上位控制器以通訊的方式改變變頻器轉速　④可外接電磁接觸器直接控制。

 ## 工作項目 14：開關及保護設備裝修

(4) 1. 進屋線為單相三線式，計得之負載大於 10 千瓦或分路在六路以上者，其接戶開關額定值應不得低於多少安？
① 20　② 30　③ 40　④ 50。

(4) 2. 分路供應重責務型燈座之出線口時，每一出線口以多少伏安來計算？　① 180　② 300　③ 500　④ 600。

(2) 3. 啟斷容量為 500MVA 之 12kV 斷路器，能通過之最大故障電流約為多少 kA？　① 15　② 24　③ 50　④ 100。
解：最大故障電流 $=\dfrac{500\text{MVA}}{(\sqrt{3}\times V)}=\dfrac{500\times10^{6}}{\sqrt{3}\times12\times10^{3}}$
$=24057A=24.057KA$。

(3) 4. 高壓電氣設備如有活電部分露出者，其屬開放式裝置者，應裝於變電室內，或藉高度達多少公尺以上之圍牆加以隔離？
① 1.5　② 2.0　③ 2.5　④ 3.0。

(3) 5. 過流接地電驛(LCO)之主要功能為
①過載保護　②低電壓保護　③接地保護　④過電壓保護。
解：LCO：小勢力過電流電驛。

(1) 6. 斷路器之 IC 值係表示
①啟斷容量　②跳脫容量　③框架容量　④積體電路。
解：IC：Interrupting Capacity 之簡稱，為「啟斷容量」；功用為啟斷電路短路故障電流。

(2) 7. 裝於住宅處所 20 安以下分路之斷路器及栓形熔絲應屬下列何種特性者？　①高速性　②延時性　③低速性　④定時限性。

(1) 8. 積熱型熔斷器及積熱電驛可作為電氣設備之何種事故之保護？
①過載　②短路　③漏電　④感電。

(2) 9. 刀型開關其電壓在 250 伏以下，額定電流在多少安以上者，僅可作為隔離開關之用，不得在有負載之下開啟電路？
① 100　② 150　③ 200　④ 400。

(4) 10. 一般低壓三相 220V 供電用戶，契約容量超過 30kW 者，其選用過電流保護器之最低非對稱啟斷容量為多少 kA？
① 5　② 7.5　③ 10　④ 15。

(3) 11. 過流電驛(CO)在設定時，若在同樣的負載電流下，要加速其跳脫時間，則以選擇下列何種方式較佳？　①設定較高的始動電流，選用較大的時間標置　②設定較低的始動電流，選用較大的時間標置　③設定較低的始動電流，選用較小的時間標置　④設定較高的始動電流，選用較小的時間標置。

(3) 12. 某比壓器(PT)之二次側線路阻抗為 10Ω，二次側線電壓為 50V，則此 PT 之負擔為多少 VA？　① 10　② 100　③ 250　④ 1000。

解：比壓器 PT 之負擔 $= \dfrac{V^2}{Z} = \dfrac{50^2}{10} = 250\text{VA}$。

(1) 13. 漏電斷路器之最小動作電流，係額定感度電流百分之多少以上之電流值？　① 50　② 100　③ 125　④ 150。

(2) 14. 漏電斷路器之額定電流容量，應不小於該電路之
①漏電電流　②負載電流　③短路電流　④感度電流。

(3) 15. 變比器之二次線應採下列何種接地？
①第一種　②第二種　③第三種　④特種。

(2) 16. 保護低壓進屋線之斷路器或熔絲之標準額定不能配合導線之安培容量時，得選用高一級之額定值，但額定值超過多少安時，不得作高一級之選用？　① 600　② 800　③ 1000　④ 1200。

(2) 17. 刀型開關其電壓在 600 伏以下，額定電流在多少安以上者，僅可作為隔離開關之用，不得在有負載之下開啟電路？
① 50　② 75　③ 100　④ 150。

(4) 18. 一組進屋線供應數戶用電時，各戶之接戶開關得裝設於同一開關箱內或於個別開關箱內(共裝於一處)或在同一配電箱上，其開關數如不超過多少具者，得免設總接戶開關？　①2　②3　③5　④6。

(3) 19. 接戶開關僅供應單相二線式分路二路者，其接戶開關額定值不得低於多少安？ ① 15 ② 20 ③ 30 ④ 50。

(1) 20. 以防止感電事故為目的裝置漏電斷路器者，應採用 ①高感度高速型 ②高感度延時型 ③中感度延時型 ④低感度延時型。

(1) 21. 高速型漏電斷路器在額定感度電流之動作時間多少秒以內？ ① 0.1 ② 0.5 ③ 1 ④ 2。

(1) 22. 單相110V的日光燈分路，若採用單極無熔線開關作保護，則正確配線方式為 ①選擇非接地導線經過無熔線開關 ②選擇被接地導線經過無熔線開關 ③選擇接地線經過無熔線開關 ④非接地導線、被接地導線或接地線任意選擇其中一條經過無熔線開關。

(4) 23. 通常在電熱水器或飲水機分路加裝漏電斷路器，是因為它具有下列何種主要功能？ ①檢出斷線故障，完成跳脫以隔離故障點 ②檢出短路故障，完成跳脫以隔離故障點 ③檢出過電流故障，完成跳脫以隔離故障點 ④檢出接地故障，完成跳脫以隔離故障點。

(234) 24. 幹線之分歧線長度不超過 8 公尺，導線之過電流保護有下列哪些情形得免裝於分歧點？ ①分歧線之安培容量不低於幹線之四分之一者 ②分歧線之安培容量不低於幹線之三分之一者 ③妥加保護不易為外物所碰傷者 ④分歧線末端所裝一組斷路器或一組熔絲，其額定容量不超過該分歧線之安培容量。

(234) 25. 熔絲鏈開關原則上不得裝用於下列哪些場所？ ①屋外電桿上 ②屋內 ③地下室 ④金屬封閉箱內。

(134) 26. 過電流保護裝置於屋內者，其位置除有特殊情形外，應裝於下列哪些處所？ ①容易接近之處 ②不容易接近之處 ③不暴露於可能為外物損傷之處 ④不與易燃物接近之處。

(12) 27. 下列哪些漏電斷路器之額定感度電流屬於高感度型？ ① 15 毫安 ② 30 毫安 ③ 50 毫安 ④ 100 毫安。

(1234) 28. 下列哪些項目，斷路器應有耐久而明顯之標示？ ①額定電壓 ②額定電流 ③額定啟斷電流 ④廠家名稱或其代號。

(234) 29. 接戶開關之接線端子應用下列哪些方法裝接？ ①採用焊錫焊接 ②採用有壓力之接頭 ③採用有壓力之夾子 ④接用其他安全方法。

(124)30. 下列哪些用電設備或線路,應按規定施行接地外,並在電路上或該等設備之適當處所裝設漏電斷路器? ①建築或工程興建之臨時用電設備 ②公共場所之飲水機分路 ③住宅場所離廚房水槽超過 1.8 公尺以外之插座分路 ④商場之沈水式用電設備。

(24)31. 為防止感電事故裝置漏電斷路器,不應接用下列哪些類別的漏電斷路器? ①高感度高速型 ②高感度延時型 ③中感度高速型 ④中感度延時型。

(1234)32. 下列哪些基本原理能加速滅弧? ①拉長電弧 ②冷卻弧根 ③施壓力於弧極及弧道 ④氣體吹過弧道。

(34)33. 下列哪些裝置不得作為導線之短路保護? ①栓型熔絲 ②管形熔絲 ③積熱型熔斷器 ④積熱電驛。

(234)34. 下列哪些是真空斷路器的優點? ①消弧慢 ②維護簡單 ③壽命長 ④無油而無引起火災的危險。

(1234)35. 下列哪些項目是斷路器必須具備之額定? ①額定電壓 ②額定電流 ③額定啟斷容量 ④絕緣基準。

⚡ 工作項目 15：電熱工程裝修

(2)1. 220V 2000W 之電阻性電熱爐如改接於 110V 電源時,其消耗之功率為多少 W? ① 100 ② 500 ③ 1000 ④ 2000。

解: $\because P = \dfrac{V^2}{R}$ $\therefore R = \dfrac{V^2}{P} = \dfrac{220^2}{2000} = 24.2\Omega$。

$P = \dfrac{110^2}{24.2} = 500W$。

(2)2. 電路供應工業用紅外線燈電熱裝置者,其對地電壓應不超過多少伏為原則? ① 110 ② 150 ③ 220 ④ 300。

(2)3. 除另有規定外,電熱器每具額定電流超過多少安者,應設施專用分路? ① 10 ② 12 ③ 15 ④ 20。

(3)4. 電阻電焊機應有之過電流保護器,其額定或標置不得大於該電焊機一次額定電流之多少倍? ① 2 ② 2.5 ③ 3 ④ 6。

(3) 5. 在一定電壓下，兩只 400W 之電阻性電熱器接成串接，每一個電熱器之消耗功率為多少 W ？　① 300　② 150　③ 100　④ 75。

解：$P = \dfrac{V^2}{R} = 400$。

假設兩只電熱器電阻為 $R + R = 2R$。當電源為 V 時，

電路總 $P = \dfrac{V^2}{R} = \dfrac{V^2}{2R} = (\dfrac{1}{2}) \times (\dfrac{V^2}{R}) = (\dfrac{1}{2}) \times 400 = 200\text{W}$。

而每一個電熱器 $P = \dfrac{200}{2} = 100\text{W}$。

(2) 6. 最大電熱器容量在 20 安以上，其他電熱器合計容量在多少安以下並為最大電熱器容量之二分之一以下，則小容量電熱器可與大容量電熱器併用一分路？　① 10　② 15　③ 20　④ 30。

(3) 7. 工業用紅外線燈電熱裝置，其對地電壓超過 150 伏，且在多少伏以下時，燈具應不附裝以手操作之開關？　① 200　② 250　③ 300　④ 400。

(2) 8. 工業用紅外線燈電熱裝置內部配線之接續應使用溫升在攝氏多少度以下之接續端子？　① 30　② 40　③ 50　④ 60。

(4) 9. 電阻電焊機分路之導線供應自動電焊機者，其安培容量不得低於電焊機一次額定電流之百分之
① 三○　② 四○　③ 五○　④ 七○。

(3) 10. 電阻電焊機分路之導線供應人工點焊機者，其安培容量不得低於電焊機一次額定電流之百分之
① 三○　② 四○　③ 五○　④ 七○。

(4) 11. 電熱器之電阻為 100 歐姆，通過 5 安的電流，若使用 1 分鐘，該電熱器產生之熱量為多少卡？
① 21340　② 24000　③ 25920　④ 36000。

解：熱量 $J = 0.24I^2 \times R \times t = 0.24 \times 5^2 \times 100 \times 1 \times 60 = 36000$ 卡。

(1) 12. 兩只完全相同之額定容量為 220V、2000W 之電阻性電熱器串接在 220V 電源時，其消耗之總功率為多少 W？

　①1000　②750　③500　④250。

解：$P = \dfrac{V^2}{R}$，P 與 V^2 成正比。

　當電熱器串接在 220V 電源時，由分壓得知：

　每只電熱器上電壓為 110V，為原先的 $\dfrac{1}{2}$。

　每只電熱器 $P = (\dfrac{1}{2})^2 \times 2000\text{W} = 500\text{W}$。

　總功率 = 500W × 2 = 1000W。

(3) 13. 供應電熱器之低壓幹線，其電壓降不得超過該分路標稱電壓百分之多少？　①一　②二　③三　④五。

(2) 14. 有一電熱器之電阻為 100Ω，若使用 20 分鐘，產生之熱量為 30000 焦耳，通過電熱器之電流為多少 A？

　①0.25　②0.5　③2.5　④5。

解：1 卡 = 4.2 焦耳，30000 焦耳 = $\dfrac{30000}{4.2}$ = 7142.86 卡。

　熱量 = $0.24I^2 \times R \times t = 0.24 \times I^2 \times 100 \times 20 \times 60 = 7142.86$，

　所以 $I = 0.5\text{A}$。

(4) 15. 在純電阻電路中，電壓與電流相位關係為何？

　①電壓落後電流 90 度　　②電壓落後電流 45 度

　③電壓超前電流 90 度　　④電壓與電流同相位。

(124) 16. 下列敘述哪些正確？　①1 卡是使 1 克的水升高 1℃ 所需的熱量　②1BTU 是使 1 磅的水升高 1℉ 所需的熱量　③比熱是指物體上升 1℃ 所需之熱量　④1 焦耳是使 1 公升的水上升 0.24×10^{-3}℃ 的熱量。

(123) 17. 下列哪些單位換算正確？　①1cal=4.2joule　②1joule=0.24cal　③1BTU=1055joule　④1BTU=2520cal。

(1234) 18. 電爐電阻為 75Ω，通過 2A 電流，若使用 5 分鐘，該電爐產生之熱量為多少 cal，下列哪些結果錯誤？

　①85.3　②21500　③51200　④85300。

解：熱量 = $0.24I^2 \times R \times t = 0.24 \times 2^2 \times 75 \times 5 \times 60 = 21600$。

(12) 19. 假設電熱器效率為 75%，使用 600W 的電熱器，在一大氣壓之下，將 2 公升的水由 15℃ 加熱至沸點，需要多少時間？

　①1574.1 秒②26.2 分　③6000 秒　④100 分。

（　24　）20. 電阻為 330Ω 之電熱器，接於 110V 電源上，浸入 600g20℃之水中，盛水容器每秒散熱 0.8cal，需加熱多久才能使水之溫度上升至 100℃？　① 3288 秒　② 6000 秒　③ 54.8 分　④ 100 分。

（　123　）21. 如果太陽能照射於每平方公分面積每分鐘之熱量是 1.8 卡(1 卡=4.2 焦耳)，則照射於面積 1 平方米的熱能是多少千瓦，下列哪些結果錯誤？　① 4.2　② 2.33　③ 1.8　④ 1.26。

工作項目 16：接地工程裝修

（　1　）1. 第一種接地之接地電阻應保持在多少Ω以下？
① 25　② 50　③ 75　④ 100。

（　2　）2. 高壓電動機外殼之接地屬　①設備與系統共同接地　②設備接地　③高壓電源系統接地　④內線系統接地。
解：高壓電動機外殼之接地屬設備接地，為非接地系統之高壓用電設備接地，應採用第一種接地，其接地電阻應保持 25Ω。

（　4　）3. 12kV/120V 比壓器二次側引線接地屬何種接地？
①特種　②第一種　③第二種　④第三種。

（　1　）4. 單相三線用戶，接戶線為 30 平方公厘時，其內線系統單獨接地，銅接地導線應採用多少平方公厘？
① 8　② 5.5　③ 3.5　④ 2.0。

（　4　）5. 低壓電源系統經接地後，其對地電壓超過多少伏者，其電源系統不得接地？　① 110　② 150　③ 208　④ 300。

（　4　）6. 銅板作接地極，其厚度應在 0.7 公厘以上，且與土地接觸之總面積不得小於多少平方公分？　① 300　② 500　③ 700　④ 900。

（　3　）7. 以接地銅棒作接地極，應垂直釘設於地面下多少公尺以上？
① 0.3　② 0.6　③ 1.0　④ 1.5。

（　4　）8. 鐵管或鋼管作接地極，其長度不得短於多少公尺？
① 0.3　② 0.5　③ 0.7　④ 0.9。

（　4　）9. 屋外供電線其電纜遮蔽層及導線之金屬裝甲之接地線，不得小於多少平方公厘之銅線？　① 3.5　② 5.5　③ 8.0　④ 14。

(1) 10. 接地極採用兩管或兩板以上時，為求有效降低接地電阻，則管或板之距離不得小於多少公尺？　①1.8　②1.5　③1.2　④1.0。

(4) 11. 非接地系統之高壓用電設備接地應使用多少平方公厘以上之絕緣線？　①38　②22　③8　④5.5。

(2) 12. 用電設備單獨接地之接地線或用電設備與內線系統共同接地之連接線，若過電流保護器之額定或標置在100A時，其銅接地導線之最小線徑為多少平方公厘？　①14　②8　③5.5　④3.5。

(1) 13. 低壓配電系統之金屬導線管及其連接之金屬箱應採用何種接地？①第三種　②第二種　③第一種　④特種。

(4) 14. 多少平方公厘以上絕緣被覆線於接地線系統施工時，在露出部分之絕緣或被覆上以綠色膠帶做為永久識別時，可做為接地線？①3.5　②5.5　③8.0　④14。

(2) 15. 特種及第二種接地，設施於人易觸及之場所時，自地面下0.6公尺起至地面上多少公尺，均應以絕緣管或板掩蔽？①1.5　②1.8　③2　④2.5。

(2) 16. 以接地銅棒作接地極時，其直徑不得小於多少公厘，且長度不得短於0.9公尺？　①10　②15　③20　④25。

(1) 17. 用以判定屋內線路的被接地導線和非接地導線的簡易工具是①驗電器(氖燈)　②鉤式電流表　③絕緣電阻計　④瓦特表。

(2) 18. 非接地系統之高壓用電設備接地，其接地電阻應在多少Ω以下？①10　②25　③50　④100。

(4) 19. 被接地導線之絕緣皮應選用何種顏色來識別？①綠　②紅　③黑　④白。

(2) 20. 電動機外殼接地的目的是在防止①過載　②感電　③馬達發生過熱　④電壓閃爍。

(4) 21. 採60平方公厘接戶線供電之用戶，其內線系統單獨接地或與設備共同接地之銅接地導線應採用多少平方公厘以上之銅導線？①5.5　②8　③14　④22。

(4) 22. 屋外供電線路交流多重接地系統，各接地線之電流容量應為其所引接導線電流容量之多少以上？①二分之一　②三分之一　③四分之一　④五分之一。

(4) 23. 「輸配電設備裝置規則」規定多重接地系統之中性導體(線) 應具有足夠之線徑及安培容量以滿足其責務，除各接戶設施之接地點不計外，使設置電極或既設電極於整條線路上每 1.6 公里合計至少有多少個接地點？　①1　②2　③3　④4。

解：至少有 4 個接地點。

(4) 24. 600kVA 變壓器在施行特種接地時，其接地導線線徑應不小於多少平方公厘？　①5.5　②8　③22　④38。

(1) 25. 有一高壓感應電動機，接於 3.3kV 非接地系統之電源上，該電動機之外殼應採何種接地？
①第一種　②第二種　③第三種　④特種。

(1) 26. 3φ4W 11.4kV 多重接地系統供電地區用戶變壓器之低壓電源系統接地之接地電阻應在多少歐姆以下？
①10　②25　③50　④100。

(1) 27. 配電變壓器之二次側低壓線或中性線之接地稱為　①低壓電源系統接地　②設備接地　③內線系統接地　④設備與系統共同接地。

(1) 28. 三相四線多重接地系統供電地區用戶變壓器之低壓電源系統接地應採用何種接地？　①特種　②第一種　③第二種　④第三種。

(1) 29. 用戶用電設備裝置規則之特種接地之接地電阻應保持在多少Ω以下？　①10　②25　③50　④100。

(3) 30. 特種接地如沿金屬物體(鐵塔或鐵柱等)設施時，除依規定加以掩蔽外，地線應與金屬物體絕緣，同時接地板應埋設於距離金屬物體多少公尺以上？　①0.5　②0.8　③1.0　④1.8。

(2) 31. 停電工作掛接地線時應　①手戴棉紗手套　②手戴絕緣手套　③手戴任何材質手套均可　④不得戴手套。

(2) 32. 第一種接地工程，其接地電阻應保持在多少歐姆以下？
①10　②25　③50　④100。

(4) 33. 第三種接地對地電壓 301V 以上，其接地電阻應在多少Ω以下?
①100　②50　③25　④10。

(2) 34. 屋內線路屬於被接地一線之再行接地者，稱為　①設備接地　②內線系統接地　③低壓電源系統接地　④設備與系統共用接地。

(2) 35. 變比器二次線接地應使用多少平方公厘以上絕緣線？
① 3.5 ② 5.5 ③ 8 ④ 22。

(4) 36. 內線系統接地屬何種接地？
①特種 ②第一種 ③第二種 ④第三種。

(4) 37. 內線系統接地與設備接地共用一接地線或同一接地電極，稱為
①設備接地 ②內線系統接地
③低壓電源系統接地 ④設備與系統共用接地。

(1234) 38. 接地方式有下列哪些？ ①設備接地 ②內線系統接地
③低壓電源系統接地 ④設備與系統共同接地。

(1234) 39. 接地種類有下列哪些？
①特種接地 ②第一種接地 ③第二種接地 ④第三種接地。

(123) 40. 下列哪些處所之接地屬第三種接地？ ①低壓用電設備接地
②內線系統接地 ③變比器二次線接地 ④高壓用電設備接地。

(23) 41. 被接地導線之絕緣皮應使用下列哪些顏色以資識別？
①綠色 ②白色 ③灰色 ④綠色加一條以上黃色條紋者。

(14) 42. 個別被覆或絕緣之接地線，其外觀應為下列哪些顏色以資識別？
①綠色 ②白色 ③灰色 ④綠色加一條以上黃色條紋者。

(23) 43. 下列哪些低壓電源系統無需接地？ ①電容器 ②電氣爐之電路
③易燃性塵埃處所運轉之電氣起重機 ④電熱裝置。

(13) 44. 下列哪些低壓電源系統除另有規定外應加以接地？
① 3φ4W 380/220V ② 3φ3W 380V
③ 3φ4W 440/254V ④ 3φ3W 440V。

(1234) 45. 下列哪些低壓用電設備應加接地？ ①低壓電動機之外殼 ②電
纜之金屬外皮 ③金屬導線管及其連接之金屬箱 ④ X 線發生裝
置及其鄰近金屬體。

(234) 46. 有關接地銅棒作接地極，應符合下列哪些規定？
①直徑不得小於 12 公厘 ②直徑不得小於 15 公厘
③長度不得短於 0.9 公尺 ④垂直釘沒於地面下 1 公尺以上。

(1234) 47. 下列哪些項目是工業配電系統中性點接地之優點？
①降低暫態過電壓 ②改善雷擊保護
③容易檢出故障 ④降低線路及設備絕緣等級。

(123) 48. 下列哪些項目和接地銅棒之接地電阻有關？ ①大地的電阻係數 ②接地銅棒直徑 ③接地銅棒長度 ④接地銅棒的導電率。

工作項目 17：特別低壓工程裝置

(4) 1. 特別低壓設施係指電壓在多少伏特以下，並使用小型變壓器者？ ① 600 ② 300 ③ 150 ④ 30。

(1) 2. 特別低壓線路與其他用電線路、水管、煤氣管等應距離多少公厘以上？ ① 150 ② 300 ③ 500 ④ 600。

(2) 3. 供給特別低壓的小型變壓器，其額定容量之輸出不得超過多少伏安？ ① 50 ② 100 ③ 150 ④ 200。

(3) 4. 供應用戶用電之電源，如對地電壓超過多少伏特時，該用戶之電鈴應按特別低壓設施辦理？ ① 30 ② 50 ③ 150 ④ 300。

(2) 5. 特別低壓設施應選用導線其線徑不得低於多少公厘？ ① 0.6 ② 0.8 ③ 1.0 ④ 1.2。

(1) 6. 特別低壓設施之變壓器，其二次側電壓應在多少伏特以下？ ① 30 ② 150 ③ 250 ④ 300。

(1) 7. 特別低壓設施之變壓器，其一次側電壓應在多少伏特以下？ ① 250 ② 300 ③ 380 ④ 440。

(2) 8. 特別低壓線路裝設於屋外，當各項電具均接入時，導線相互間及導線與大地間之絕緣電阻不得低於多少 MΩ？ ① 0.01 ② 0.05 ③ 0.1 ④ 0.2。

(3) 9. 特別低壓線路裝設於屋內，當各項電具均接入時，導線相互間及導線與大地間之絕緣電阻不得低於多少 MΩ？ ① 0.01 ② 0.05 ③ 0.1 ④ 0.2。

(3) 10. 三個電阻並聯，其電阻值分別為 3Ω、6Ω、9Ω，已知流經 9Ω 電阻的電流為 2A，則流經 3Ω 電阻的電流為多少 A？ ① 2 ② 4 ③ 6 ④ 8。

解：電阻並聯電壓均相同，$V = 2 \times 9 = 18$，

流經 3Ω 電阻的電流 $= \dfrac{18}{3} = 6A$。

(4) 11. R_1 與 R_2 兩電阻並聯，已知流過兩電阻之電流分別為 $I_{R1} = 6A$，$I_{R2} = 2A$，且 $R_1 = 5Ω$，則 R_2 消耗功率為多少 W？

　　① 120　② 100　③ 80　④ 60。

　解：電阻並聯電壓均相同，$V = 6 \times 5 = 30$，R_2 電阻 $= \dfrac{30}{2} = 15$，

　　　$P = I^2 \times R = 2^2 \times 15 = 60W$。

(4) 12. 在一電路中，有 5A 電流流過一個 4Ω電阻，其電阻消耗的電功率為多少 W？　① 20　② 60　③ 80　④ 100。

　解：$P = I^2 \times R = 5^2 \times 4 = 100$。

(2) 13. 有三個電阻並聯，其電阻值分別為 20Ω、10Ω、5Ω，如果流經 5Ω 電阻的電流為 4A，則此電路總電流為多少 A？

　　①9　②7　③5　④3。

　解：電阻並聯電壓均相同，$V = 5 \times 4 = 20$。

　　　流經 20Ω電阻的電流 $= \dfrac{20}{20} = 1A$。

　　　流經 10Ω電阻的電流 $= \dfrac{20}{10} = 2A$。

　　　總電流 $= 1+2+4 = 7A$。

(2) 14. 在RLC串聯電路中，已知 $R = 8Ω$、$X_L = 8Ω$、$X_c = 2Ω$，則此電路總阻抗為多少Ω？　① 2　② 10　③ 16　④ 18。

　解：$Z = \sqrt{R^2 + X^2} = \sqrt{8^2 + (8-2)^2} = \sqrt{100} = 10$。

(1) 15. 如下圖所示之電路，若 V_1 為 6V，則 8Ω電阻所消耗之功率為多少 W？　① 2　② 4　③ 8　④ 12。

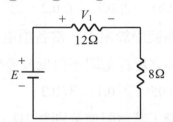

　解：$I = \dfrac{V_1}{12} = \dfrac{6}{12} = 0.5A$，$P = I^2 \times R = 0.5^2 \times 8 = 2W$。

(4) 16. 如下圖所示之電路，若 R_1 為 16Ω、R_2 為 8Ω，電阻 R_1 所消耗之功率為 64W，則電壓 E 為多少 V？　①8　②16　③32　④48。

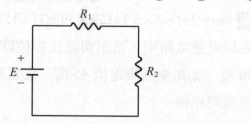

解：$P = I^2 \times R$，$I^2 = \dfrac{64}{16} = 4$，$I = 2A$，$E = 2 \times (16+8) = 48V$。

(1) 17. 下列有關平衡三相電壓的敘述，何者正確？
①三相電壓的大小均相同　②三相電壓的相位角均相同　③三相電壓的波形可以不相同　④三相電壓的瞬時值總和可以不為零。

(2) 18. 有兩個電阻 R_1 與 R_2 並聯後，接於一電源，已知 R_1 之消耗功率為 400W，R_2 之消耗功率為 200W，已知 $R_1 = 80Ω$，則 R_2 為多少Ω？
①320　②160　③60　④40。

解：電阻並聯電壓均相同 $P_1 = \dfrac{V^2}{R_1}$，$V^2 = 400 \times 80 = 32000$。

$P_2 = \dfrac{V^2}{R_2}$，$200 = \dfrac{32000}{R_2}$，$R_2 = 160Ω$。

(3) 19. 將三個電阻 $R_1 = 2Ω$，$R_2 = 3Ω$，$R_3 = 5Ω$ 串聯後，接於 20V 之直流電源，R_2 所消耗之功率為多少 W？　①2　②3　③12　④24。

解：$I = \dfrac{V}{(R_1 + R_2 + R_3)} = \dfrac{20}{10} = 2A$，

R_3 所消耗之功率 $= I^2 \times R = 2^2 \times 3 = 12W$。

(2) 20. 一個 5Ω 之電阻器，若通過電流由 10A 升高至 50A，則功率變為原本多少倍？　①10　②25　③100　④250。

解：$P = I^2 \times R$，所以電流增加 5 倍，功率變為原來 25 倍。

(2) 21. 在 RLC 串聯電路中，電阻為 5Ω，電感抗為 5Ω 及電容抗為 10Ω，則此電路之總阻抗為多少Ω？　①5　②$5\sqrt{2}$　③10　④$10\sqrt{2}$。

解：$Z = \sqrt{R^2 + X^2} = \sqrt{5^2 + (5-10)^2} = \sqrt{50} = 5\sqrt{2}$。

(3) 22. 有一電器自 100V 之單相交流電源，取用 770W 之實功率，若其功率因數為 0.7 落後，則電源電流為多少 A？
①7　②10　③11　④20。

解：$P = VI\cos\theta = 770 = 100I \times 0.7$，$I = 11A$。

(3) 23. 交流電的頻率為 50Hz，則其角頻率約為多少弧度/秒？
　　① 50　② 60　③ 314　④ 377。
　　解：$\omega = 2\pi f = 2 \times 3.14159 \times 50 = 314.159$。

(3) 24. 在純電感電路中，電壓與電流相位關係為何？　①電壓落後電流 90 度　②電壓落後電流 45 度　③電壓超前電流 90 度　④電壓與電流同相位。

(1234) 25. 有關特別低壓設施變壓器二次側之配線，下列敘述哪些正確？
　　①不得接地　　　　　　　　②線徑不得小於 0.8 公厘
　　③長度不受 3 公尺以下之限制　④裝設距地面 2.1 公尺以上處。

(23) 26. 在特別低壓線路中，當各項電具均接入時，導線相互間及導線與大地間之絕緣電阻不得低於下列哪些規定？
　　①裝置於屋內者 0.05MΩ　②裝置於屋內者 0.1MΩ
　　③裝置於屋外者 0.05MΩ　④裝置於屋外者 0.1MΩ。

(34) 27. 特別低壓設施在易受外物損傷之處設施線路時，應按下列哪些裝置法施工？　①磁夾板　②磁珠　③木槽板　④導線管。

(124) 28. 下列哪些項目應註明於特別低壓設施變壓器之銘板上？
　　①一次電壓　②二次電壓　③一次短路電流　④二次短路電流。

(124) 29. 有關電之敘述，下列哪些正確？　①使電荷移動而做功之動力稱為電動勢　②導體中電子流動的方向就是傳統之電流的反方向　③1 度電相當於 1 千瓦之電功率　④同性電荷相斥、異性電荷相吸。

(23) 30. 有關理想狀況下平衡三相電壓，下列敘述哪些正確？
　　①三相電壓的相位角均同相　②三相電壓的瞬時值總和為零
　　③三相電壓的大小均相同　④三相電壓的波形可以不相同。

工作項目 19：用電法規運用

(3) 1. 台灣電力公司與用戶所訂之需量契約容量，其需量時段為多少分鐘？　① 5　② 10　③ 15　④ 30。
　　解：營業規則第 20 條。

(2) 2. 依據用電場所及專任電氣技術人員管理規則之規定，22.8kV 之高壓用戶須設置何級電氣技術人員？
①初級　②中級　③高級　④不必設置。
解：專任電氣技術人員及用電設備檢驗維護業管理規則第 4 條。

(3) 3. 依據用電場所及專任電氣技術人員管理規則之規定，69kV 之特高壓用戶須設置何級電氣技術人員？
①初級　②中級　③高級　④不必設置。
解：專任電氣技術人員及用電設備檢驗維護業管理規則第 4 條。

(4) 4. 依據用電場所及專任電氣技術人員管理規則之規定，用電場所負責人應督同專任電氣技術人員對所經管之用電設備，每幾個月至少應檢驗一次？　①1　②2　③3　④6。
解：專任電氣技術人員及用電設備檢驗維護業管理規則第 9 條。

(1) 5. 依據用電場所及專任電氣技術人員管理規則，用電場所負責人應督同專任電氣技術人員對所經管之用電設備，每幾年應至少停電檢驗一次？　①1　②2　③3　④6。
解：專任電氣技術人員及用電設備檢驗維護業管理規則第 9 條。

(2) 6. 依據用電場所及專任電氣技術人員管理規則之規定，用電場所發生事故，致影響供電系統者，其專任電氣技術人員應於事故發生後多少日內應填報電氣事故報告表送指定之機關？　①3　②5　③7　④10。
解：專任電氣技術人員及用電設備檢驗維護業管理規則第 10 條。

(4) 7. 依據用電設備檢驗維護業管理規則之規定，檢驗維護業之登記維護範圍，以其所在地相連多少行政區域為限？　①1　②2　③3　④4。
解：專任電氣技術人員及用電設備檢驗維護業管理規則第 19 條。

(1) 8. 依台灣電力公司營業規則，廢止用電之用電場所申請重新用電，應辦理　①新設　②增設　③併戶　④復電。
解：台電營業規則第 4-1-1 條。

(2) 9. 依台灣電力公司營業規則之規定，既設用戶申請增加用電設備或契約容量，應辦理　①新設　②增設　③併戶　④分戶。
解：台電公司營業規則第 4 條。

(2) 10. 依台灣電力公司營業規則之規定，既設用戶申請將原有用電設備拆裝或移裝，應辦理
①器具變更　②裝置變更　③種別變更　④用途變更。
解：台電公司營業規則第 4 條。

(4) 11. 依台灣電力公司營業規則之規定，既設用戶申請變更「行業分類」，應辦理
①器具變更　②裝置變更　③種別變更　④用途變更。
解：台電營業規則第 4-4-4 條。

(1) 12. 依台灣電力公司營業規則之規定，申請新增設用電合計契約容量達多少 kW 以上者，須事先提出新增設用電計劃書？
① 1000　② 2000　③ 3000　④ 4000。
解：台電營業規則第 5 條。

(4) 13. 依台灣電力公司營業規則之規定，申請新增設用電，建築總面積達多少平方公尺以上者，須事先提出新增設用電計劃書？
① 1000　② 2000　③ 5000　④ 10000。
解：台電營業規則第 5 條。

(1) 14. 依台灣電力公司營業規則之規定，在 11.4kV 或 22.8kV 供電地區，契約容量未滿多少 kW 者，得以 220/380V 供電？
① 500　② 1000　③ 1500　④ 2000。
解：台電營業規則第 173-3-2 條。

(2) 15. 依台灣電力公司營業規則之規定，三相低壓供電之用戶，如無特殊原因，其單相220伏電動機，每具最大容量不得超過多少馬力？
① 1　② 3　③ 5　④ 10。
解：台灣電力公司營業規則第 35 條。

(1) 16. 依台灣電力公司營業規則之規定，三相低壓供電之用戶，如無特殊原因，其單相110伏電動機，每具最大容量不得超過多少馬力？
① 1　② 2　③ 3　④ 5。
解：台灣電力公司營業規則第 35 條。

(1) 17. 台灣電力公司公告實施地下配電系統之地區，新設建築物達六樓以上且其總樓地板面積在多少平方公尺以上者須設置適當之配電場所及通道？　① 1000　② 1500　③ 2000　④ 2500。
解：台電營業規則第 42-1-2 條。

(3) 18. 依電器承裝業管理規則規定,甲級電器承裝業之資本額應在多少
萬元以上？ ①一千 ②五百 ③二百 ④一百。

解:99 年 10 月 15 日修正電器承裝業管理規則第 6 條。

(3) 19. 依台灣電力公司電價表之規定,採用需量契約容量計費之用戶,
當月用電最高需量超出其契約容量者,其超出契約容量 10%以上
部分,按其適用電價多少倍計收基本電費？

①1 ②2 ③3 ④4。

解:按照台電公司電價表:

當月用電最高需量超出契約容量時,其超出部分按下式計

算:(1)在契約容量 10%以下部分按二倍計收基本電費。

(2)超過契約容量 10%部分按三倍計收基本電費。

(1) 20. 下列那一等級之電器承裝業得承裝電壓二萬五千伏特以下之配電
外線工程,且其工程金額在新台幣一億元以上？

①甲專 ②甲 ③乙 ④丙。

(4) 21. 為了強化職業道德觀念,在職業教育訓練中應該 ①教德重於教
智 ②教智重於教德 ③訓技重於訓人 ④德、智並重。

(2) 22. 依據電器承裝業管理規則規定,承裝業僱用之人員解僱或離職時,
應於幾個月內補足人數,並申請變更登記？

①一 ②三 ③五 ④六。

(3) 23. 依據電器承裝業管理規則規定,承裝業得分包經辦工程予其他承
裝業者,但其分包部分之金額,不得超過經辦工程總價百分之多
少？ ①二十 ②三十 ③四十 ④五十。

解:電器承裝業管理規則第 16 條。

(2) 24. 依台灣電力公司營業規則之規定,暫停用電期限最長以多少年為
限？ ①一 ②二 ③三 ④四。

(12) 25. 依電業法規定,下列哪些是台灣地區供電電壓之變動率？

①電燈電壓,高低各 5% ②電力及電熱之電壓,高低各 10%

③電燈電壓,高低各 10% ④電力及電熱之電壓,高低各 5%。

(134) 26. 下列哪些情形電業得對用戶停止供電？ ①有竊電行為者 ②用
電裝置及設備未自行檢查 ③欠繳電費,經限期催繳仍不交付者
④用電裝置,經電業檢驗不合規定,在指定期間未改善者。

(1234) 27. 下列哪些為台灣地區電業供電電壓？ ①單相三線 110 及 220 伏 ②單相二線 220 伏 ③三相四線 220 及 380 伏 ④三相三線 380 伏。

(12) 28. 下列哪些用電場所應依規定置專任電氣技術人員？ ①低壓受電且契約容量達 50 瓩以上之工廠 ②高壓受電之用電場所 ③ KTV 俱樂部 ④旅館。

(24) 29. 用電場所負責人應督同專任電氣技術人員對所經管之用電設備檢驗期限為何？ ①每三個月至少檢驗一次 ②每六個月至少檢驗一次 ③每六個月至少停電檢驗一次 ④每年至少停電檢驗一次。

(134) 30. 甲級承裝業可承裝下列哪些工程？ ①承裝電壓 25,000 伏特以下之用戶用電設備工程 ②承裝電壓 25,000 伏特以下之電業配電外線工程，且其配電外線工程金額在新臺幣一億元以上 ③用戶低壓用電設備裝設維修工程 ④承裝電壓 69,000 伏特以上之電業配電外線工程。

(12) 31. 下列哪些情事，地方主管機關可廢止承裝業之登記？
①以登記執照借與他人使用
②有竊電行為或與他人共同竊電，經法院判決有罪確定
③未經核准擅自施工因而有發生危險之虞
④五年內受主管機關通知限期改善三次。

(123) 32. 台灣電力公司營業規則所定義高壓電之電壓為多少伏？
① 3,300 ② 11,400 ③ 22,800 ④ 33,000。

(124) 33. 依台電公司營業規則規定，於三相電源供電地區，單相器具每具容量有下列哪些限制？
① 110 伏電動機以一馬力為限 ② 220 伏電動機以三馬力為限
③ 110 伏電熱器以三瓩為限 ④ 220 伏電熱器以 30 瓩為限。

(234) 34. 依本國電業法規定，電業向用戶收取電費，採用單相電度表電燈計費用者每月底度為下列哪些？
①一級電業每安培 1 度 ②二級電業每安培 2 度
③三級電業每安培 3 度 ④四級電業每安培 4 度。

(1234) 35. 下列哪些場所為供公眾使用之建築物？
①廟宇 ②養老院 ③電影院 ④修車場。

(1234) 36. 具有下列哪些資格者得任初級電氣技術人員？

①乙種電匠考驗合格

②室內配線職類丙級技術士技能檢定合格

③工業配線職類丙級技術士技能檢定合格

④用電設備檢驗職類乙級技術士技能檢定合格。

(24) 37. 下列哪些範圍之用戶用電設備工程應由依法登記執業之電機技師或相關專業技師辦理設計及監造？

① 22,000 伏特以上電壓之電力設備

②契約容量在一百瓩以上百貨公司

③變壓器容量超過五百千伏安

④六層以上之建築物用電設備。

9

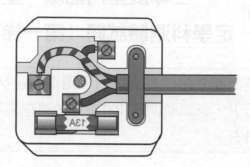

歷屆試題

一一二年度室內配線－屋內線路裝修乙級技術士技能檢定學科測驗試題（第一梯次）

本試題有選擇 80 題，【單選選擇題 60 題，每題 1 分；複選選擇題 20 題，每題 2 分】，測試時間為 100 分鐘，請在答案卡上作答，答錯不倒扣；未作答者，不予計分。

單選題：

(3) 1. 10kVA 單相變壓器三具以 Y －△連接時，可供三相容量為多少 kVA？　①17.3　②26　③30　④8.66。

(3) 2. 一般金屬可撓導線管其厚度須在多少公厘以上？
①0.6　②1.0　③0.8　④1.2。

(3) 3. 二氧化碳和其他溫室氣體含量增加是造成全球暖化的主因之一，下列何種飲食方式也能降低碳排放量，對環境保護做出貢獻：A.少吃肉，多吃蔬菜；B.玉米產量減少時，購買玉米罐頭食用；C.選擇當地食材；D.使用免洗餐具，減少清洗用水與清潔劑？
①ACD　②AD　③AC　④AB。

(2) 4. 連續性負載之繞線轉子型電動機自轉子至二次操作器間之二次線，其載流量應不低於二次全載電流之多少倍？　①2.5　②1.25　③1.35　④1.5。

(2) 5. 如果水龍頭流量過大，下列何種處理方式是錯誤的？　①直接調整水龍頭到適當水量　②直接換裝沒有省水標章的水龍頭　③加裝節水墊片或起波器　④加裝可自動關閉水龍頭的自動感應器。

(1) 6. 可程式控制器與電腦利用 RS232C 作非同步傳輸連線時，下列何項非為設定參數之一？　①緩衝器(Buffer)　②通訊埠(COM Port)　③資料位元(Data Bits)　④結束位元(Stop Bits)。

(4) 7. 以防止感電事故為目的裝置漏電斷路器者，應採用　①低感度延時形　②高感度延時形　③中感度延時形　④高感度高速形。

(1) 8. 採 60 平方公厘接戶線供電之用戶，其內線系統單獨接地或與設備共同接地之銅接地導線應採用多少平方公厘以上之銅導線？ ① 22　② 8　③ 14　④ 5.5。

(1) 9. 量測裸銅線之低電阻值時最準確的方法為　①凱爾文電橋法　②惠斯登電橋法　③電壓降法　④柯勞許電橋法。

(2) 10. 純電容性之負載　①電壓與電流相差 30°　②電流超前電壓相位 90°　③電壓超前電流相位 90°　④電流與電壓同相。

(3) 11. 經勞動部核定公告為勞動基準法第 84 條之 1 規定之工作者，得由勞雇雙方另行約定之勞動條件，事業單位仍應報請下列哪個機關核備？　①勞動部　②法院公證處　③當地主管機關　④勞動檢查機構。

(3) 12. MI 電纜彎曲時，其內側彎曲半徑應為電纜外徑之多少倍以上為原則？　① 4　② 3　③ 5　④ 2。

(1) 13. 放電管燈之附屬變壓器或安定器，其二次開路電壓超過多少伏時，不得使用於住宅處所？　① 1000　② 600　③ 1500　④ 300。

(2) 14. 如下圖所示之線路，CT 之變流比為 $\dfrac{200}{5}$，當 I_R、I_S、I_T 均為 $40\sqrt{3}$ 安時，則電流表 A 之讀數為多少安？　① $\sqrt{3}$　② 3　③ 2　④ $\dfrac{\sqrt{3}}{2}$。

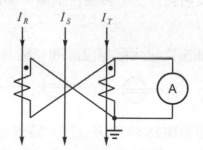

(1) 15. 低壓連接接戶線之長度，自第一支持點起以多少公尺為限？ ① 60　② 35　③ 40　④ 20。

(1) 16. 在五金行買來的強力膠中，主要有下列哪一種會對人體產生危害的化學物質？　①甲苯　②乙苯　③乙醛　④甲醛。

(2) 17. 控制系統中，輸出信號與輸入信號之比率稱為　①負載函數　②轉移函數　③倍率函數　④位移函數。

(1) 18. 單相二線式之低壓 110 伏瓦時計，其電源非接地導線應接於
①1S 端　②2S 端　③2L 端　④1L 端。

(3) 19. 依台灣電力公司營業規則之規定，申請新增設用電，建築總面積達多少平方公尺以上者，須事先提出新增設用電計劃書？
①5000　②1000　③10000　④2000。

(3) 20. 特別低壓線路裝設於屋外，當各項電具均接入時，導線相互間及導線與大地間之絕緣電阻不得低於多少 MΩ？　①0.01　②0.1　③0.05　④0.2。

(2) 21. 直徑為 1.6mm 單芯線的配線回路，其線路電壓降為 4%；若將導線換成相同材質、相同長度的 2.0mm 單芯線，其線路電壓降約為多少%？　①5.0　②2.6　③3.2　④2.0。

(4) 22. 安全門或緊急出口平時應維持何狀態？　①門可上鎖但不可封死　②與一般進出門相同，視各樓層規定可開可關　③保持開門狀態以保持逃生路徑暢通　④門應關上但不可上鎖。

(4) 23. 營業秘密可分為「技術機密」與「商業機密」，下列何者屬於「商業機密」？　①設計圖　②生產製程　③程式　④客戶名單。

(4) 24. 欲降低由玻璃部分侵入之熱負載，下列的改善方法何者錯誤？　①貼隔熱反射膠片　②裝設百葉窗　③換裝雙層玻璃　④加裝深色窗簾。

(3) 25. 接地型雙插座之屋內配線設計圖符號為
①⊖RG　②⊖　③⊖G　④△G。

(2) 26. 有一間教室面積為 80 平方公尺，裝置 40W 日光燈 20 支，每支日光燈為 2800 流明，若所有光通量全部照射到教室桌面上，其平均照度為多少 Lx？　①500　②700　③1400　④1200。

(4) 27. 屋內配線設計圖之符號 AS 為　①伏特計用切換開關　②控制開關　③安全開關　④安培計用切換開關。

(4) 28. 導線壓接時宜選用符合各導線線徑之
①鋼絲鉗　②斜口鉗　③電工鉗　④壓接鉗。

(4) 29. 下圖所示之接線是以伏特計與安培計測量負載直流電功率，為防止儀表之負載效應，減少誤差，下列敘述何者正確？
①為量測高電阻負載之電功率時，所採用之接線　②與負載電阻高低無關　③不論量測負載電阻大小之電功率時，均可採用之接線　④為量測低電阻負載之電功率時，所採用之接線。

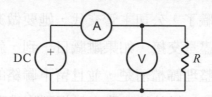

(1) 30. 對於化學燒傷傷患的一般處理原則，下列何者正確？　①立即用大量清水沖洗　②於燒傷處塗抹油膏、油脂或發酵粉　③傷患必須臥下，而且頭、胸部須高於身體其他部位　④使用酸鹼中和。

(4) 31. 逛夜市時常有攤位在販賣滅蟑藥，下列何者正確？　①滅蟑藥是藥，中央主管機關為衛生福利部　②只要批貨，人人皆可販賣滅蟑藥，不須領得許可執照　③滅蟑藥之包裝上不用標示有效期限　④滅蟑藥是環境衛生用藥，中央主管機關是環境保護署。

(3) 32. 過流電驛(CO)在設定時，若在同樣的負載電流下，要加速其跳脫時間，則以選擇下列何種方式較佳？　①設定較高的始動電流，選用較小的時間標置　②設定較低的始動電流，選用較大的時間標置　③設定較低的始動電流，選用較小的時間標置　④設定較高的始動電流，選用較大的時間標置。

(4) 33. 依台灣電力公司營業規則之規定，在 11.4kV 或 22.8kV 供電地區，契約容量未滿多少 kW 者，得以 220/380V 供電？
① 1500　② 1000　③ 2000　④ 500。

(2) 34. 水中生化需氧量(BOD)愈高，其所代表的意義為下列何者？
①水質偏酸　②有機污染物多　③分解污染物時不需消耗太多氧　④水為硬水。

(1) 35. 用以判定屋內線路的被接地導線和非接地導線的簡易工具是
①驗電器(氖燈)　②絕緣電阻計　③鉤式電流表　④瓦特表。

(2) 36. ✎左圖所示符號為屋內配線設計圖之
①電路至配電箱　②線管下行　③線管上行　④出線口。

(4) 37. 如要使單相電容式感應電動機之旋轉方向改變，可選用下列何種方法？　①調換電容器兩端的接線即可　②運轉繞組兩端的接線相互對調，而且起動繞組兩端的接線也要相互對調　③運轉繞組與起動繞組的接線不變，由電源線兩端接線相互對調　④運轉繞組兩端的接線維持不變，起動繞組兩端的接線相互對調。

(2) 38. 筱珮要離職了，公司主管交代，她要做業務上的交接，她該怎麼辦？　①盡量交接，如果離職日一到，就不關他的事　②應該將承辦業務整理歸檔清楚，並且留下聯絡的方式，未來有問題可以詢問她　③把以前的業務資料都刪除或設密碼，讓別人都打不開　④不用理它，反正都要離開公司了。

(2) 39. 電路供應工業用紅外線燈電熱裝置者，其對地電壓應不超過多少伏為原則？　① 220　② 150　③ 110　④ 300。

(1) 40. 在純電感電路中，電壓與電流相位關係為何？　①電壓超前電流 90 度　②電壓與電流同相位　③電壓落後電流 45 度　④電壓落後電流 90 度。

(1) 41. 某 1 馬力單相交流電動機，電源電壓為 220V，若滿載電流為 7A，功率因數為 0.7 滯後，則滿載效率約為多少％？
① 69.2　② 75.4　③ 94.4　④ 84.6。

(3) 42. 若兩具單相變壓器額定均為 10kVA，採 V－V 連接，則其三相總輸出容量為多少 kVA？　① 10　② 20　③ 17.32　④ 30。

(4) 43. 某工廠負載為 1000kVA，功率因數為 0.8 滯後，若欲改善功率因數至 1.0，則需裝置多少 kVAR 之電容器？
① 800　② 400　③ 200　④ 600。

(1) 44. $3\phi 4W$ 接線 11.4kV 非有效接地系統之避雷器額定電壓宜採用多少 kV？　① 12　② 3　③ 4.5　④ 9。

(2) 45. 變壓器之一次線圈為 2400 匝，電壓為 3300 伏，二次線圈為 80 匝，則二次電壓為多少伏？　① 440　② 110　③ 330　④ 220。

(4) 46. 故意侵害他人之營業秘密，法院因被害人之請求，最高得酌定損害額幾倍之賠償？　① 4 倍　② 2 倍　③ 1 倍　④ 3 倍。

(3) 47. 感應電動機的轉子若停止不轉，其轉差率為
① 0　② −1　③ 1　④ 0.5。

(4) 48. 屋內配線所使用之絞線至少由多少股實心線組成？
① 19　② 5　③ 3　④ 7。

(1) 49. 二進位數目系統中的每一位數稱為位元(Bit)，而 8 個位元等於多少個位元組(Byte)？　① 1　② 4　③ 2　④ 3。

(1) 50. 高壓電動機外殼之接地屬　①設備接地　②內線系統接地　③高壓電源系統接地　④設備與系統共同接地。

(2) 51. 「感覺心力交瘁，感覺挫折，而且上班時都很難熬」此現象與下列何者較不相關？　①可能已經快被工作累垮了　②工作相關過勞程度輕微　③工作相關過勞程度可能嚴重　④可能需要尋找專業人員諮詢。

(4) 52. 有一電容器的電容值為 10μF，其中英文字母μ代表的數值是
① 10^{-3}　② 10^{-12}　③ 10^{-9}　④ 10^{-6}。

(3) 53. 上班性質的商辦大樓為了降低尖峰時段用電，下列何者是錯的？
①電梯設定隔層停止控制，減少頻繁啟動　②使用儲冰式空調系統減少白天空調電能需求　③白天有陽光照明，所以白天可以將照明設備全關掉　④汰換老舊電梯馬達並使用變頻控制。

(3) 54. 甲公司嚴格保密之最新配方產品大賣，下列何者侵害甲公司之營業秘密？　①甲公司與乙公司協議共有配方　②甲公司授權乙公司使用其配方　③甲公司之 B 員工擅自將配方盜賣給乙公司　④鑑定人 A 因司法審理而知悉配方。

(4) 55. 在交流配電線路，其導線線徑超過 200 平方公厘時，因集膚作用會導致導線交流電阻較其直流電阻值
①不一定　②略小　③相等　④略大。

(2) 56. 照明控制可以達到節能與省電費的好處，下列何種方法最適合一般住宅社區兼顧節能、經濟性與實際照明需求？　①晚上關閉所有公共區域的照明　②走廊與地下停車場選用紅外線感應控制電燈　③加裝 DALI 全自動控制系統　④全面調低照明需求。

(1) 57. 電纜若其通過電流無法保持電磁平衡時，應採用何種導線管？
①PVC 管　②EMT 管　③薄鋼導線管　④厚鋼導線管。

(3) 58. 電度表接線箱，其箱體若採用鋼板其厚度應在多少公厘以上？
①2.0　②1.0　③1.6　④1.2。

(4) 59. 特別低壓設施之變壓器，其二次側電壓應在多少伏以下？
①300　②150　③250　④30。

(3) 60. 若交流電動機的轉速由變頻器來作控制，則電動機轉速與變頻器
輸出頻率的關係為下列何者？
①平方反比　②平方正比　③正比　④反比。

複選題：

(234) 61. 有關電之敘述，下列哪些正確？　①1 度電相當於 1 千瓦之電功
率　②同性電荷相斥、異性電荷相吸　③導體中電子流動的方向
就是傳統之電流的反方向　④使電荷移動而做功之動力稱為電動
勢。

(134) 62. 在低壓三相感應電動機正反轉控制配線中，若三相電源之接線端
為 R、S、T，電動機之接線端為 U、V、W，當電動機正轉時接法
為 R-U、S-V、T-W，下列敘述哪些正確？　①接法改為 R-W、
S-V、T-U 可使電動機反轉　②接法改為 R-V、S-U、T-W 仍保持電
動機正轉　③接法改為 R-W、S-U、T-V 仍保持電動機正轉
④接法改為 R-U、S-W、T-V 可使電動機反轉。

(23) 63. 14 平方公厘以下之絕緣導線欲作為電路中之識別導線者，其外皮
必須為下列哪些顏色以資識別？
①綠色　②白色　③灰色　④紅色。

(124) 64. 下列哪些處所之接地屬第三種接地？　①低壓用電設備接地
②內線系統接地　③高壓用電設備接地　④變比器二次線接地。

(134) 65. 具有下列哪些資格者得任初級電氣技術人員？　①工業配線職類
丙級技術士技能檢定合格　②用電設備檢驗職類乙級技術士技能
檢定合格　③室內配線職類丙級技術士技能檢定合格　④乙種電
匠考驗合格。

(234) 66. 燈具導線應依下列哪些條件選用適當絕緣物之導線？
①體積　②溫度　③電流　④電壓。

(234) 67. 屋內線路與電訊線路、水管、煤氣管及其它金屬物間，若無法保持 150 公厘以上距離，可採用下列哪些措施？
①磁珠配線　②加裝絕緣物隔離　③電纜配線　④金屬管配線。

(124) 68. 下列哪些用戶的變電站應裝置避雷器以保護其設備？
① 3φ3W 161kV 供電　② 3φ3W 11kV 供電　③ 3φ4W 220/380V 供電　④ 3φ3W 69kV 供電。

(23) 69. 感應電動機之功率因數很差，下列哪些是可能的原因？
①通風不良　②磁路容易飽和　③氣隙大小不均勻　④軸承不良。

(234) 70. 下列哪些為裝設電力電容器改善功率因數之效益？　①減少系統供電容量　②減少線路電流　③節省電力費用　④減少線路電力損失。

(1234) 71. 下列哪些項目是變頻器本身事故防止機能？　①回生過電壓保護　②過電流保護　③漏電或低電壓保護　④電動機過熱保護。

(24) 72. 一般高壓受配電盤計器用變比器，下列敘述哪些正確？　①CT 二次側不得短路　②PT 二次側額定電壓為 110V　③PT 二次側不得開路　④ CT 二次側額定電流為 5A 或 1A。

(123) 73. 電爐電阻為 75Ω，通過 2A 電流，若使用 5 分鐘，該電爐產生之熱量為多少 cal，下列哪些結果錯誤？
① 51200　② 85300　③ 85.3　④ 21500。

(23) 74. 三相感應電動機在輕載運轉中，若有一相電源線斷路，則該電動機會有下列哪些情形？　①負載電流變小　②繼續轉動　③負載電流變大　④立即停止。

(14) 75. 下列哪些為屋內配線設計圖之電話、對講機、電鈴設計圖符號？
① ② R ③ ④ 。

(124) 76. 對厚金屬之工作物加工時，下列哪些動作應加潤滑油以潤滑及散熱？　①鑽孔　②鋸削　③銼削　④絞牙。

(1234) 77. 下列哪些項目是可程式控制器可以處理之信號控制資料型態？
① DO:Digital Output　② DI:Digital Input　③ AI:Analog Input
④ AO:Analog Output。

(123) 78. 幹線之分歧線長度不超過 8 公尺，導線之過電流保護有下列哪些
情形得免裝於分歧點？　①分歧線之安培容量不低於幹線之三分
之一者　②妥加保護不易為外物所碰傷者　③分歧線末端所裝一
組斷路器或一組熔絲，其額定容量不超過該分歧線之安培容量
④分歧線之安培容量不低於幹線之四分之一者。

(124) 79. 有關電纜架之裝設，下列敘述哪些正確？　①超過 600 伏及 600 伏
以下之電纜，若以非易燃性之隔板隔離，可裝於同一電纜架
② 600 伏以下之電纜可裝於同一電纜架　③超過 600 伏及 600 伏
以下之電纜可裝於同一電纜架　④超過 600 伏之電纜可裝於同一
電纜架。

(123) 80. 利用三具單相變壓器連接成三相變壓器常用的接線方式中，哪些
接線方式一次側不會產生三次諧波電流而干擾通訊線路？
①△－Ｙ接線　②△－△接線　③Ｙ－△接線　④Ｙ－Ｙ接線。

一一二年度室內配線－屋內線路裝修乙級技術士技能檢定學科測驗試題（第三梯次）

本試題有選擇 80 題，【單選選擇題 60 題，每題 1 分；複選選擇題 20 題，每題 2 分】，測試時間為 100 分鐘，請在答案卡上作答，答錯不倒扣；未作答者，不予計分。

單選題：

(3) 1. 除特殊長桿距外，通常一般線路桿距之導線終端裝置採用何種方式固定？ ①活線線夾 ②裝腳礙子 ③拉線夾板 ④拉線環。

(3) 2. 電氣設備裝設於有潮濕水氣的環境時，最應該優先檢查及確認的措施是？ ①電氣設備上有無安全保險絲 ②有無過載及過熱保護設備 ③有無在線路上裝設漏電斷路器 ④有無可能傾倒及生鏽。

(1) 3. 特別低壓線路裝設於屋外，當各項電具均接入時，導線相互間及導線與大地間之絕緣電阻不得低於多少 MΩ？
① 0.05 ② 0.01 ③ 0.2 ④ 0.1。

(2) 4. 導線的直徑如加倍時，在長度不變之下，則其電阻變成為原來電阻的多少倍？ ① 4 ② 1/4 ③ 2 ④ 1/2。

(1) 5. ⑭ 左圖所示符號為屋內配線設計圖之
①功率因數計 ②過壓電驛 ③復閉電驛 ④電流電驛。

(3) 6. 為了避免漏電而危害生命安全，下列何者不是正確的做法？
①加強定期的漏電檢查及維護 ②有濕氣的用電場合，線路加裝漏電斷路器 ③使用保險絲來防止漏電的危險性 ④做好用電設備金屬外殼的接地。

(1) 7. 積熱型熔斷器及積熱電驛可作為電氣設備之何種事故之保護？
①過載 ②漏電 ③短路 ④感電。

(2) 8. 特別低壓設施之變壓器，其一次側電壓應在多少伏特以下？
① 440 ② 250 ③ 380 ④ 300。

(　3　)　9.　變壓器之一次線圈為 2400 匝，電壓為 3300 伏，二次線圈為 80 匝，則二次電壓為多少伏？　① 440　② 330　③ 110　④ 220。

(　1　)　10.　低壓配電系統之金屬導線管及其連接之金屬箱應採用何種接地？①第三種　②第二種　③第一種　④特種。

(　4　)　11.　水平裝置之金屬導線槽應在相距多少公尺處加一固定支持裝置？①1　② 0.5　③ 2　④ 1.5。

(　1　)　12.　單相蔽極式感應電動機係靠下列何種原理來旋轉？①移動磁場　②吸引作用　③旋轉磁場　④排斥作用。

(　3　)　13.　下列哪一項週邊裝置可與可程式控制器 ASCII 輸入/輸出模組連結使用？　①接點式壓力開關　②按鈕開關　③印表機　④接點式溫度感測器。

(　2　)　14.　一只 300mA 電流表，其準確度為 ±2 ％，當讀數為 120mA 時，其誤差百分率為多少％？　①±1　②±5　③±2　④±0.5。

(　3　)　15.　七股絞線以不加紮線之分岐連接時，每股應紮多少圈以上？①5　② 4　③ 6　④ 7。

(　1　)　16.　供裝置開關或斷路器之金屬配(分)電箱，如電路對地電壓超過多少伏應加接地？　① 150　② 450　③ 600　④ 300。

(　3　)　17.　當發現公司的產品可能會對顧客身體產生危害時，正確的作法或行動應是　①透過管道告知媒體或競爭對手　②若無其事，置之不理　③立即向主管或有關單位報告　④儘量隱瞞事實，協助掩飾問題。

(　4　)　18.　依台灣電力公司營業規則之規定，申請新增設用電，建築總面積達多少平方公尺以上者，須事先提出新增設用電計劃書？① 2000　② 5000　③ 1000　④ 10000。

(　3　)　19.　12 公尺之架空線路電桿在泥地埋設時，埋入地中之深度應為多少公尺？　① 3　② 1.5　③ 1.8　④ 6。

(　3　)　20.　下列何者非屬危險物儲存場所應採取之火災爆炸預防措施？①標示「嚴禁煙火」　②使用防爆電氣設備　③使用工業用電風扇　④裝設可燃性氣體偵測裝置。

(1) 21. 放電管燈之附屬變壓器或安定器，其二次開路電壓超過多少伏時，不得使用於住宅處所？　① 1000　② 1500　③ 600　④ 300。

(4) 22. 比流器(CT)二次側 端接地之主要目的為
①穩定電流　②防止二次諧波　③穩定電壓　④人員安全。

(3) 23. 繞線轉子型感應電動機，若轉部開路時，其轉速
①降低　②增加　③接近於零　④無關。

(1) 24. 三相 5HP 交流感應電動機，原接於頻率為 50Hz 之電源，若改接於 60Hz，則其轉速將　①增加百分之二〇　②減少百分之二〇　③轉速保持不變　④無法起動。

(4) 25. 集合式住宅的地下停車場需要維持通風良好的空氣品質，又要兼顧節能效益，下列的排風扇控制方式何者是不恰當的？　①淘汰老舊排風扇，改裝取得節能標章、適當容量高效率風扇　②設定每天早晚二次定期啟動排風扇　③結合一氧化碳偵測器，自動啟動/停止控制　④兩天一次運轉通風扇就好了。

(2) 26. 在公司內部行使商務禮儀的過程，主要以參與者在公司中的何種條件來訂定順序？　①年齡　②職位　③性別　④社會地位。

(1) 27. 單相三線(1φ3W)式之線間電壓降為
① $IL(R\cos\theta + X\sin\theta)$　② $2IL(R\cos\theta + X\sin\theta)$
③ $\sqrt{2}\,IL(R\cos\theta + X\sin\theta)$　④ $\sqrt{3}\,IL(R\cos\theta + X\sin\theta)$。

(1) 28. 電度表之裝設，離地面高度應在 1.8 公尺以上，2.0 公尺以下為最適宜。如現場場地受限制，施工確有困難時得予增減之，惟最高不得超過多少公尺？　① 2.5　② 3.0　③ 3.5　④ 2.0。

(4) 29. 一個 5Ω 之電阻器，若通過電流由 10A 升高至 50A，則功率變為原本多少倍？　① 10　② 100　③ 250　④ 25。

(3) 30. 自計費電度表接至變比器之引線除以導線管密封外必須使用幾股 PVC 控制電纜？　① 9　② 5　③ 7　④ 10。

(3) 31. 眼內噴入化學物或其他異物，應立即使用下列何者沖洗眼睛？
①牛奶　②蘇打水　③清水　④稀釋的醋。

(1) 32. 三相 220V△接線之感應電動機，如接到三相 380V 之電源時，應改為下列何種接線？　① Y　② V　③雙△　④雙 Y。

(4) 33. 配電變壓器之二次側低壓線或中性線之接地稱為 ①設備與系統共同接地 ②內線系統接地 ③設備接地 ④低壓電源系統接地。

(3) 34. 電容器之配線，其安培容量應不低於電容器額定電流之多少倍？ ① 1.5 ② 1.25 ③ 1.35 ④ 2.5。

(1) 35. 三相感應電動機採用 Y －△降壓起動開關起動的目的為 ①減少起動電流 ②增加起動電流 ③增加起動轉矩 ④減少起動時間。

(4) 36. PVC 管未使用粘劑時，其相互間及管與配件相接長度須為管之管徑多少倍以上？ ① 1.5 ② 1.0 ③ 0.8 ④ 1.2。

(2) 37. 左圖所示符號為屋內配線設計圖之 ①電力熔絲 ②拉出型空氣斷路器 ③拉出型電力斷路器 ④負載啟斷開關。

(1) 38. 下列何者試驗主要在量測變壓器之效率及電壓調整率？ ①負載試驗 ②短路試驗 ③溫升試驗 ④開路試驗。

(2) 39. 三只電力電容器接成 Y 接，並聯連接於三相感應電動機的電源側，主要目的為何？ ①使電源側的有效功率增加 ②使電源側的無效功率減少 ③增加電動機轉軸轉速 ④增加電動機輸出轉矩。

(3) 40. 依台灣電力公司營業規則之規定，在 11.4kV 或 22.8kV 供電地區，契約容量未滿多少 kW 者，得以 220/380V 供電？ ① 1000 ② 1500 ③ 500 ④ 2000。

(2) 41. 線路電壓 300V 以下之人行道，路燈離地最小高度應不低於多少 m？ ① 2 ② 3.5 ③ 3 ④ 2.5。

(1) 42. 電容量為 100μF 的電容器，其兩端電壓差穩定於 100V 時，該電容器所儲存的能量為多少焦耳？ ① 0.5 ② 2.0 ③ 1.5 ④ 1.0。

(2) 43. 某比壓器(PT)之二次側線路阻抗為 10Ω，二次側線電壓為 50V，則此 PT 之負擔為多少 VA？ ① 100 ② 250 ③ 10 ④ 1000。

(4) 44. 「垃圾強制分類」的主要目的為：A.減少垃圾清運量 B.回收有用資源 C.回收廚餘予以再利用 D.變賣賺錢？ ① BCD ② ACD ③ ABCD ④ ABC。

(1) 45. 自匯流排槽引出之分岐匯流排槽如其長度不超過多少公尺時，其安培容量為其前端過電流保護額定值三分之一以上，且不與可燃性物質接觸者，得免在分岐點處另設過電流保護設備？
①15　②10　③25　④20。

(4) 46. 我國移動污染源空氣污染防制費的徵收機制為何？
①依車輛里程數計費　②依照排氣量徵收　③依牌照徵收　④隨油品銷售徵收。

(3) 47. 非接地系統之高壓用電設備接地，其接地電阻應在多少Ω以下？
①10　②100　③25　④50。

(2) 48. 避雷器其主要功能作為下列何種事故之保護？　①防止接地故障　②抑制線路異常電壓　③防止短路　④防止過載。

(2) 49. 廚房設置之排油煙機為下列何者？　①整體換氣裝置　②局部排氣裝置　③排氣煙囪　④吹吸型換氣裝置。

(2) 50. 屋內配線設計圖之符號 為　①三相四線Δ非接地　②三相三線Δ接地　③三相三線Δ非接地　④三相V共用點接地。

(4) 51. 有關菸害防制法規範，「不可販賣菸品」給幾歲以下的人？
①17　②19　③18　④20。

(3) 52. 可程式控制器之高速計數輸入模組通常與下列何項輸入元件連接，以達到精密定位控制之要求？
①熱電偶　②液面控制器接點　③編碼器　④按鈕開關。

(2) 53. 任職大發公司的郝聰明，專門從事技術研發，有關研發技術的專利申請權及專利權歸屬，下列敘述何者錯誤？　①郝聰明完成非職務上的發明，應即以書面通知大發公司　②大發公司與郝聰明之雇傭契約約定，郝聰明非職務上的發明，全部屬於公司，約定有效　③職務上所完成的發明，雖然專利申請權及專利權屬於大發公司，但是郝聰明享有姓名表示權　④職務上所完成的發明，除契約另有約定外，專利申請權及專利權屬於大發公司。

(2) 54. 那一種家庭廢棄物可用來作為製造肥皂的主要原料？
①食醋　②回鍋油　③熟廚餘　④果皮。

(1) 55. 除另有規定外，電熱器每具額定電流超過多少安者，應設施專用分路？　①12　②15　③10　④20。

(2) 56. 於營造工地潮濕場所中使用電動機具，為防止漏電危害，應於該電路設置何種安全裝置？　①閉關箱　②高感度高速型漏電斷路器　③高容量保險絲　④自動電擊防止裝置。

(3) 57. 某公司希望能進行節能減碳，為地球盡點心力，以下何種作為並不恰當？　①盤查所有能源使用設備　②將採購規定列入以下文字：「汰換設備時首先考慮能源效率1級或具有節能標章之產品」　③為考慮經營成本，汰換設備時採買最便宜的機種　④實行能源管理。

(1) 58. 電源頻率若從 60Hz 變為 50Hz 時，阻抗不受影響之裝置為　①電阻式電熱器　②變壓器　③感應電動機　④日光燈。

(3) 59. 利用儀表進行負載之電流量測時，下列敘述何者正確？　①伏特計與負載並聯連接　②伏特計與負載串聯連接　③安培計與負載串聯連接　④安培計與負載並聯連接。

(3) 60. 酸雨對土壤可能造成的影響，下列何者正確？　①土壤更肥沃　②土壤液化　③土壤中的重金屬釋出　④土壤礦化。

複選題：

(134) 61. 電動機無載起動後、加負載時，下列哪些是產生轉速降低或停止的可能原因？　①漏電　②定子或轉子繞組斷線　③線圈發生不完全之層間短路　④配電容量不足或電壓降過大。

(1234) 62. 下列哪些為裝設電力電容器改善功率因數之效益？
①減少線路電力損失　②系統供電容量增大　③減少線路電流　④節省電力費用。

(123) 63. 變頻器與相關的周邊設備配線時，下列哪些項目是正確作法？
①嚴禁電源輸入線直接接在變頻器的電動機接線端子（U-V-W）
②變頻器及電動機請確實實施機殼接地，以避免人員感電　③變頻器電源側與負載側的接線需使用「絕緣套筒壓接端子」　④可以直接使用電源線上的「無熔線開關」來啟動與停止電動機。

(234) 64. 下列哪些設備可使用避雷器防止雷擊造成傷害？
①建築物　②架空電線　③交流迴轉機　④變壓器。

(134) 65. 分路供應有安定器、變壓器或自耦變壓器之電感性照明負載，其
負載計算，下列敘述哪些錯誤？　①各負載額定電壓之總和計算
②各負載額定電流之總和計算　③燈泡之個別瓦特數計算　④燈
泡之總瓦特數計算。

(1234) 66. 有關特別低壓設施變壓器二次側之配線，下列敘述哪些正確？
①裝設距地面 2.1 公尺以上之處　②線徑不得小於 0.8 公厘　③長
度不受 3 公尺以下之限制　④不得接地。

(14) 67. 下列哪些為屋內配線設計圖之變比器類設計圖符號？

(134) 68. 下列哪些單位換算正確？　① 1joule = 0.24cal　② 1BTU = 2520cal
③ 1cal = 4.2joule　④ 1BTU = 1055joule。

(124) 69. 下列哪些是變壓器鐵心應具備之的條件？
①導磁性良好　②成本低　③激磁電流大　④鐵損小。

(234) 70. 下列哪些開關得用於屋內及地下室？
①熔絲鏈開關　②高壓啟斷器　③電力熔絲　④負載啟斷開關。

(234) 71. 在低壓三相感應電動機正反轉控制配線中，若三相電源之接線端
為 R、S、T，電動機之接線端為 U、V、W，當電動機正轉時接法
為 R-U、S-V、T-W，下列敘述哪些正確？　①接法改為 R-V、
S-U、T-W 仍保持電動機正轉　②接法改為 R-U、S-W、T-V 可使
電動機反轉　③接法改為 R-W、S-V、T-U 可使電動機反轉　④接
法改為 R-W、S-U、T-V 仍保持電動機正轉。

(24) 72. 下列哪些低壓電源系統除另有規定外應加以接地？　① 3φ3W 440V
② 3φ4W 380/220V　③ 3φ3W 380V　④ 3φ4W 440/254V。

(124) 73. 有關三相感應電動機之最大轉矩，下列敘述哪些正確？　①與線
路電壓平方成正比　②與定子電阻、電抗成反比　③與轉子電阻
成反比　④與轉子電抗成反比。

（ 14 ）74. 下列哪些裝置不得作為導線之短路保護？
①積熱型熔斷器　②栓型熔絲　③管形熔絲　④積熱電驛。

（ 234 ）75. 有關銅的特性，下列敘述哪些錯誤？
①非磁性材料　②絕緣材料　③磁性材料　④半導體材料。

（ 134 ）76. 屋內線路與電訊線路、水管、煤氣管及其它金屬物間，若無法保持150公厘以上距離，可採用下列哪些措施？
①電纜配線　②磁珠配線　③金屬管配線　④加裝絕緣物隔離。

（ 13 ）77. 下列哪些是用以標示公制螺紋規格？
①節距　②牙數　③外徑　④節徑。

（ 124 ）78. 可程式控制器與Modbus裝置做連接通訊時，通信傳送資料因考慮信號可能受外界干擾，下列哪些不是通訊協定所採取措施？
①必須考慮Function Code　②必須加上Device Address　③必須做Error Check　④資料長度（Bit）必須正確。

（ 14 ）79. 下列哪些用電場所應依規定置專任電氣技術人員？
①高壓受電之用電場所　②KTV俱樂部　③旅館　④低壓受電且契約容量達50瓩以上之工廠。

（ 124 ）80. 有關導線管，下列敘述哪些正確？　①低壓屋內配線所用的金屬管，其最小管徑不得小於13公厘　②金屬管為鐵、銅、鋼、鋁及合金等製成品　③非金屬管可作為燈具之支持物　④交流回路，同一回路之全部導線原則上應穿在同一金屬管內，以維持電磁平衡。

讀者回函卡

掃 QRcode 線上填寫 ▶▶▶

姓名：＿＿＿＿＿＿　　　生日：西元＿＿＿＿＿年＿＿＿月＿＿＿日　　性別：□男 □女

電話：（＿＿＿）＿＿＿＿＿＿　　手機：＿＿＿＿＿＿＿＿＿

e-mail：（必填）＿＿＿＿＿＿＿＿＿＿

註：數字零，請用 Φ 表示，數字 1 與英文 L 請另註明並書寫端正，謝謝。

通訊處：□□□□□

學歷：□高中・職　□專科　□大學　□碩士　□博士

職業：□工程師　□教師　□學生　□軍・公　□其他

學校／公司：＿＿＿＿＿＿＿　　科系／部門：＿＿＿＿＿＿＿

· 需求書類：

□ A. 電子 □ B. 電機 □ C. 資訊 □ D. 機械 □ E. 汽車 □ F. 工管 □ G. 土木 □ H. 化工 □ I. 設計
□ J. 商管 □ K. 日文 □ L. 美容 □ M. 休閒 □ N. 餐飲 □ O. 其他

· 本次購買圖書為：＿＿＿＿＿＿＿　　書號：＿＿＿＿＿＿＿

· 您對本書的評價：

封面設計：□非常滿意　□滿意　□尚可　□需改善，請說明＿＿＿＿＿＿
內容表達：□非常滿意　□滿意　□尚可　□需改善，請說明＿＿＿＿＿＿
版面編排：□非常滿意　□滿意　□尚可　□需改善，請說明＿＿＿＿＿＿
印刷品質：□非常滿意　□滿意　□尚可　□需改善，請說明＿＿＿＿＿＿
書籍定價：□非常滿意　□滿意　□尚可　□需改善，請說明＿＿＿＿＿＿
整體評價：請說明＿＿＿＿＿＿＿＿＿＿

· 您在何處購買本書？

□書局　□網路書店　□書展　□團購　□其他

· 您購買本書的原因？（可複選）

□個人需要　□公司採購　□親友推薦　□老師指定用書　□其他

· 您希望全華以何種方式提供出版訊息及特惠活動？

□電子報　□DM　□廣告（媒體名稱＿＿＿＿＿＿）

· 您是否上過全華網路書店？（www.opentech.com.tw）

□是　□否　您的建議＿＿＿＿＿＿

· 您希望全華出版哪些書籍？

＿＿＿＿＿＿＿＿＿＿

· 您希望全華加強哪些服務？

＿＿＿＿＿＿＿＿＿＿

感謝您提供寶貴意見，全華將秉持服務的熱忱，出版更多好書，以饗讀者。

填寫日期：　　／　　／

2020.09 修訂

親愛的讀者：

感謝您對全華圖書的支持與愛護，雖然我們很慎重的處理每一本書，但恐仍有疏漏之處，若您發現本書有任何錯誤，請填寫於勘誤表內寄回，我們將於再版時修正，您的批評與指教是我們進步的原動力，謝謝！

全華圖書　敬上

勘　誤　表

書　號	頁　數	行　數	書　名	作　者
			錯誤或不當之詞句	建議修改之詞句

我有話要說：（其它之批評與建議，如封面、編排、內容、印刷品質等・・・）